#개념의힘
#기본의힘
#응용의힘
#서술형의힘

수학의 힘

Chunjae
Makes
Chunjae

▼

기획총괄	박금옥
편집개발	윤경옥, 박초아, 조은영, 김연정, 김수정, 임희정, 이혜지, 최민주
디자인총괄	김희정
표지디자인	윤순미, 심지영
내지디자인	이신애, 이리호
제작	황성진, 조규영

발행일	2024년 4월 15일 초판 2024년 4월 15일 1쇄
발행인	(주)천재교육
주소	서울시 금천구 가산로9길 54
신고번호	제2001-000018호
고객센터	1577-0902

※ 이 책은 저작권법에 보호받는 저작물이므로 무단복제, 전송은 법으로 금지되어 있습니다.
※ 정답 분실 시에는 천재교육 홈페이지에서 내려받으세요.
※ KC 마크는 이 제품이 공통안전기준에 적합하였음을 의미합니다.
※ 주의
　책 모서리에 다칠 수 있으니 주의하시기 바랍니다.
　부주의로 인한 사고의 경우 책임지지 않습니다.
　8세 미만의 어린이는 부모님의 관리가 필요합니다.

차례

이 책의 구성과 특징

수학의 힘 · 개념의 힘

주제별 입체적인 개념 정리로 교과서의 내용을 한눈에 이해하고 문제를 익힙니다.
기초 드릴 문제를 수록하여 집중 연습할 수 있습니다.

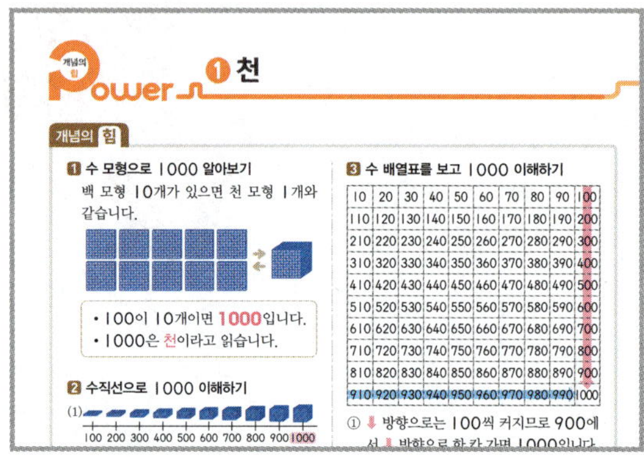

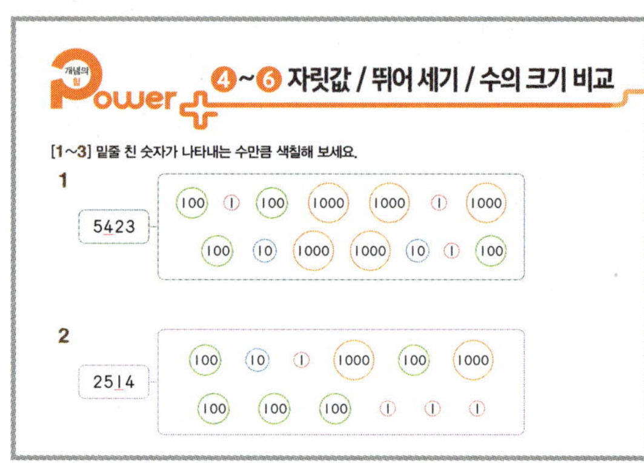

1 STEP · 기본의 힘

주제별 다양한 문제를 풀어 보며 기본 유형을 확실하게 다집니다.

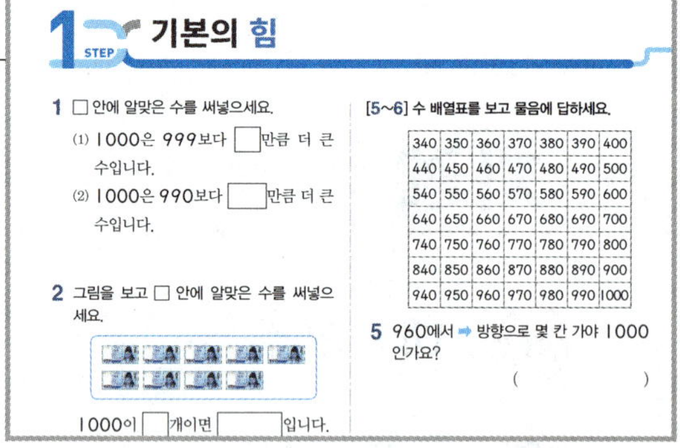

2 STEP · 응용의 힘

단원별로 꼭 알아야 하는 응용 유형을 3~4번 반복하여 풀어 보며 완벽하게 마스터 합니다.

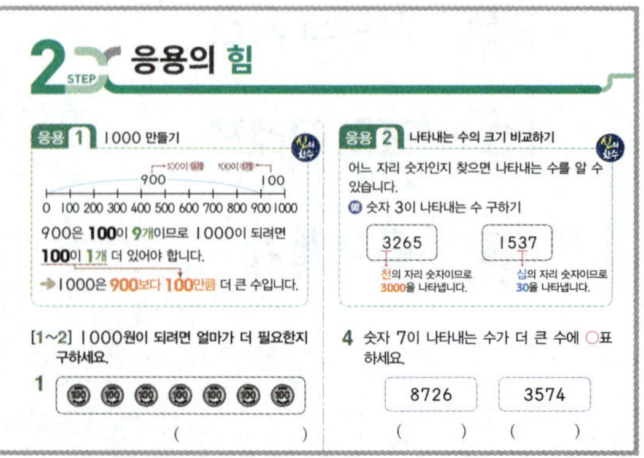

3 STEP 서술형의 힘

〈연습 문제〉를 풀고 〈대표 유형〉을 단계별로 차근차근 푼 후, 유사 문제의 풀이 과정을 직접 쓰며 풀이를 쓰는 힘을 키웁니다.

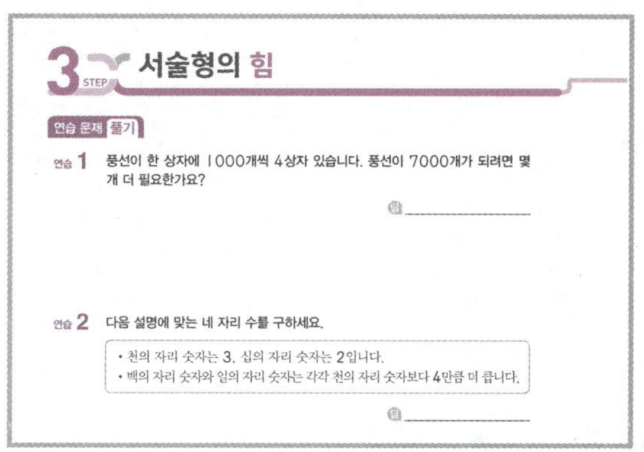

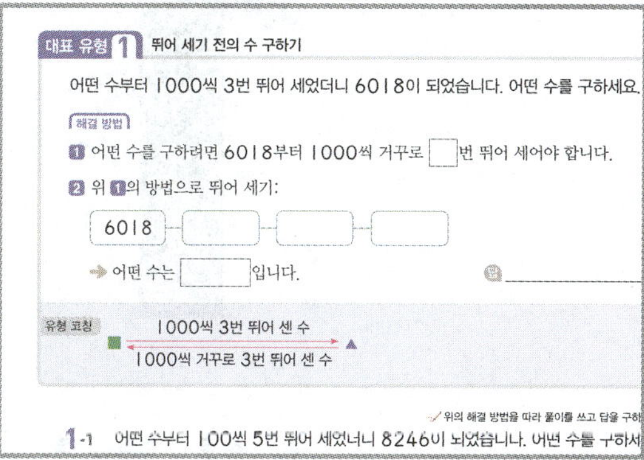

수학의 힘 단원평가

학교에서 수시로 보는 단원평가에서 자주 출제되는 기출문제를 풀어 보며 단원평가에 대비합니다.

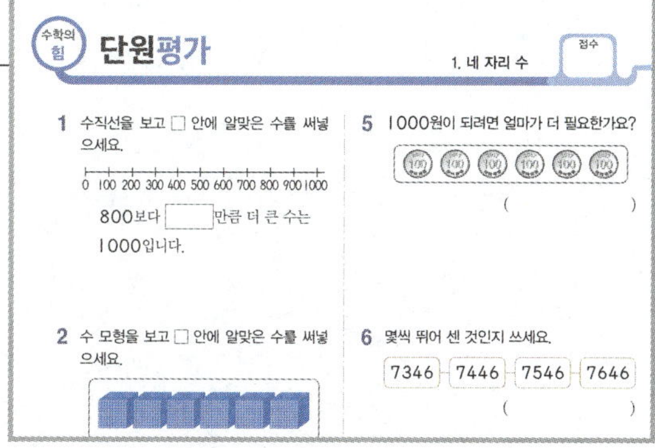

수학의 힘 창의·사고력의 힘

특별 코너! 창의 융합 사고력 문제를 풀어 보며 수학 교과 역량을 쑥쑥 키웁니다.

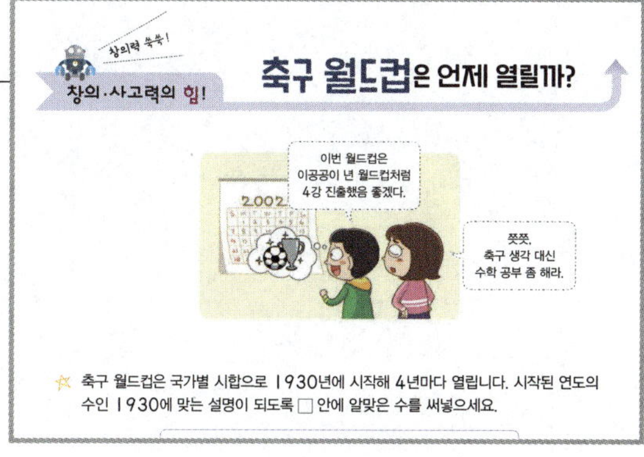

★ 축구 월드컵은 국가별 시합으로 1930년에 시작해 4년마다 열립니다. 시작된 연도의 수인 1930에 맞는 설명이 되도록 □ 안에 알맞은 수를 써넣으세요.

1

네 자리 수

네 자리 수의 개념과 일, 십, 백, 천의 자릿값을 이해하여 문제를 해결해 보자.
또, 네 자리 수를 뛰어 세어 보고, 자릿값을 이용하여 네 자리 수의 크기를 비교해 보자.

❶ 수 모형으로 1000 알아보기

백 모형 10개가 있으면 천 모형 1개와 같습니다.

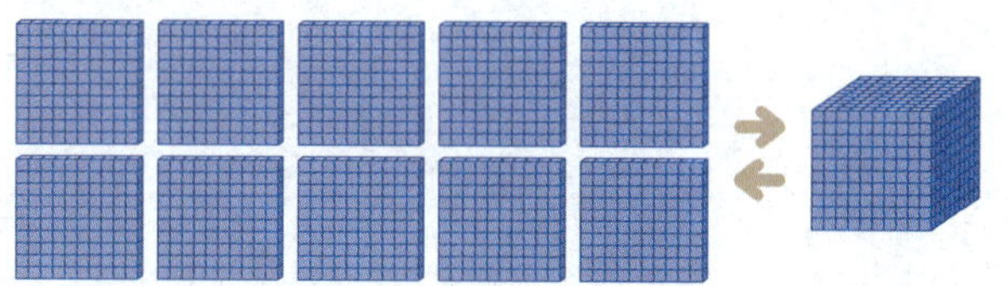

- 100이 10개이면 **1000**입니다.
- 1000은 천이라고 읽습니다.

❷ 수직선으로 1000 이해하기

(1)
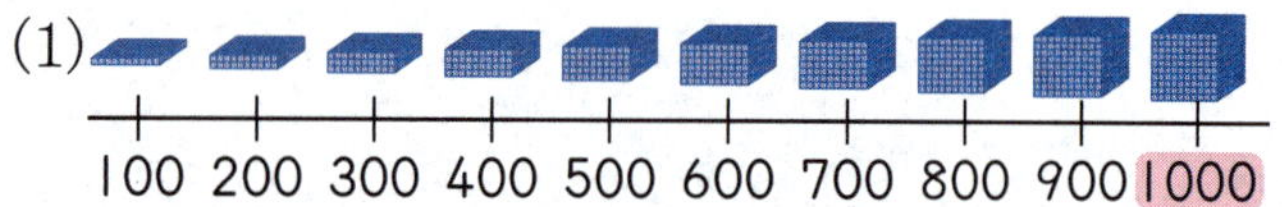

100 200 300 400 500 600 700 800 900 1000

→ 1000은 900보다 100만큼 더 큰 수입니다.

(2)
990 991 992 993 994 995 996 997 998 999 1000

→ 1000은 999보다 1만큼 더 큰 수입니다.

❸ 수 배열표를 보고 1000 이해하기

10	20	30	40	50	60	70	80	90	100
110	120	130	140	150	160	170	180	190	200
210	220	230	240	250	260	270	280	290	300
310	320	330	340	350	360	370	380	390	400
410	420	430	440	450	460	470	480	490	500
510	520	530	540	550	560	570	580	590	600
610	620	630	640	650	660	670	680	690	700
710	720	730	740	750	760	770	780	790	800
810	820	830	840	850	860	870	880	890	900
910	920	930	940	950	960	970	980	990	1000

① ↓ 방향으로는 100씩 커지므로 900에서 ↓ 방향으로 한 칸 가면 1000입니다. 따라서 1000은 900보다 100만큼 더 큰 수입니다.

② → 방향으로는 10씩 커지므로 990에서 → 방향으로 한 칸 가면 1000입니다. 따라서 1000은 990보다 10만큼 더 큰 수입니다.

---

1 수 모형을 보고 ☐ 안에 알맞은 수나 말을 써넣으세요.

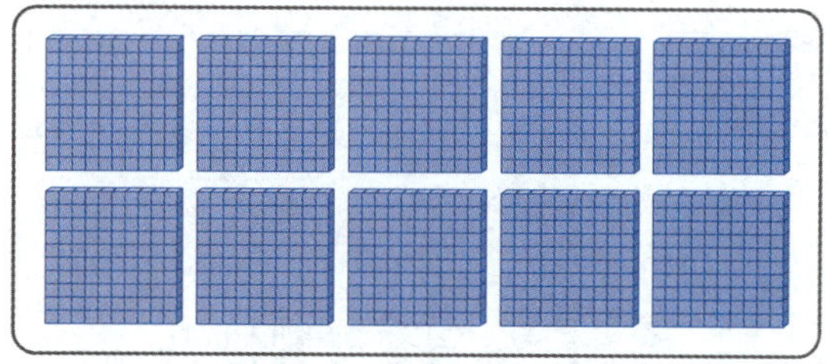

100이 ☐ 개이면 1000이고 ☐ (이)라고 읽습니다.

[2~3] 수직선을 보고 ☐ 안에 알맞은 수를 써넣으세요.

0 100 200 300 400 500 600 700 800 900 1000

2 900보다 100만큼 더 큰 수는 ☐ 입니다.

3 700보다 300만큼 더 큰 수는 ☐ 입니다.

[4~5] 수 배열표를 보고 물음에 답하세요.

340	350	360	370	380	390	400
440	450	460	470	480	490	500
540	550	560	570	580	590	600
640	650	660	670	680	690	700
740	750	760	770	780	790	800
840	850	860	870	880	890	900
940	950	960	970	980	990	1000

4 500에서 ↓ 방향으로 5칸 가면 얼마인가요?

(   )

5 1000에서 ← 방향으로 2칸 가면 얼마인가요?

(   )

6 1000원이 되려면 얼마가 더 필요한가요?

(   )

7 □ 안에 알맞은 수를 써넣으세요.

800은 1000보다 [   ]만큼 더 작은 수입니다.

8 1000이 되도록 묶었을 때 남은 돈은 얼마인가요?

(   )

9 1000이 되도록 왼쪽 그림과 오른쪽 수를 서로 이어 보세요.

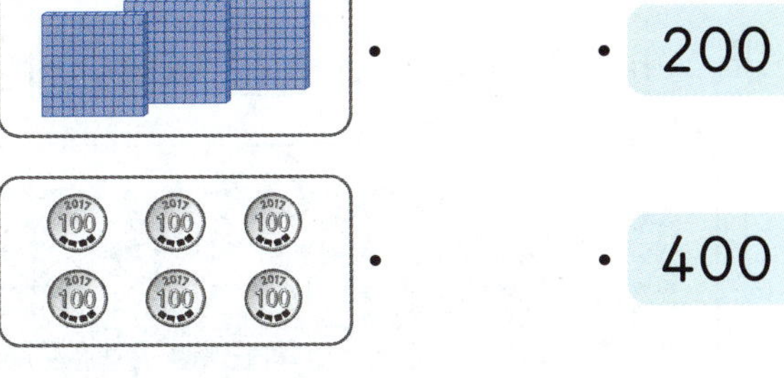

· 200

· 400

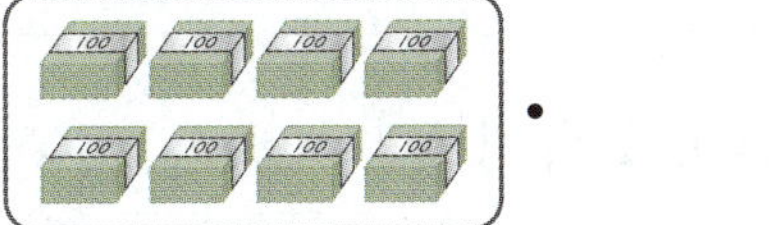

· 700

10 꽃 가게에서 튤립을 한 다발에 100송이씩 묶어 10다발을 팔았습니다. 이 꽃 가게에서 판 튤립은 모두 몇 송이인가요?

(   )

1 단원

네 자리 수

개념의 힘

❶ 3000 알아보기

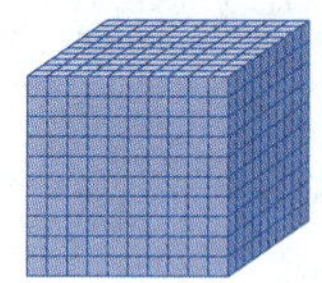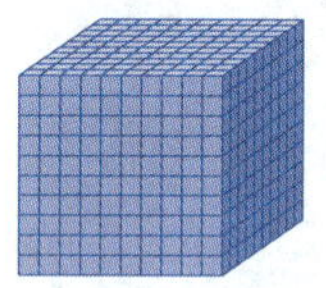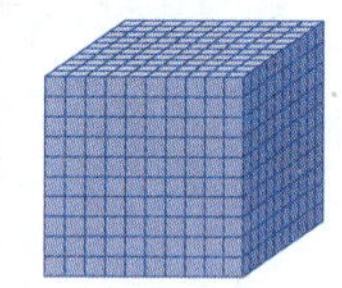

1000이 **3**개이면 **3000**입니다.
3000은 **삼천**이라고 읽습니다.

❷ 몇천 알아보기

수	쓰기	읽기	수	쓰기	읽기
1000이 **2**개	**2000**	이천	**1000**이 **6**개	**6000**	육천
1000이 **3**개	**3000**	삼천	**1000**이 **7**개	**7000**	칠천
1000이 **4**개	**4000**	사천	**1000**이 **8**개	**8000**	팔천
1000이 **5**개	**5000**	오천	**1000**이 **9**개	**9000**	구천

1 □ 안에 알맞은 수나 말을 써넣으세요.

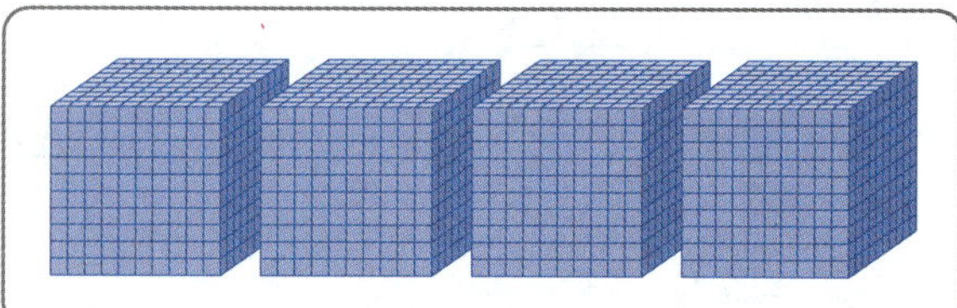

1000이 4개이면 [ ]이고,

[ ] (이)라고 읽습니다.

2 수를 읽어 보세요.

(1) 7000 ( )

(2) 8000 ( )

3 읽은 것을 수로 쓰세요.

(1) 이천 ( )

(2) 구천 ( )

4 그림을 보고 □ 안에 알맞은 수를 써넣으세요.

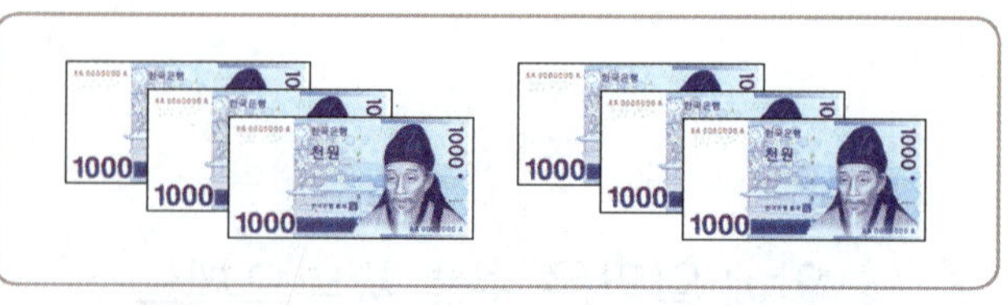

1000원짜리 지폐가 [ ]장이면

[ ]원입니다.

[5~6] 구슬이 몇 개인지 쓰고 읽어 보세요.

5

쓰기 ( )개

읽기 ( )개

6

쓰기 ( )개

읽기 ( )개

7 ㉠에 알맞은 수를 구하세요.

㉠은 1000이 7개인 수입니다.

( )

8 관계있는 것끼리 이어 보세요.

1000이 3개 •

1000이 5개 •

• 오천

• 사천

• 삼천

9 수아는 1000원짜리 초콜릿을 8개 사려고 합니다. 수아가 초콜릿 값으로 내야 할 금액은 얼마인가요?

( )

10 4000을 나타내는 수가 <u>아닌</u> 것의 기호를 쓰세요.

㉠ 100이 40개인 수
㉡ 10이 40개인 수

( )

11 사과가 한 상자에 100개씩 들어 있습니다. 60상자에는 사과가 모두 몇 개 들어 있나요?

( )

12 지우의 양손에 있는 모형의 수를 네 자리 수로 쓰세요.

지우

( )

1
단원

네 자 리 수

개념의 힘

❶ 네 자리 수 알아보기

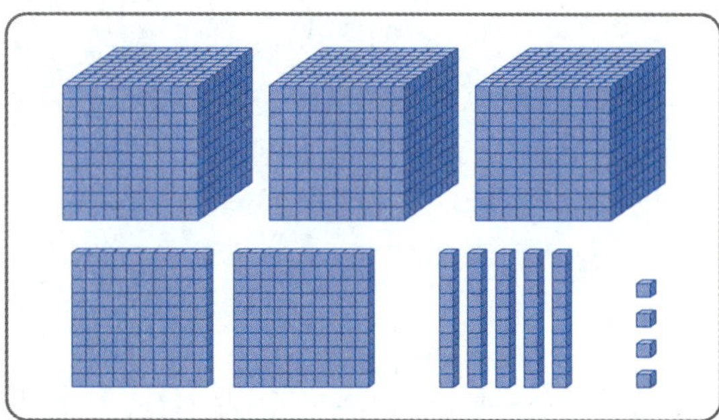

1000이 **3**개, **100**이 **2**개, **10**이 **5**개, **1**이 **4**개이면 **3254**이고, 삼천이백오십사 라고 읽습니다.

☑ 참고 네 자리 수 읽는 방법

3	2	5	4
천	백	십	일
삼천	이백	오십	사

3	2	1	4
천	백	십	일
삼천	이백	십	사

자리의 숫자가 '1'이면 자리만 읽기.

❷ 0이 있는 네 자리 수 알아보기

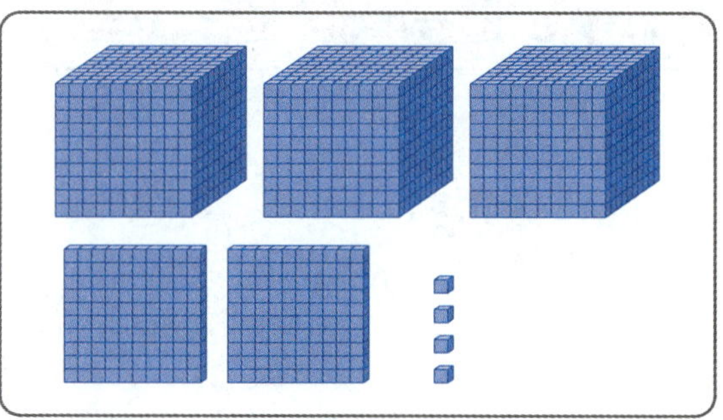

1000이 **3**개, **100**이 **2**개, **10**이 **0**개, **1**이 **4**개이면 **3204**이고, 삼천이백사라 고 읽습니다.

☑ 주의 자리의 숫자가 '0'이면 그 자리는 읽지 않습니다.

3	2	0	4
천	백	십	일
삼천	이백		사

3	0	5	4
천	백	십	일
삼천		오십	사

읽지 않습니다.

---

1 수 모형을 보고 ☐ 안에 알맞은 수를 써넣으세요.

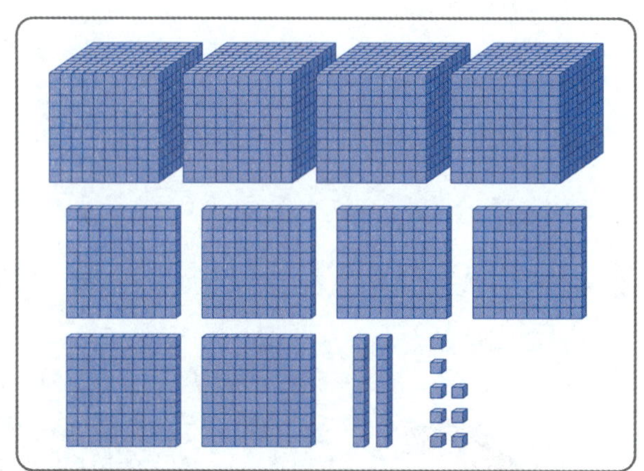

1000이 4개, 100이 6개, 10이 2개 1이 ☐개이면 ☐ 입니다.

2 수를 바르게 읽은 것에 ◯표 하세요.

5197

(오천구십칠 , 오천백구십칠)

3 읽은 것을 수로 쓰세요.

팔천사백일

( )

[4~5] 설명하는 수를 쓰세요.

4
> 1000이 8개, 100이 2개, 10이 7개, 1이 4개인 수

(　　　　　　　　)

5
> 1000이 7개, 100이 2개, 10이 1개, 1이 9개인 수

(　　　　　　　　)

6 수 모형이 나타내는 수를 쓰세요.

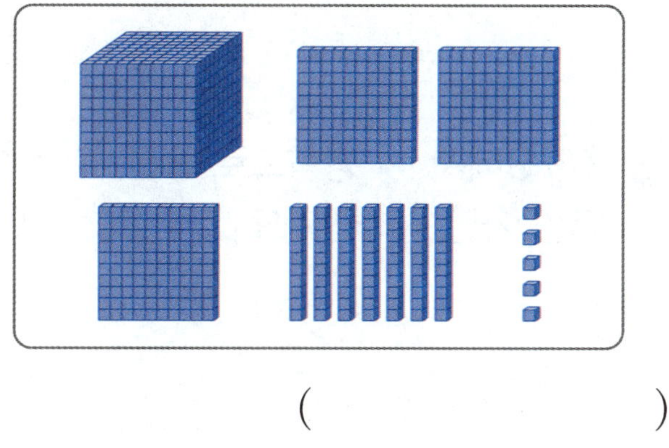

(　　　　　　　　)

7 수를 잘못 읽은 친구를 찾아 이름을 쓰고, 바르게 읽어 보세요.

> 지호 : 5608 ➡ 오천육백팔
>
> 하은 : 9026 ➡ 구천영이십육
>
> 수민 : 7134 ➡ 칠천백삼십사

잘못 읽은 친구 (　　　　　　)

바르게 읽기 (　　　　　　)

8 유준이가 고른 수 카드를 찾아 색칠해 보세요.

유준

6106	7660
6860	4696

9 2352를 1000, 100, 10, 1을 이용하여 그림으로 나타내 보세요.

10 가희는 마트에서 물건을 사면서 1000원짜리 지폐 4장, 100원짜리 동전 6개, 10원짜리 동전 5개를 냈습니다. 가희가 낸 금액은 얼마인가요?

(　　　　　　　　)

1 단원

네 자리 수

1 □ 안에 알맞은 수를 써넣으세요.

(1) 1000은 999보다 □ 만큼 더 큰 수입니다.

(2) 1000은 990보다 □ 만큼 더 큰 수입니다.

2 그림을 보고 □ 안에 알맞은 수를 써넣으세요.

1000이 □ 개이면 □ 입니다.

[3~4] 나타내는 수를 쓰고 읽어 보세요.

3

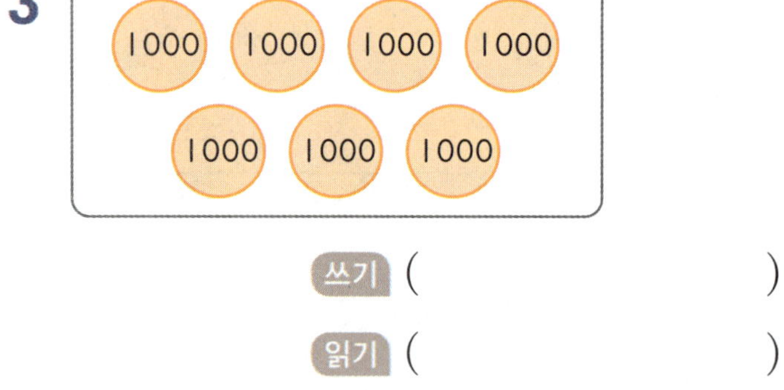

쓰기 ( )

읽기 ( )

4

쓰기 ( )

읽기 ( )

[5~6] 수 배열표를 보고 물음에 답하세요.

340	350	360	370	380	390	400
440	450	460	470	480	490	500
540	550	560	570	580	590	600
640	650	660	670	680	690	700
740	750	760	770	780	790	800
840	850	860	870	880	890	900
940	950	960	970	980	990	1000

5 960에서 ➡ 방향으로 몇 칸 가야 1000인가요?

( )

6 670에서 ➡ 방향으로 3칸, ⬇ 방향으로 3칸 가면 얼마인가요?

( )

7 책상 위에 있는 수 모형입니다. 이 중 로아가 가져간 모형에 ✕표 하였다면 남은 수 모형이 나타내는 수를 쓰세요.

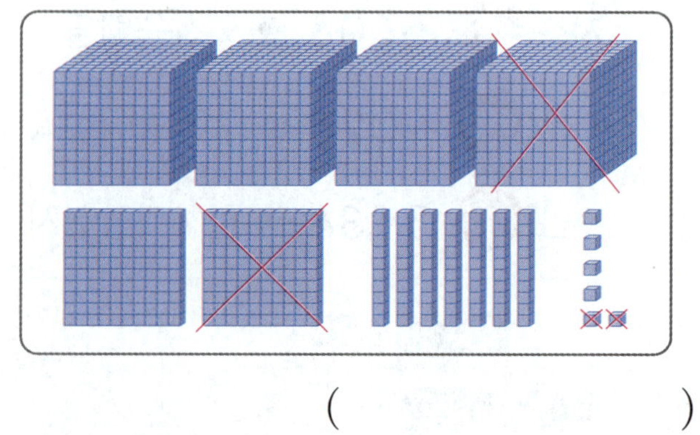

( )

8 민주가 가진 동전이 지갑 안에 들어 있습니다. 1000원이 되려면 얼마가 더 있어야 하나요?

(   )

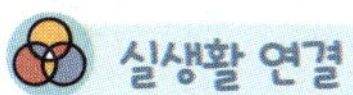
실생활 연결

9 편의점에서 1000원짜리 어묵꼬치를 예리는 2개, 재희는 1개 먹으려고 합니다. 두 사람이 어묵꼬치 값으로 내야 할 금액의 합은 얼마인가요?

(   )

10 나타내는 수가 다른 하나를 찾아 기호를 쓰세요.

> ㉠ 1000이 2개인 수
> ㉡ 100이 20개인 수
> ㉢ 10이 20개인 수

(   )

11 □ 안에 알맞은 수를 써넣으세요.

(1) 100이 9개, 10이 10개이면 □□□ 입니다.

(2) 1000이 4개, 100이 10개이면 □□□ 입니다.

12 갖고 있는 모형을 모두 이용해 네 자리 수를 만들 수 있는 사람의 이름을 쓰세요.

(   )

정보처리

13 아름이는 주스와 우유를 각각 한 개씩 사고 가격에 딱 맞게 다음과 같이 돈을 냈습니다. 낸 돈에서 주스 한 개의 가격만큼 묶고, 우유의 가격을 쓰세요.

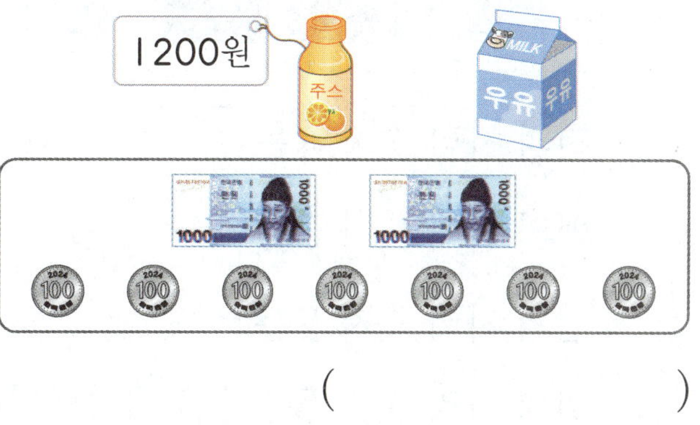

(   )

1
단원

네
자
리
수

개념의 힘

❶ 2431에서 각 자리의 숫자가 나타내는 수

천의 자리	백의 자리	십의 자리	일의 자리
2	4	3	1

2	0	0	0
	4	0	0
		3	0
			1

2431에서
2는 천의 자리 숫자이고 2000을,
4는 백의 자리 숫자이고 400을,
3은 십의 자리 숫자이고 30을,
1은 일의 자리 숫자이고 1을 나타냅니다.
→ 2431＝2000＋400＋30＋1

❷ 3333에서 각 자리의 숫자가 나타내는 수

3333에서
3은 천의 자리 숫자이고 3000을,
3은 백의 자리 숫자이고 300을,
3은 십의 자리 숫자이고 30을,
3은 일의 자리 숫자이고 3을 나타냅니다.
→ 3333＝3000＋300＋30＋3

같은 숫자여도 숫자가 놓인 위치에 따라 나타내는 수가 달라.

✓참고 0이 있는 네 자리 수

'0'은 자리를 나타내는 역할을 합니다. 따라서 '0'이 있고 없고에 따라 수의 크기가 달라집니다.

4035＝4000＋0＋30＋5
435＝400＋30＋5

---

1 4325를 수 모형으로 나타낸 것입니다.
  □ 안에 알맞은 수를 써넣으세요.

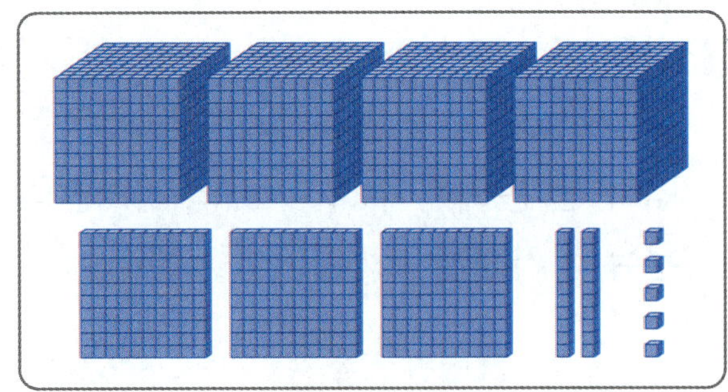

천의 자리 숫자 4는 □ 을,
백의 자리 숫자 3은 □ 을,
십의 자리 숫자 2는 □ 을,
일의 자리 숫자 5는 5를 나타냅니다.

2 □ 안에 알맞은 수를 써넣으세요.

7264에서
　천의 자리 숫자는 □
　백의 자리 숫자는 □
　십의 자리 숫자는 □
　일의 자리 숫자는 □

3 □ 안에 알맞은 말을 써넣으세요.

3784에서 숫자 3은 □ 의 자리 숫자입니다.

4 숫자 8이 나타내는 수를 쓰세요.

(1)  8325　　(　　　　)

(2) 6187　　(　　　　)

5 백의 자리 숫자가 5인 수를 가지고 있는 사람을 찾아 ○표 하세요.

5198　　　　7569　　　　4358

(　　)　(　　)　(　　)

6 밑줄 친 숫자 5가 50을 나타내는 수를 찾아 쓰세요.

5843　　　7596　　　4958

(　　　　　)

7 숫자 3이 보기의 숫자 3과 같은 자릿값을 나타내는 수를 찾아 ○표 하세요.

보기
4369

7238, 3165, 5376, 4893

8 다음 중 4957에 대한 설명으로 **틀린** 것은 어느 것인가요? (　　　)

① 천의 자리 숫자는 4입니다.
② 일의 자리 숫자는 7입니다.
③ 9는 백의 자리 숫자입니다.
④ 숫자 4는 4000을 나타냅니다.
⑤ 숫자 5는 5를 나타냅니다.

9 밑줄 친 숫자가 나타내는 수만큼 색칠해 보세요.

4444

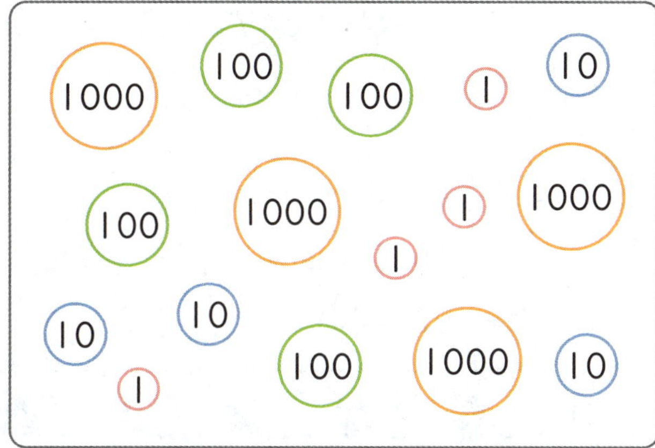

10 유희 언니가 태어난 연도는 천의 자리 숫자가 2, 백의 자리 숫자가 0, 십의 자리 숫자가 1, 일의 자리 숫자가 4입니다. 유희 언니는 몇 년도에 태어났나요?

(　　　　　)년도

Power 개념의 힘 ⑤ 뛰어 세기

개념의 힘

1 1000씩 뛰어 세기

3000 — 4000 — 5000 — 6000
(+1, +1, +1)

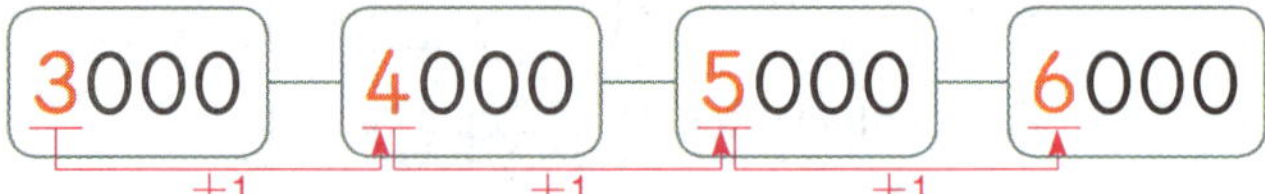

➔ **천**의 자리 숫자가 **1씩 커집니다.**

2 100씩 뛰어 세기

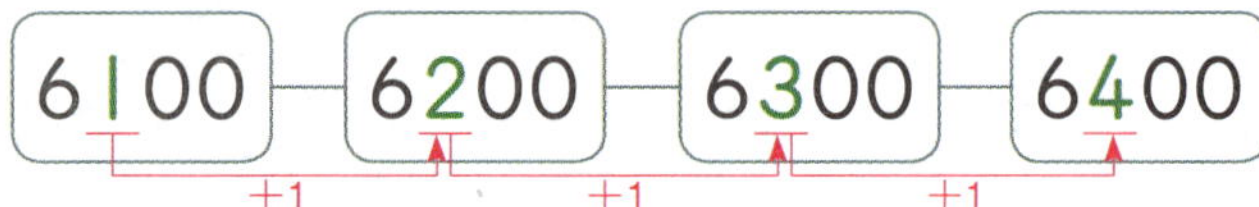

6100 — 6200 — 6300 — 6400
(+1, +1, +1)

➔ **백**의 자리 숫자가 **1씩 커집니다.**

3 10씩 뛰어 세기

8320 — 8330 — 8340 — 8350
(+1, +1, +1)

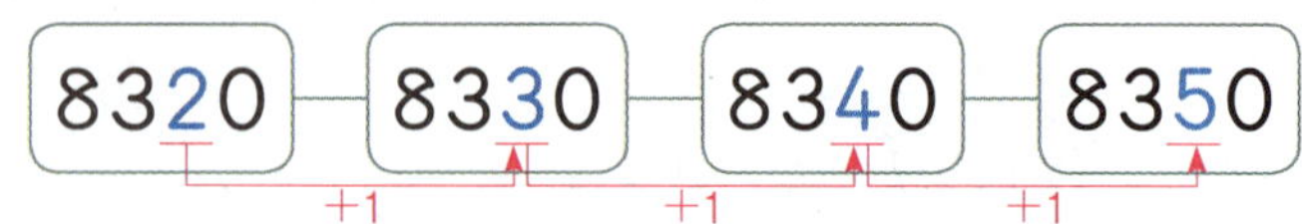

➔ **십**의 자리 숫자가 **1씩 커집니다.**

4 1씩 뛰어 세기

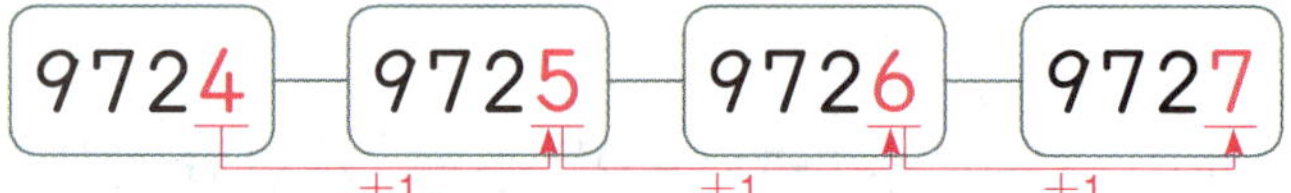

9724 — 9725 — 9726 — 9727
(+1, +1, +1)

➔ **일**의 자리 숫자가 **1씩 커집니다.**

☑ 주의 뛰어 세는 자리의 숫자가 9인 경우에는 바로 윗자리 숫자까지 생각해야 합니다.

예 10씩 뛰어 세기

3487 — 3497 — 3507 — 3517
(+1)

☑ 참고 수를 거꾸로 뛰어 세면 뛰어 세는 자리의 숫자가 1씩 작아집니다.

예 100씩 거꾸로 뛰어 세기

4500 — 4400 — 4300 — 4200
(−1, −1, −1)

1 1000원짜리 지폐를 세면서 빈칸에 알맞은 수를 써넣으세요.

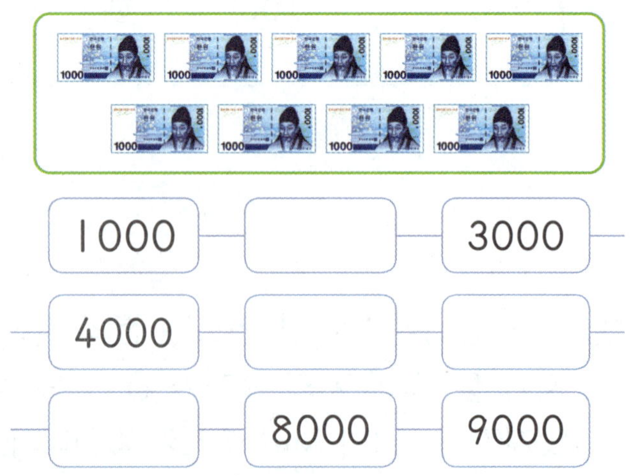

1000 — ☐ — 3000 —

— 4000 — ☐ — ☐ —

— ☐ — 8000 — 9000

1000원짜리 지폐를 센다는 건 1000씩 뛰어 세기와 같아.

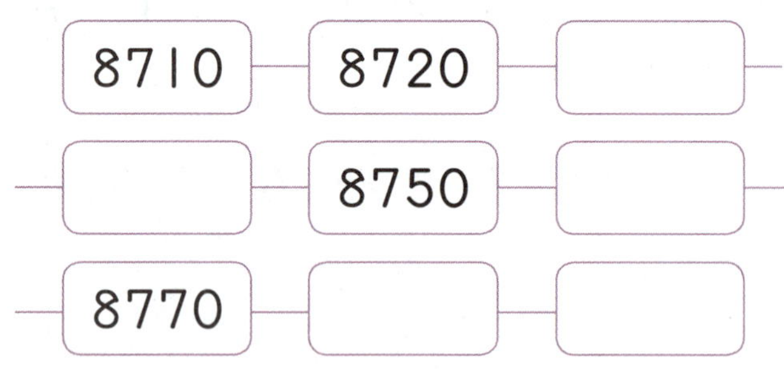

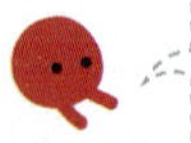

2 10씩 뛰어 세어 보세요.

8710 — 8720 — ☐ —

— ☐ — 8750 — ☐ —

— 8770 — ☐ — ☐

3 1씩 뛰어 세어 보세요.

9991 — ☐ — ☐ —

— 9994 — 9995 — ☐ —

— 9997 — ☐ — 9999

4 뛰어 센 것을 보고 □ 안에 알맞은 수나 말을 써넣으세요.

7400 — 7500 — 7600 — 7700

□ 의 자리 숫자가 1씩 커졌으므로

□ 씩 뛰어 센 것입니다.

[5~6] 수 배열표를 보고 물음에 답하세요.

5100	5200	5300	5400	5500
6100	6200	6300		6500
7100	7200	7300	7400	7500
8100	8200	8300	8400	8500
9100		9300	9400	9500

5 빈칸에 알맞은 수를 써넣으세요.

6 ➡, ⬇ 방향으로 각각 몇씩 뛰어 센 것인지 쓰세요.

➡ (   )

⬇ (   )

7 수를 10씩 뛰어 세었을 때 ㉠에 알맞은 수를 구하세요.

2908 — 2918 — 2928 — ㉠

(   )

8 시윤이의 방법으로 뛰어 세어 보세요.

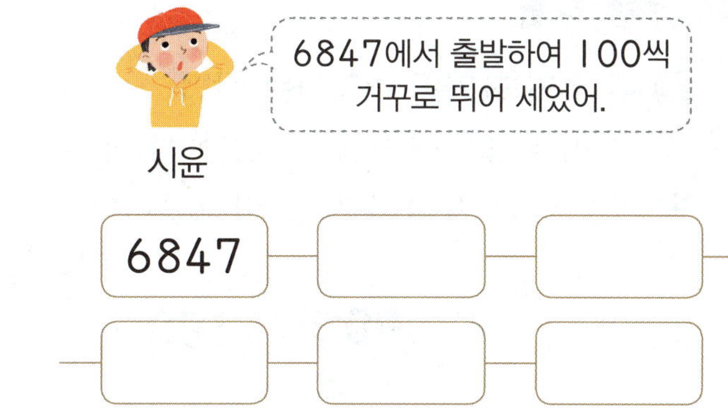

6847 — □ — □ —
□ — □ — □

9 4183부터 뛰어 센 수를 구하세요.

(1) 1000씩 3번 뛰어 센 수를 구하세요.

(   )

(2) 1씩 4번 뛰어 센 수를 구하세요.

(   )

10 영진이의 통장에는 6월 현재 2450원이 들어 있습니다. 다음 달부터 한 달에 1000원씩 빠짐없이 저금하고 나면 7월, 8월, 9월에는 각각 얼마가 되나요?

7월 (   )

8월 (   )

9월 (   )

1 단원

네 자리 수

개념의 **힘**

1 두 수의 크기를 비교하는 방법

네 자리 수의 크기를 비교할 때에는 **천**, **백**, **십**, **일**의 자리 순서로 비교합니다.

(1) **천의 자리 숫자가 클수록** 더 큰 수입니다.

예 **4**900<**5**100
4<5

(2) 천의 자리 숫자가 같으면 **백의 자리 숫자가 클수록** 더 큰 수입니다.

예 2**7**45<2**8**13
7<8

(3) 천, 백의 자리 숫자가 각각 같으면 **십의 자리 숫자가 클수록** 더 큰 수입니다.

예 68**2**8<68**3**2
2<3

(4) 천, 백, 십의 자리 숫자가 각각 같으면 **일의 자리 숫자가 클수록** 더 큰 수입니다.

예 846**3**<846**7**
3<7

2 세 수의 크기를 비교하는 방법

	천의 자리	백의 자리	십의 자리	일의 자리
5713 →	5	7	1	3
4691 →	④	6	9	1
5926 →	5	⑨	2	6

↑ 천의 자리 숫자가 가장 작음.　↑ 천의 자리 숫자가 같은 수 중 백의 자리 숫자가 더 큼.

(1) 천의 자리 숫자를 비교하면 4691이 가장 작은 수입니다.

(2) 남은 두 수의 백의 자리 숫자를 비교하면 5926이 가장 큰 수입니다.

✓참고 수의 크기를 > 또는 <로 나타내기

· 4691은 5926보다 작습니다.
→ 4691<5926
· 5926은 5713보다 큽니다.
→ 5926>5713

---

1 수 모형이 나타내는 두 수의 크기를 비교해 보세요.

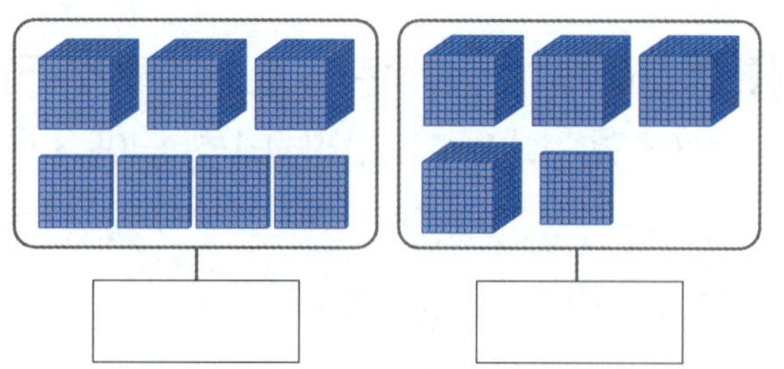

(1) 위 빈칸에 수 모형의 수를 써넣으세요.

(2) 위 (1)에서 쓴 수 중 더 큰 수는 □ 입니다.

2 수직선을 보고 색칠한 두 수의 크기를 비교해 보세요.

7660 **7670** 7680 7690 7700 **7710** 7720

(1) 알맞은 말에 ◯표 하세요.

7670이 7710보다 왼쪽에 있으므로 더 (작은 , 큰) 수입니다.

(2) 두 수의 크기를 비교하여 ◯ 안에 > 또는 <를 알맞게 써넣으세요.

7670 ◯ 7710

3 더 큰 수에 ○표 하세요.

3482		3796
(　　)		(　　)

4 두 수의 크기를 바르게 비교한 것에 ○표 하세요.

8426<8504　　(　　)

7249>7251　　(　　)

5 두 수의 크기를 비교하여 ○ 안에 > 또는 <를 알맞게 써넣으세요.

5101 ◯ 5102

6 다음은 경은이와 동생이 모은 용돈입니다. 누가 용돈을 더 많이 모았나요?

	1000원 짜리 지폐	100원 짜리 동전	10원 짜리 동전
경은	9장	2개	4개
동생	8장	6개	9개

(　　　　　　)

7 빈칸에 알맞은 숫자를 써넣고, 세 수의 크기를 비교해 가장 큰 수와 가장 작은 수를 쓰세요.

	천의 자리	백의 자리	십의 자리	일의 자리
5143 →	5	1	4	3
4986 →				
5152 →				

가장 큰 수: [　　　]

가장 작은 수: [　　　]

8 수 모형이 나타내는 두 수의 크기를 비교하려고 합니다. □ 안에 알맞은 수를 써넣으세요.

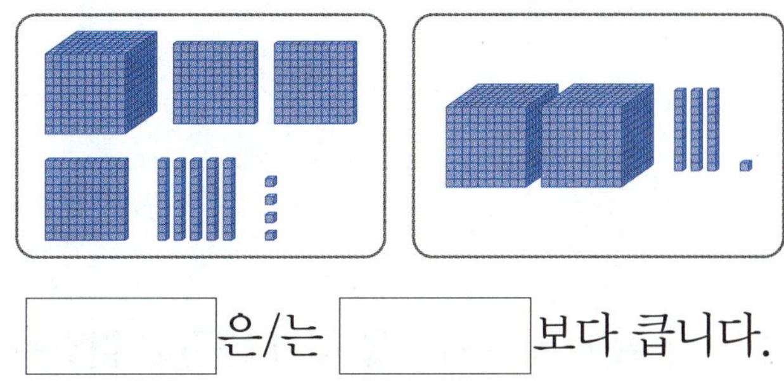

[　　　]은/는 [　　　]보다 큽니다.

9 어느 생선 가게에서 오늘 팔린 생선은 고등어 3126마리, 삼치 2947마리입니다. 고등어와 삼치 중에서 더 적게 팔린 생선은 무엇인가요?

(　　　　　　)

[1~3] 밑줄 친 숫자가 나타내는 수만큼 색칠해 보세요.

1

5<u>4</u>23

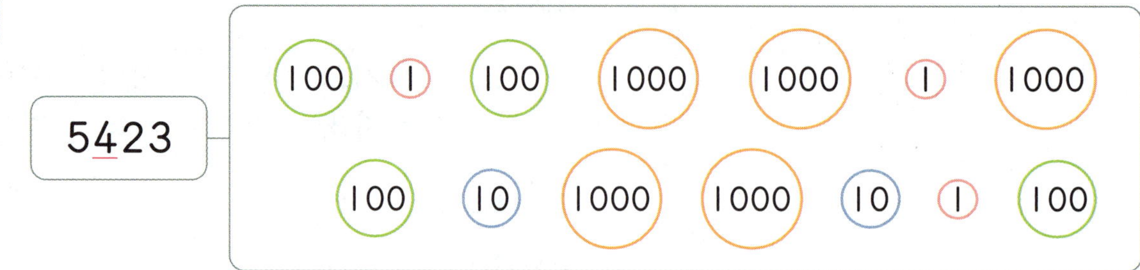

2

25<u>1</u>4

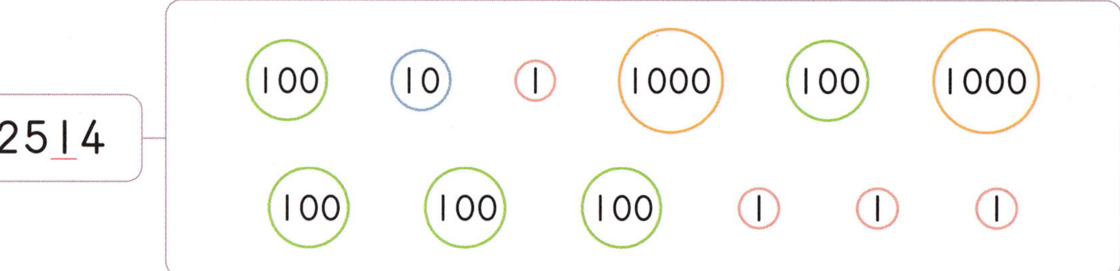

3

<u>3</u>333

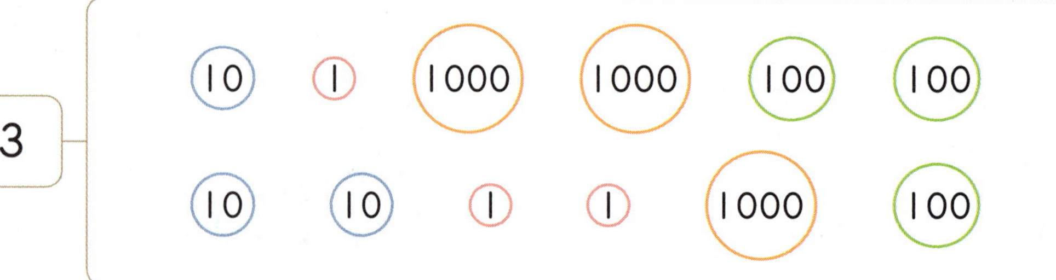

[4~6] 뛰어 세는 규칙을 찾아 빈칸에 알맞은 수를 써넣으세요.

4 7412 — ☐ — 7414 — 7415 — ☐ — 7417

5 8723 — 8823 — 8923 — ☐ — ☐ — 9223

6 6431 — 6421 — ☐ — 6401 — ☐ — ☐

[7~8] 빨간색 버스에 쓰여 있는 수보다 큰 수가 쓰여 있는 버스를 모두 찾아 ◯표 하세요.

7

(   )   (   )   (   )   (   )

8

(   )   (   )   (   )   (   )

[9~12] 두 수 중 더 큰 수를 아래의 빈 곳에 써넣으세요.

9
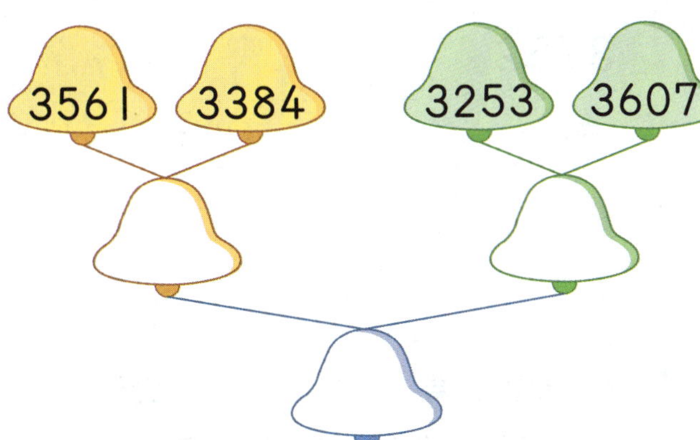

10
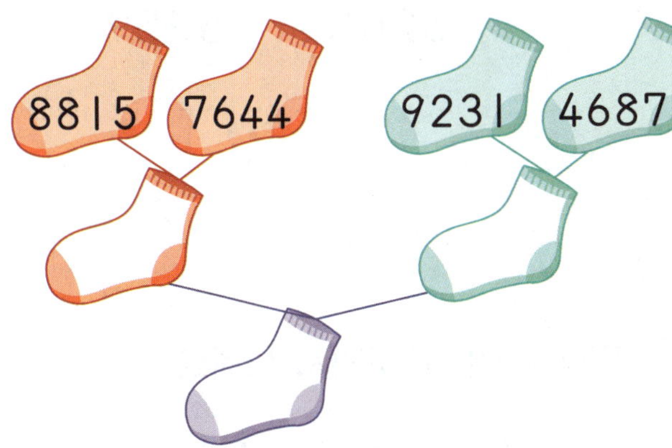

11
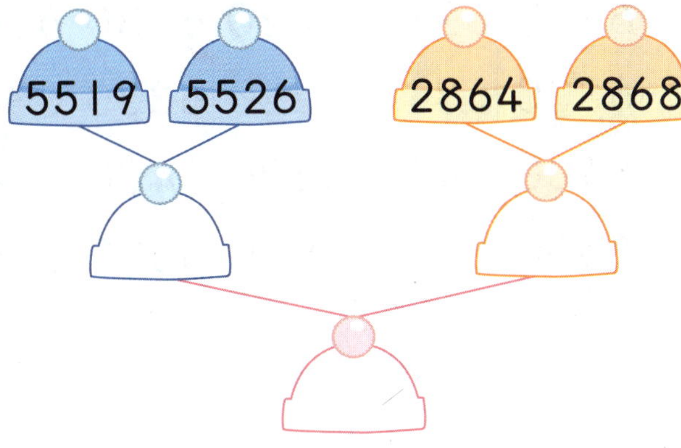

12
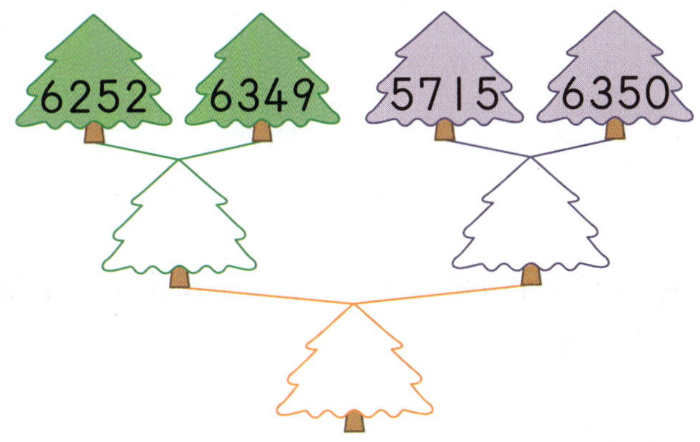

1 다음 수에서 백의 자리 숫자를 찾아 쓰세요.

1276

(   )

2 수 모형을 보고 두 수의 크기를 비교하여 ○ 안에 > 또는 <를 알맞게 써넣으세요.

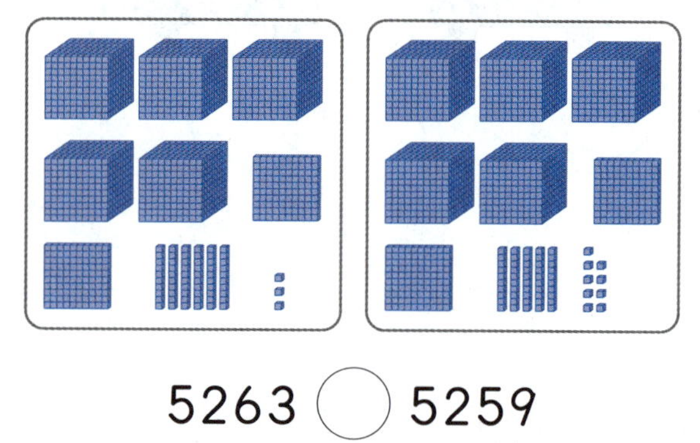

5263 ◯ 5259

3 몇씩 뛰어 센 것인지 쓰세요.

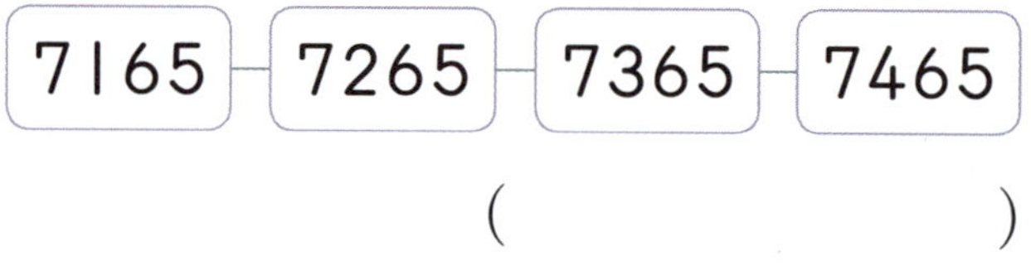

(   )

4 4628에서 숫자 4가 나타내는 수를 쓰세요.

(   )

5 뛰어 세는 규칙에 맞게 빈칸에 들어갈 수를 바르게 말한 사람을 찾아 이름을 쓰세요.

6325 — 6326 — 6327 — ☐

(   )

정보처리

6 보기와 같이 빈칸에 알맞은 수를 써넣으세요.

보기

$2817 = 2000 + 800 + 10 + 7$

3752

= ☐ + ☐ + ☐ + ☐

7 수 배열표를 보고 ⬇와 ↙ 방향으로 각각 몇씩 뛰어 센 것인지 쓰세요.

6100	6110	6120	6130	6140
6200	6210	6220	6230	6240
6300	6310	6320	6330	6340
6400	6410	6420	6430	6440
6500	6510	6520	6530	6540

⬇ (   )

↙ (   )

8 숫자 9가 나타내는 수가 가장 큰 수에 ◯표, 가장 작은 수에 △표 하세요.

9 더 큰 수를 말한 사람의 이름을 쓰세요.

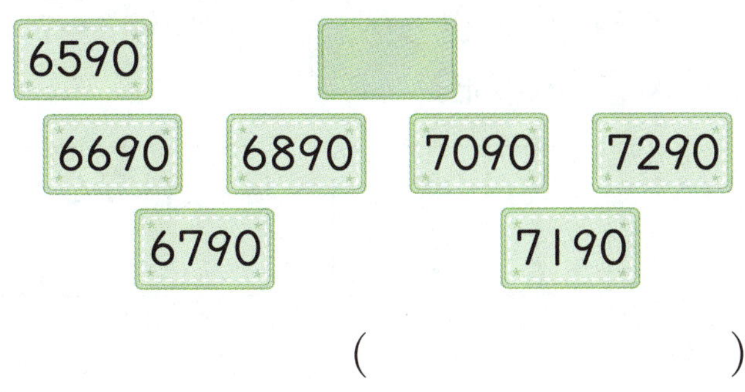

(   )

10 한 달간 가 공장에서는 인형을 8624개 만들었고, 나 공장에서는 9103개 만들었습니다. 가와 나 공장 중에서 인형을 더 적게 만든 공장을 쓰세요.

(   )

11 6590부터 100씩 커지는 수 카드가 놓여있습니다. 뒤집어진 카드에 알맞은 수를 구하세요.

6590	
6690	6890	7090	7290
6790		7190

(   )

12 달콤 농장에서 올해 수확한 과일입니다. 배, 사과, 감을 다음과 같이 수확했을 때 세 과일 중에서 가장 적게 수확한 과일을 찾아 쓰세요.

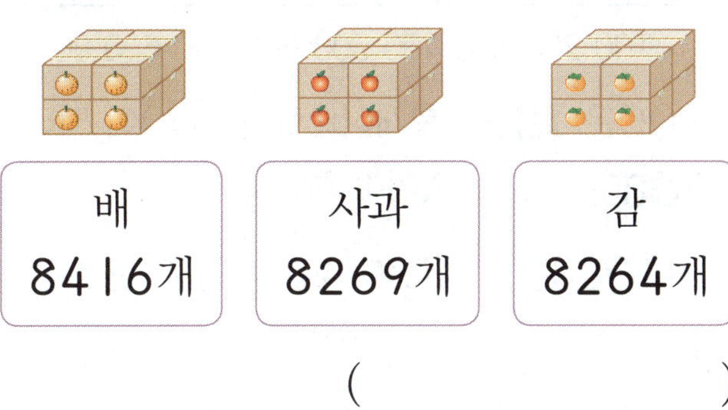

(   )

13 4000에서 출발하여 10씩 거꾸로 5번 뛰어 센 수를 구하세요.

(   )

14 백의 자리 숫자가 0인 것을 모두 찾아 색칠해 보세요.

응용 1 1000 만들기

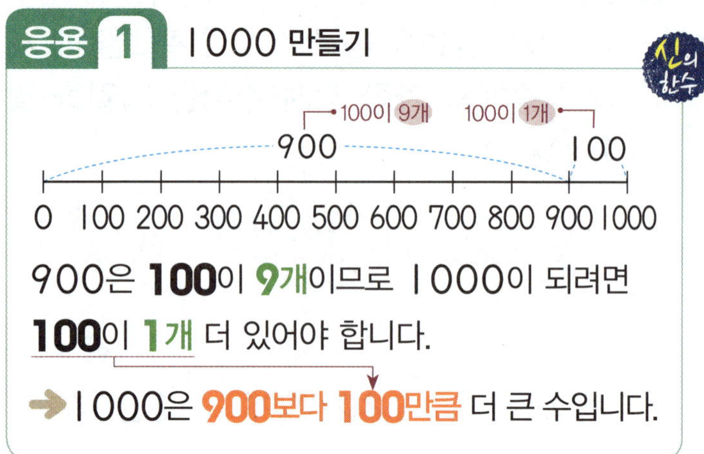

900은 **100**이 **9개**이므로 1000이 되려면 **100**이 **1개** 더 있어야 합니다.

→ 1000은 **900**보다 **100**만큼 더 큰 수입니다.

응용 2 나타내는 수의 크기 비교하기

어느 자리 숫자인지 찾으면 나타내는 수를 알 수 있습니다.

예 숫자 3이 나타내는 수 구하기

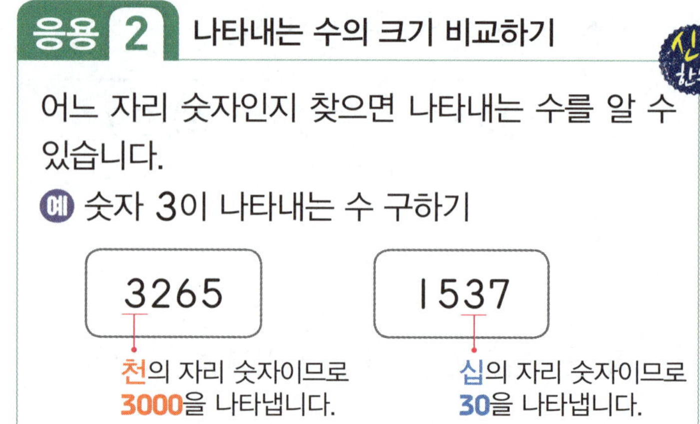

[1~2] 1000원이 되려면 얼마가 더 필요한지 구하세요.

1
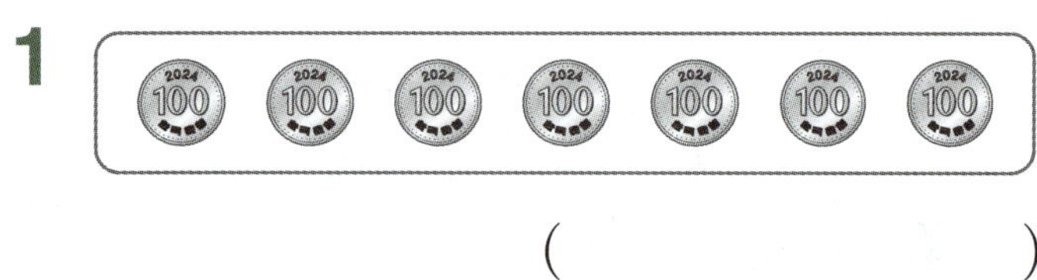

(   )

2
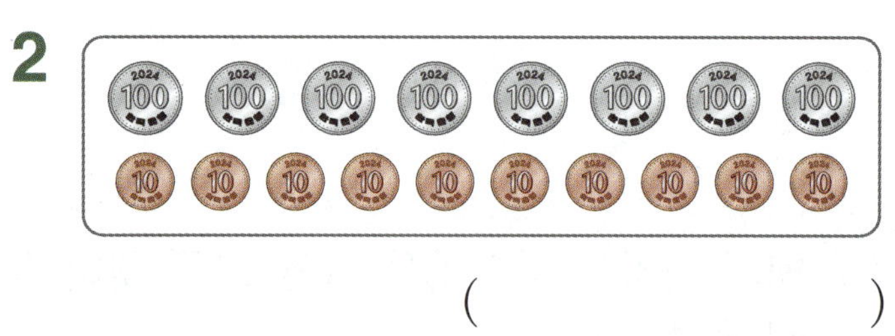

(   )

3 탁구공이 한 상자에 100개씩 6상자 있습니다. 탁구공이 1000개가 되려면 몇 개 더 필요한가요?

(   )

4 숫자 7이 나타내는 수가 더 큰 수에 ○표 하세요.

8726	3574
( )	( )

5 숫자 8이 나타내는 수가 더 작은 수에 ○표 하세요.

5684	2837
( )	( )

6 두 수에서 밑줄 친 숫자 2가 나타내는 수 ㉠과 밑줄 친 숫자 1이 나타내는 수 ㉡의 차를 구하세요.

6128	3174
㉠	㉡

(   )

응용 3 금액에 맞게 물건 사기 

(예) 1000 과 2000 으로 4000 만들기

방법 1 ┃ 1000 4개

방법 2 ┃ 2000 1개와 1000 2개

방법 3 ┃ 2000 2개

[7~9] 편의점에서 파는 음식 가격입니다. 물음에 답하세요.

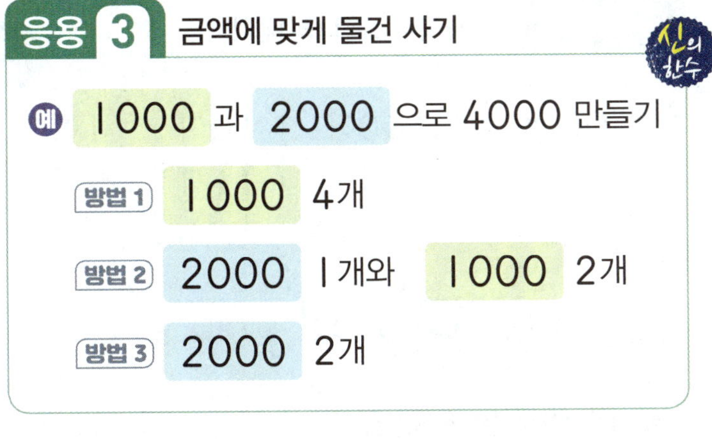

7 ┃보기┃와 같이 6000원어치 음식을 사는 방법을 음식의 개수와 함께 쓰세요.

┌─ 보기 ─┐

〈5000원어치 음식 사는 방법〉
김밥 1줄과 주스 1개

────────────────

8 8000원어치 음식을 사는 방법을 음식의 개수와 함께 쓰세요.

────────────────

9 김밥을 포함해서 7000원어치 음식을 사려고 합니다. 방법을 개수와 함께 쓰세요.

────────────────

응용 4 주어진 수로 네 자리 수 만들기 

- 가장 큰 네 자리 수를 만들 때는 가장 큰 수부터 천, 백, 십, 일의 자리에 차례로 놓습니다.
- 가장 작은 네 자리 수를 만들 때는 가장 작은 수부터 천, 백, 십, 일의 자리에 차례로 놓습니다. 이때, **0**은 천의 자리에 올 수 없습니다.

10 숫자를 한 번씩만 사용하여 가장 큰 네 자리 수를 만들어 보세요.

2, 7, 5, 9

(　　　　　　　)

11 숫자를 한 번씩만 사용하여 가장 작은 네 자리 수를 만들어 보세요.

3, 0, 9, 8

(　　　　　　　)

12 수 카드를 한 번씩만 사용하여 백의 자리 숫자가 1인 가장 큰 네 자리 수를 만들어 보세요.

1　　4　　7　　6

(　　　　　　　)

응용 5 뛰어 센 수 비교하기

- **천**의 자리 숫자가 **1**씩 **커지면** **1000**씩 뛰어 센 것입니다.
- **천**의 자리 숫자가 **1**씩 **작아지면** **1000**씩 거꾸로 뛰어 센 것입니다.

13 빈칸에 들어갈 수가 더 작은 쪽의 기호를 쓰세요.

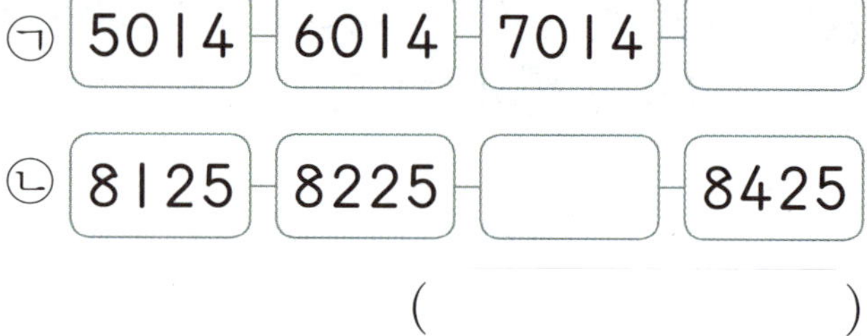

⊙ 5014 – 6014 – 7014 – ☐

ⓛ 8125 – 8225 – ☐ – 8425

(   )

14 빈칸에 들어갈 수가 더 큰 쪽의 기호를 쓰세요.

⊙ 5793 – ☐ – 7793 – 8793

ⓛ 6827 – 6817 – 6807 – ☐

(   )

15 더 큰 수의 기호를 쓰세요.

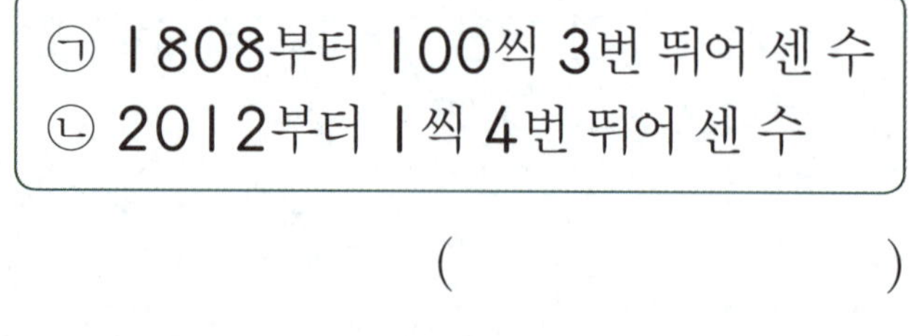

⊙ 1808부터 100씩 3번 뛰어 센 수
ⓛ 2012부터 1씩 4번 뛰어 센 수

(   )

응용 6 네 자리 수로 나타내기

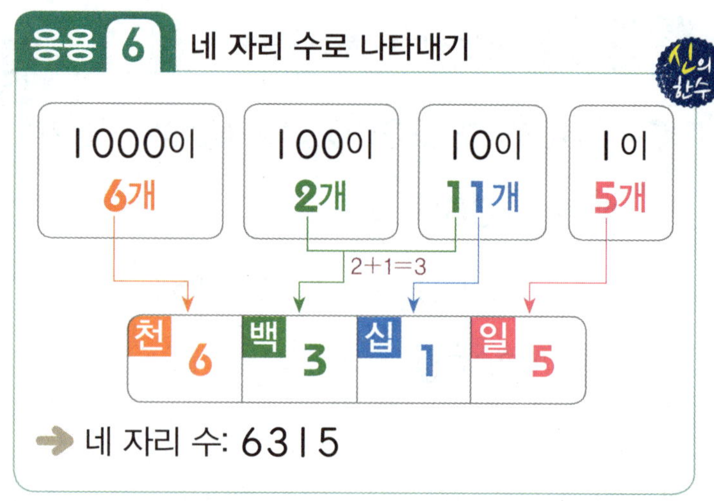

➡ 네 자리 수: 6315

16 설명하는 수를 네 자리 수로 쓰세요.

1000이 4개, 100이 17개, 10이 6개인 수

(   )

17 설명하는 수를 네 자리 수로 쓰세요.

100이 45개, 10이 12개인 수

(   )

18 유희는 1000원짜리 지폐 6장, 100원짜리 동전 15개, 10원짜리 동전 9개를 가지고 있습니다. 유희가 가지고 있는 돈은 모두 얼마인가요?

(   )

응용 7 ■가 될 수 있는 숫자 구하기 

예 2425<24■8에서 ■ 구하기

① 천, 백의 자리 숫자가 같으므로
   십의 자리 숫자를 비교하면 2<■입니다.
② ■가 2도 될 수 있는지 확인해 보면
   2425<2428이므로 ■는 2도 될 수
   있습니다. └→ 크기가 바뀌지 않음.
➡ ■는 2부터 9까지의 숫자가 될 수 있습니다.

19 1부터 9까지의 숫자 중에서 ■가 될 수
있는 숫자를 모두 구하세요.

5163<■947

(   )

20 0부터 9까지의 숫자 중에서 ■가 될 수
있는 숫자를 모두 구하세요.

3426>3■19

(   )

21 종이에 네 자리 수가 적혀 있는데 천의 자
리 숫자가 지워져서 보이지 않습니다. 종이
에 적힌 수 ■783은 6429보다 큰 수일
때 ■가 될 수 있는 숫자를 모두 구하세요.

(   )

응용 8 가려진 두 수의 크기 비교하기

예 7■56과 8▲42의 크기 비교하기

천의 자리 숫자가 다르므로 천의 자리 숫자
를 비교하면 8▲42가 더 큽니다.

7■56 < 8▲42
└─ 7<8 ─┘

22 네 자리 수의 일부에 붙임딱지를 붙였습니
다. 두 수의 크기를 비교하여 ○ 안에 >
또는 <를 알맞게 써넣으세요.

49★1   ○   48★★

23 세 사람이 각자 갖고 있는 캐릭터 카드 수
입니다. 카드를 가장 많이 가지고 있는 사
람을 찾아 이름을 쓰세요. (단, 카드 수는
네 자리 수입니다.)

수호	루미	현희
242□	1□98	23□5

(   )

연습 문제 풀기

연습 1 풍선이 한 상자에 1000개씩 4상자 있습니다. 풍선이 7000개가 되려면 몇 개 더 필요한가요?

답 _______________

연습 2 다음 설명에 맞는 네 자리 수를 구하세요.

- 천의 자리 숫자는 3, 십의 자리 숫자는 2입니다.
- 백의 자리 숫자와 일의 자리 숫자는 각각 천의 자리 숫자보다 4만큼 더 큽니다.

답 _______________

연습 3 5043부터 몇씩 3번 뛰어 세었더니 5343이 되었습니다. 몇씩 뛰어 센 것인가요?

답 _______________

연습 4 천의 자리 숫자가 5, 십의 자리 숫자가 9, 일의 자리 숫자가 2인 네 자리 수 중에서 가장 큰 수를 구하세요.

답 _______________

대표 유형 **1**　뛰어 세기 전의 수 구하기

어떤 수부터 1000씩 3번 뛰어 세었더니 6018이 되었습니다. 어떤 수를 구하세요.

해결 방법

1 어떤 수를 구하려면 6018부터 1000씩 거꾸로 ☐번 뛰어 세어야 합니다.

2 위 **1**의 방법으로 뛰어 세기:

6018 ─ ☐ ─ ☐ ─ ☐

➜ 어떤 수는 ☐ 입니다.　　　　답 ___________________

유형 코칭

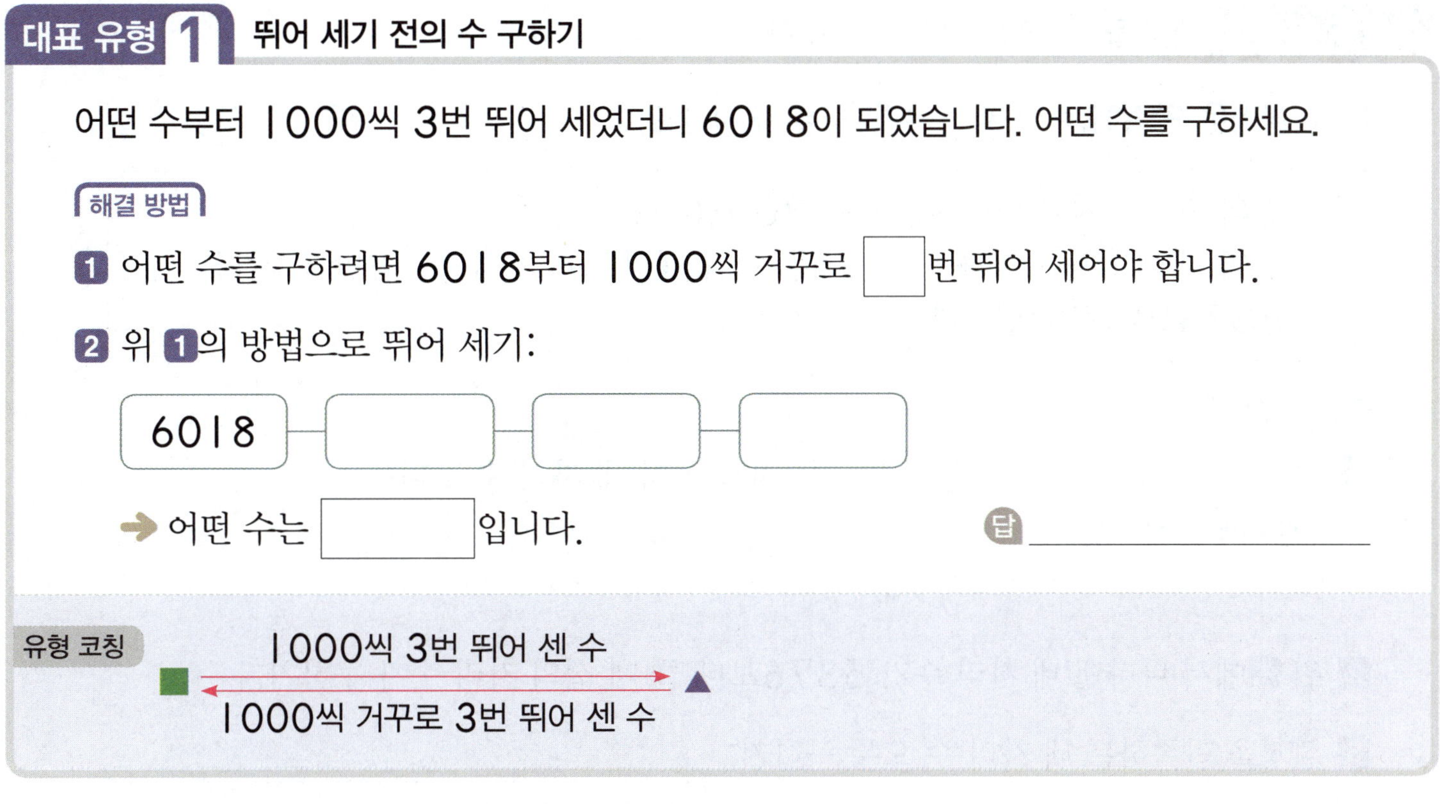

✎ 위의 해결 방법을 따라 풀이를 쓰고 답을 구하세요.

1-1 어떤 수부터 100씩 5번 뛰어 세었더니 8246이 되었습니다. 어떤 수를 구하세요.

풀이

답 ___________________

1-2 어떤 수부터 100씩 3번, 10씩 4번 뛰어 세었더니 5243이 되었습니다. 어떤 수를 구하세요.

풀이

답 ___________________

대표 유형 **2** 설명을 만족하는 네 자리 수 구하기

다음 설명을 만족하는 네 자리 수를 모두 구하세요.

> • 백의 자리 숫자가 나타내는 수는 300입니다.
> • 천의 자리 숫자와 일의 자리 숫자는 각각 백의 자리 숫자보다 2만큼 더 큽니다.
> • 5376보다 큰 수입니다.

해결 방법

1 설명을 만족하는 천, 백, 일의 자리 숫자를 써서 네 자리 수로 나타내기:

천 백 십 일

□ □ □ □

2 위 **1** 에서 나타낸 네 자리 수가 5376보다 클 때 십의 자리 숫자 구하기: □ , □

3 설명을 만족하는 네 자리 수 모두 구하기: ___________

답 ___________

유형 코칭 예 34■7>3459에서 ■가 **5도 될 수 있는지** 확인해 보면

3457<3459로 두 수의 크기가 바뀌었으므로 ■는 **5가 될 수 없습니다.**

위의 해결 방법을 따라 풀이를 쓰고 답을 구하세요.

2-1 다음 설명을 만족하는 네 자리 수를 모두 구하세요.

> • 십의 자리 숫자가 나타내는 수는 80입니다.
> • 백의 자리 숫자와 일의 자리 숫자는 각각 십의 자리 숫자보다 4만큼 더 작습니다.
> • 6527보다 큰 수입니다.

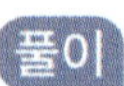 풀이

답 ___________

대표 유형 **3**　더 모아야 하는 금액 구하기

수아는 6800원을 모으려고 합니다. 지금까지 모은 돈이 1000원짜리 지폐 4장, 100원짜리 동전 2개라면 수아는 얼마를 더 모아야 하나요?

[해결 방법]

❶ 6800원은 1000원짜리 지폐 ☐장, 100원짜리 동전 ☐개입니다.

❷ 더 모아야 하는 1000원짜리 지폐의 수 구하기: ☐$-4=$☐(장)

더 모아야 하는 100원짜리 동전의 수 구하기: ☐$-2=$☐(개)

❸ 수아가 더 모아야 하는 금액: ☐원

답 ______________

[유형 코칭]　(더 모아야 하는 금액)=(모아야 할 금액)−(현재 있는 금액)

✎ 위의 해결 방법을 따라 풀이를 쓰고 답을 구하세요.

3-1　다희는 8400원을 모으려고 합니다. 지금까지 모은 돈이 1000원짜리 지폐 5장, 100원짜리 동전 1개라면 다희는 얼마를 더 모아야 하나요?

[풀이]

답 ______________

3-2　윤서는 7300원을 모으려고 합니다. 지금까지 모은 돈이 1000원짜리 지폐 5장, 100원짜리 동전 11개라면 윤서는 얼마를 더 모아야 하나요?

[풀이]

답 ______________

1 수직선을 보고 □ 안에 알맞은 수를 써넣으세요.

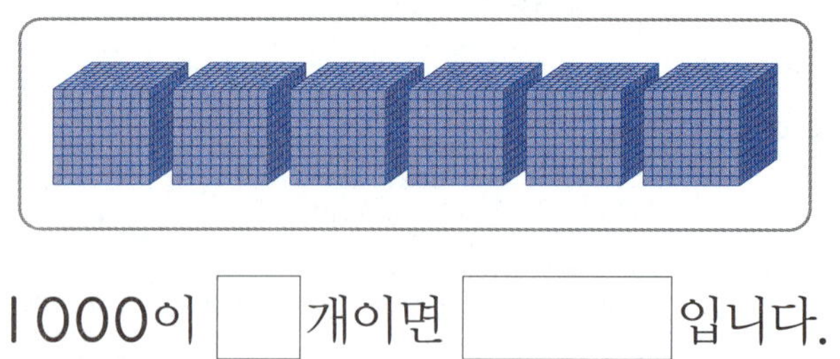

800보다 □ 만큼 더 큰 수는 1000입니다.

2 수 모형을 보고 □ 안에 알맞은 수를 써넣으세요.

1000이 □ 개이면 □ 입니다.

3 10씩 뛰어 세어 보세요.

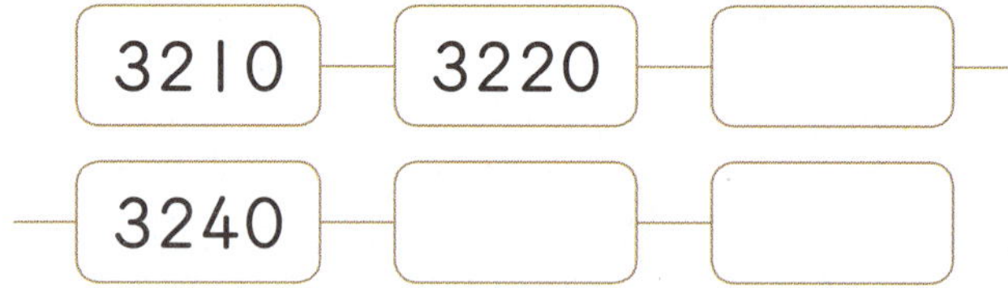

4 숫자 6이 나타내는 수를 쓰세요.

(1) 6253 (   )

(2) 1964 (   )

5 1000원이 되려면 얼마가 더 필요한가요?

(   )

6 몇씩 뛰어 센 것인지 쓰세요.

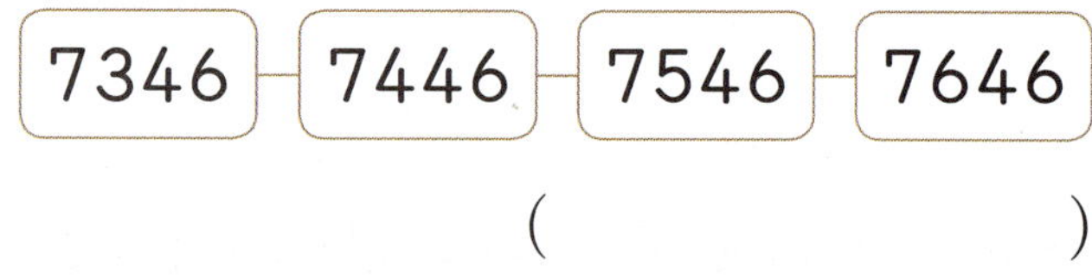

(   )

7 두 수의 크기를 비교하여 ○ 안에 > 또는 <를 알맞게 써넣으세요.

5628 ○ 5631

8 다음 중에서 백의 자리 숫자가 7인 수는 어느 것인가요? (   )

① 3672 ② 7108 ③ 9735
④ 4617 ⑤ 6379

9 뛰어 세는 규칙에 맞게 빈칸에 알맞은 수를 써넣으세요.

4783 — 4784 — 4785

— 4786 — ☐ — ☐

10 천의 자리 숫자가 3, 백의 자리 숫자가 8, 십의 자리 숫자가 0, 일의 자리 숫자가 5 인 네 자리 수를 쓰세요.

(　　　　　　)

11 인형 공장에 곰 인형이 2196개, 토끼 인형이 2214개 있습니다. 곰 인형과 토끼 인형 중에서 어느 인형이 더 많은가요?

(　　　　　　)

12 5480부터 10씩 커지는 수 카드가 놓여 있습니다. 뒤집어진 카드에 알맞은 수를 구하세요.

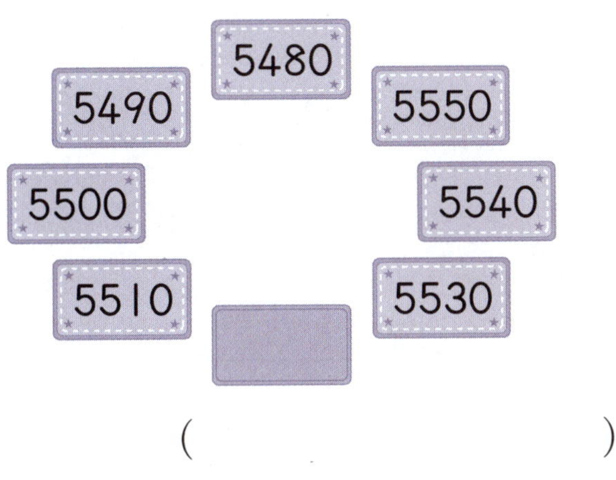

5480　5550　5490　5540　5500　5530　5510　☐

(　　　　　　)

13 나타내는 수가 <u>다른</u> 하나를 찾아 기호를 쓰세요.

ㄱ 10이 300개인 수
ㄴ 100이 3개인 수
ㄷ 1000이 3개인 수

(　　　　　　)

⚡ 추론

14 수민이가 고른 수 카드를 찾아 ○표 하세요.

수민

8687　7858
(　　)　(　　)

9388　8408
(　　)　(　　)

⚡ 추론

15 1304를  1000, 100, 10, 1 을 이용하여 그림으로 나타내 보세요. 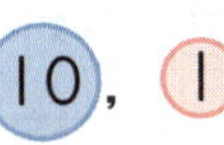

☐

16 가장 큰 수부터 차례로 쓰세요.

> 3274, 2985, 3267

( )

17 예은이는 1000원짜리 지폐 4장, 100원 짜리 동전 23개, 10원짜리 동전 7개를 가지고 있습니다. 예은이가 가지고 있는 돈은 모두 얼마인가요?

( )

🟣 **문제 해결**

18 수 카드 5장을 한 번씩만 사용하여 백의 자리 숫자가 5, 십의 자리 숫자가 1인 가장 큰 네 자리 수를 만들어 보세요.

> 5   9   3   6   1

( )

✏️ **서술형**

19 어떤 수에서 10씩 4번 뛰어 세었더니 8296이 되었습니다. 어떤 수는 얼마인지 풀이 과정을 쓰고 답을 구하세요.

풀이

답

✏️ **서술형**

20 0부터 9까지의 숫자 중에서 ■가 될 수 있는 숫자를 모두 구하는 풀이 과정을 쓰고 답을 구하세요.

> 8746 < 8■59

풀이

답

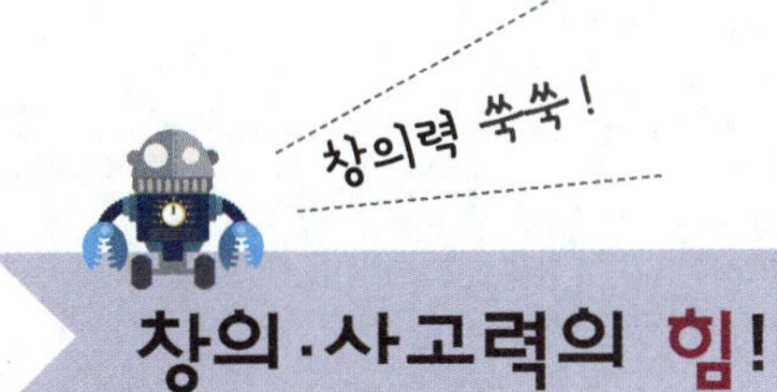

축구 월드컵은 언제 열릴까?

☆ 축구 월드컵은 국가별 시합으로 1930년에 시작해 4년마다 열립니다. 시작된 연도의 수인 1930에 맞는 설명이 되도록 ☐ 안에 알맞은 수를 써넣으세요.

- 천의 자리 숫자가 나타내는 수는 ☐ 입니다.
- 백의 자리 숫자가 나타내는 수는 ☐ 입니다.
- 1900부터 10씩 ☐ 번 뛰어 센 수입니다.

☆ 다음은 축구 월드컵이 열린 해입니다. 밑줄 친 숫자가 나타내는 수를 표에서 찾아 낱말을 만들어 보세요.

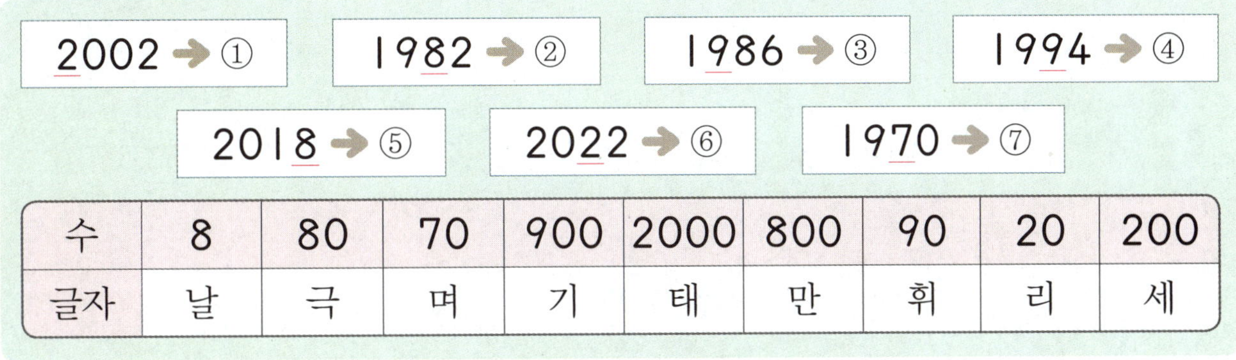

2002 → ①	1982 → ②	1986 → ③	1994 → ④
	2018 → ⑤	2022 → ⑥	1970 → ⑦

수	8	80	70	900	2000	800	90	20	200
글자	날	극	며	기	태	만	휘	리	세

낱말	①	②	③	④	⑤	⑥	⑦

2

곱셈구구

1학기 때 배운 곱셈에서 같은 수를 여러 번 더했을 때의 불편함을 느끼면서 곱셈구구의 필요
성을 알고 곱셈구구를 이용하여 여러 가지 실생활 문제를 해결하자.
그리고 곱셈표에서 여러 가지 규칙을 찾고 이를 이용하여 우리가 겪게 되는 상황에 곱셈구구
를 적용하여 문제를 해결하자.

이전에 배운 내용

2-1

곱셈
• 여러 가지 방법으로 세어 보기
• 몇의 몇 배
• 곱셈 알아보기
• 곱셈식으로 나타내기

이번에 배울 내용

1. 2단~9단 곱셈구구
2. 1단 곱셈구구와 0의 곱
3. 곱셈표 만들기
4. 곱셈구구를 이용하여 문제
   해결하기

이후에 배울 내용

3-1

곱셈
• (몇십)×(몇)
• 올림이 없는 (몇십몇)×(몇)
• 올림이 있는 (몇십몇)×(몇)

개념의 힘

1 2단 곱셈구구

(1) 2×3을 계산하는 방법

방법1 2씩 3번 더하기

$2 \times 3 = 2 + 2 + 2 = 6$

방법2 2×2에 2를 더하기

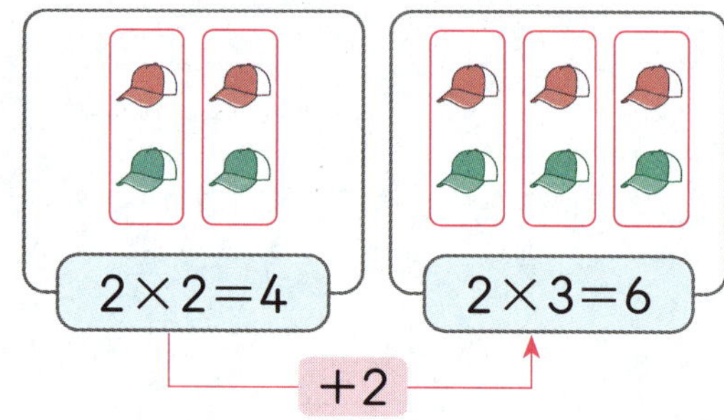

$2 \times 2 = 4$ $2 \times 3 = 6$

$+2$

➜ 2×3은 2×2보다 **2**만큼 더 큽니다.
 2씩 1묶음

(2) 2단 곱셈구구 알아보기

$2 \times 1 = 2$	$+2$	$2 \times 6 = 12$	$+2$
$2 \times 2 = 4$	$+2$	$2 \times 7 = 14$	$+2$
$2 \times 3 = 6$	$+2$	$2 \times 8 = 16$	$+2$
$2 \times 4 = 8$	$+2$	$2 \times 9 = 18$	
$2 \times 5 = 10$			

2단 곱셈구구에서 **곱하는 수가 1**씩 커지면 **곱은 2**씩 커집니다.

2 5단 곱셈구구

(1) 5×3을 계산하는 방법

방법1 5씩 3번 더하기

$5 \times 3 = 5 + 5 + 5 = 15$

방법2 5×2에 5를 더하기

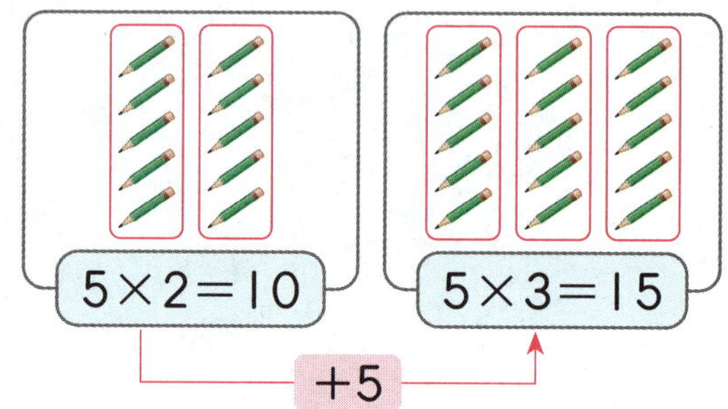

$5 \times 2 = 10$ $5 \times 3 = 15$

$+5$

➜ 5×3은 5×2보다 **5**만큼 더 큽니다.
 5씩 1묶음

(2) 5단 곱셈구구 알아보기

$5 \times 1 = 5$	$+5$	$5 \times 6 = 30$	$+5$
$5 \times 2 = 10$	$+5$	$5 \times 7 = 35$	$+5$
$5 \times 3 = 15$	$+5$	$5 \times 8 = 40$	$+5$
$5 \times 4 = 20$	$+5$	$5 \times 9 = 45$	
$5 \times 5 = 25$			

5단 곱셈구구에서 **곱하는 수가 1**씩 커지면 **곱은 5**씩 커집니다.

---

1 □ 안에 알맞은 수를 써넣으세요.

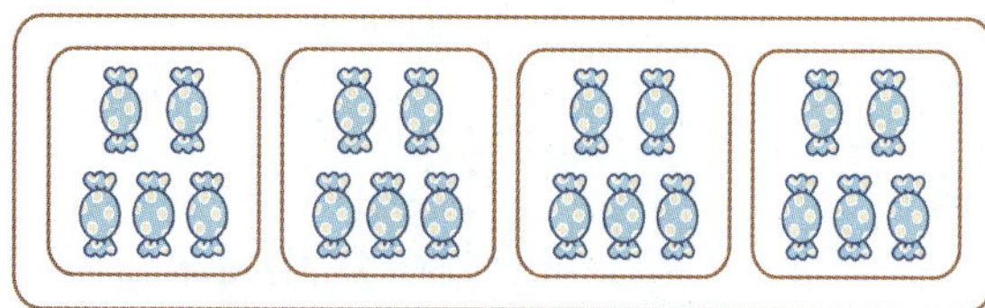

$5 + 5 + 5 + 5 = $ □

$5 \times 4 = $ □

2 □ 안에 알맞은 수를 써넣으세요.

$2 \times 5 = 10$	$+$ □
$2 \times 6 = 12$	$+$ □
$2 \times 7 = 14$	$+2$
$2 \times 8 = $ □	

3 바나나는 모두 몇 개인지 곱셈식으로 나타내 보세요.

$$2 \times 9 = \boxed{}$$

4 5×5를 계산하는 방법입니다. □ 안에 알맞은 수를 써넣으세요.

방법1 5×5는 5씩 □ 번 더해서 계산할 수 있습니다.

방법2 5×5는 5×4에 □을/를 더해서 계산할 수 있습니다.

5 5단 곱셈구구의 값을 모두 찾아 색칠해 보세요.

5	8	10	15
19	20	24	25
30	35	37	40
41	42	45	46

6 2단 곱셈구구의 값을 찾아 이어 보세요.

2×7 •	• 16
	• 12
2×8 •	
	• 14

7 꼬치 한 개에 떡이 5개씩 꽂혀 있습니다. 꼬치 7개에 꽂혀 있는 떡은 모두 몇 개인지 곱셈식으로 나타내 보세요.

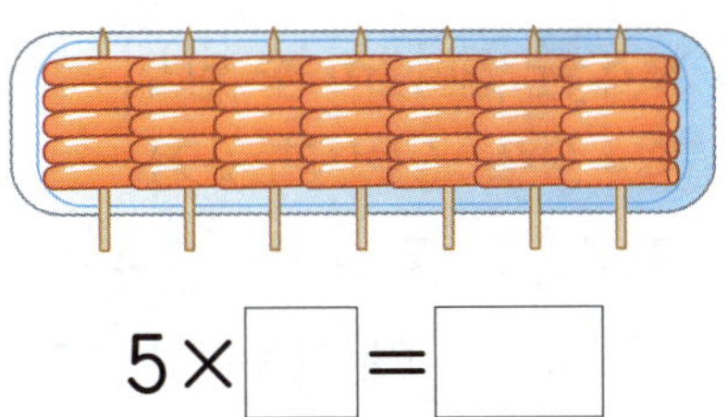

$$5 \times \boxed{} = \boxed{}$$

8 빵이 한 봉지에 2개씩 들어 있습니다. 6봉지에 들어 있는 빵은 모두 몇 개인가요?

(   )

9 2×6은 2×4보다 얼마나 더 큰지 ○를 그려서 나타내고, □ 안에 알맞은 수를 써넣으세요.

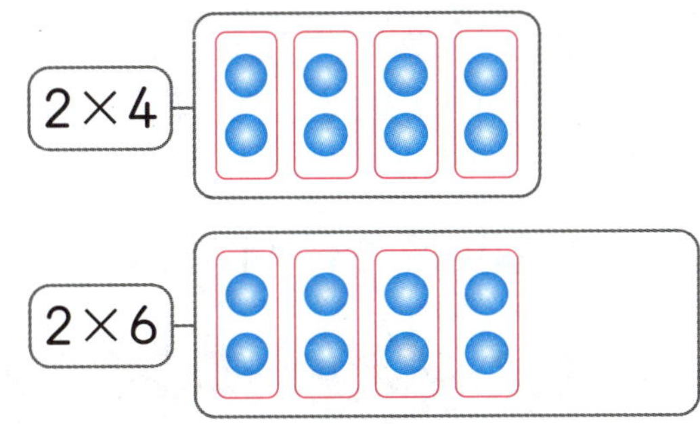

$2 \times 4 = \boxed{}$ 입니다.

2×6은 2×4보다 2씩 □ 묶음이 더 많으므로 □만큼 더 큽니다.

개념의 힘

① 3단 곱셈구구

(1) 3×4를 계산하는 방법

방법1 3씩 4번 더하기

$3 \times 4 = 3 + 3 + 3 + 3 = 12$

방법2 3×3에 3을 더하기

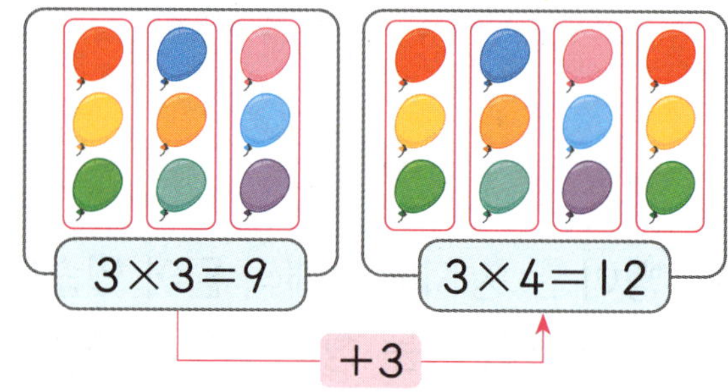

➡ 3×4는 3×3보다 **3**만큼 더 큽니다.

└ 3씩 1묶음

(2) 3단 곱셈구구 알아보기

$3 \times 1 = 3$		$3 \times 6 = 18$
$3 \times 2 = 6$		$3 \times 7 = 21$
$3 \times 3 = 9$		$3 \times 8 = 24$
$3 \times 4 = 12$		$3 \times 9 = 27$
$3 \times 5 = 15$		

3단 곱셈구구에서 **곱하는 수**가 **1**씩 커지면 **곱**은 **3**씩 커집니다.

② 6단 곱셈구구

(1) 6×3을 계산하는 방법

방법1 6씩 3번 더하기

$6 \times 3 = 6 + 6 + 6 = 18$

방법2 6×2에 6을 더하기

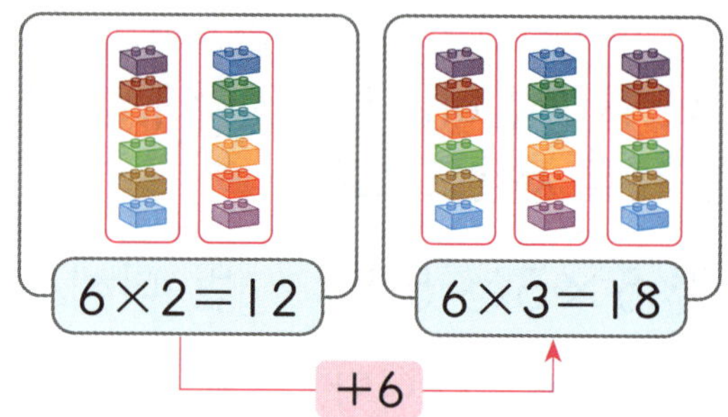

➡ 6×3은 6×2보다 **6**만큼 더 큽니다.

└ 6씩 1묶음

(2) 6단 곱셈구구 알아보기

$6 \times 1 = 6$		$6 \times 6 = 36$
$6 \times 2 = 12$		$6 \times 7 = 42$
$6 \times 3 = 18$		$6 \times 8 = 48$
$6 \times 4 = 24$		$6 \times 9 = 54$
$6 \times 5 = 30$		

6단 곱셈구구에서 **곱하는 수**가 **1**씩 커지면 **곱**은 **6**씩 커집니다.

---

1 □ 안에 알맞은 수를 써넣으세요.

$3 + 3 + 3 + 3 + 3 + 3 + 3 = \boxed{}$

$3 \times 7 = \boxed{}$

2 6×4를 계산하는 방법에 맞게 □ 안에 알맞은 수를 써넣으세요.

6×4는 6씩 $\boxed{}$번 더해서 계산할 수 있습니다.

➡ $6 \times 4 = 6 + 6 + 6 + \boxed{}$

$= \boxed{}$

3 □ 안에 알맞은 수를 써넣으세요.

➜ $3 \times 3 = $ ☐

➜ $3 \times 4 = $ ☐

➜ $3 \times 5 = $ ☐

6 보기는 3×2를 수직선에 나타낸 것입니다. 보기와 같이 3×8을 수직선에 나타내고 곱을 구하세요.

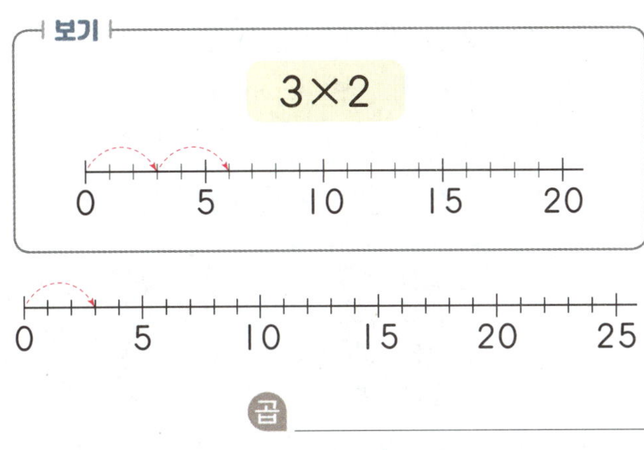

곱 ______________

4 6개씩 묶고 빵은 모두 몇 개인지 곱셈식으로 나타내 보세요.

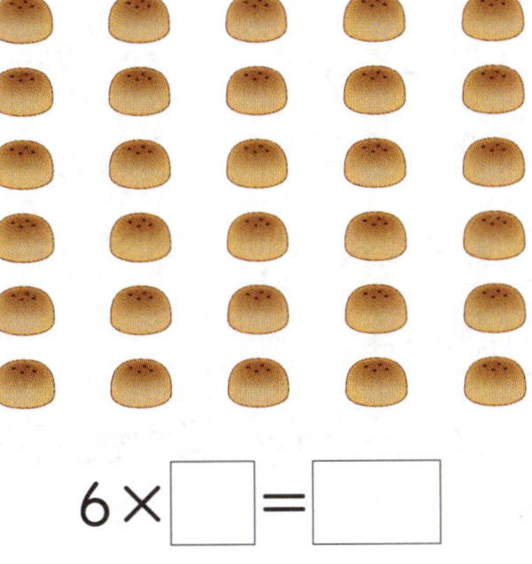

$6 \times$ ☐ $=$ ☐

7 6단 곱셈구구의 값을 모두 찾아 색칠해 보세요.

15	18	48	34

8 더 큰 쪽에 ◯표 하세요.

3×9	25
(　　　)	(　　　)

5 빈칸에 알맞은 수를 써넣으세요.

×	4	5	6	7
6	24	30		

↳ 6×4

9 세발자전거가 5대 있습니다. 바퀴는 모두 몇 개인지 곱셈식으로 나타내 보세요.

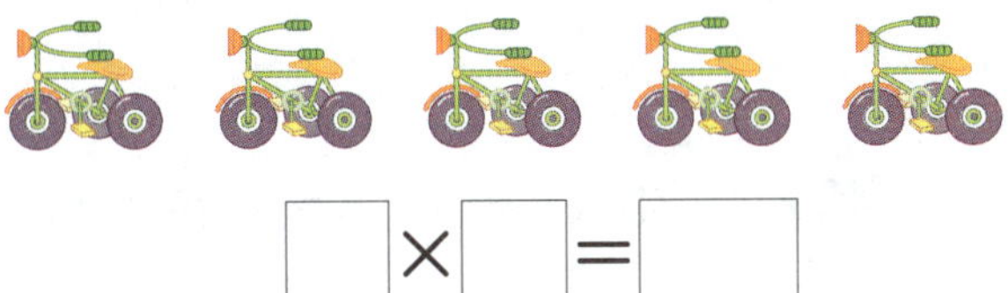

☐ $\times$ ☐ $=$ ☐

개념의 힘

1 4단 곱셈구구

(1) 4×3을 계산하는 방법

방법1 4씩 3번 더하기

$$4 \times 3 = 4 + 4 + 4 = 12$$

방법2 4×2에 4를 더하기

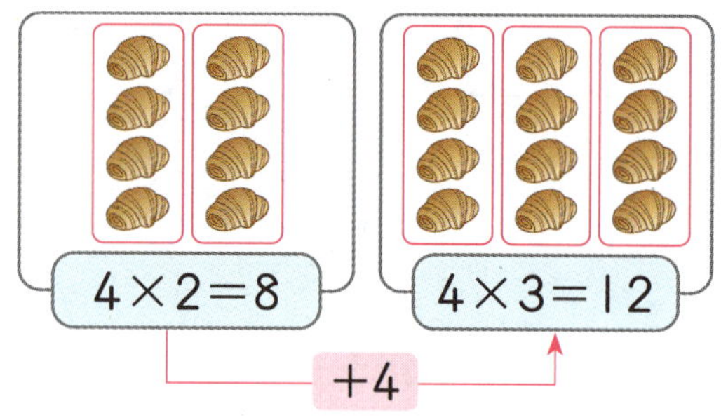

➡ 4×3은 4×2보다 **4**만큼 더 큽니다.
└ 4씩 1묶음

(2) 4단 곱셈구구 알아보기

$4 \times 1 = 4$		$4 \times 6 = 24$	+4
$4 \times 2 = 8$	+4	$4 \times 7 = 28$	+4
$4 \times 3 = 12$	+4	$4 \times 8 = 32$	+4
$4 \times 4 = 16$	+4	$4 \times 9 = 36$	
$4 \times 5 = 20$	+4		

4단 곱셈구구에서 **곱하는 수가 1**씩 커지면 **곱은 4**씩 커집니다.

2 8단 곱셈구구

(1) 8×3을 계산하는 방법

방법1 8씩 3번 더하기

$$8 \times 3 = 8 + 8 + 8 = 24$$

방법2 8×2에 8을 더하기

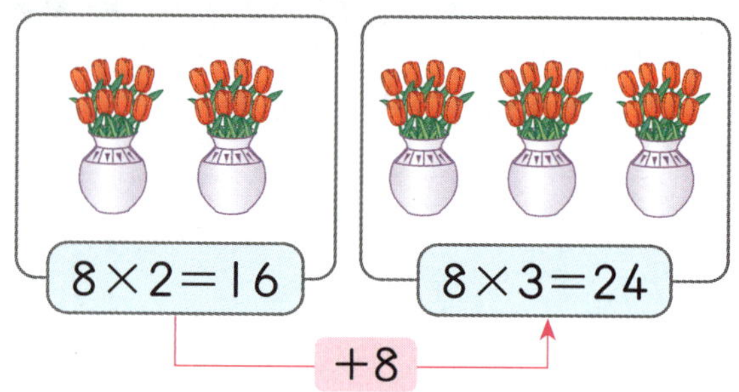

➡ 8×3은 8×2보다 **8**만큼 더 큽니다.
└ 8씩 1묶음

(2) 8단 곱셈구구 알아보기

$8 \times 1 = 8$		$8 \times 6 = 48$	+8
$8 \times 2 = 16$	+8	$8 \times 7 = 56$	+8
$8 \times 3 = 24$	+8	$8 \times 8 = 64$	+8
$8 \times 4 = 32$	+8	$8 \times 9 = 72$	
$8 \times 5 = 40$			

8단 곱셈구구에서 **곱하는 수가 1**씩 커지면 **곱은 8**씩 커집니다.

---

1 ☐ 안에 알맞은 수를 써넣으세요.

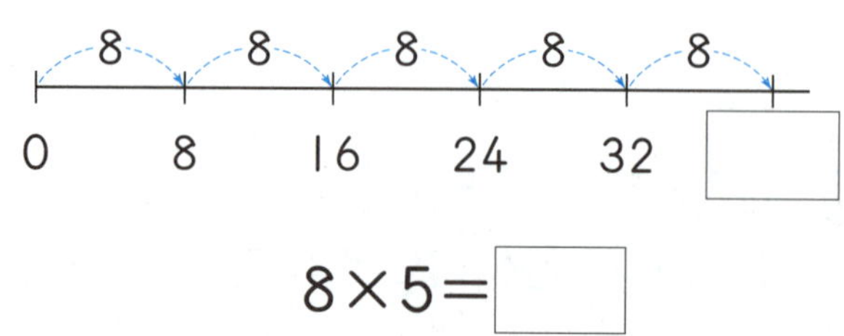

$$8 \times 5 = \boxed{}$$

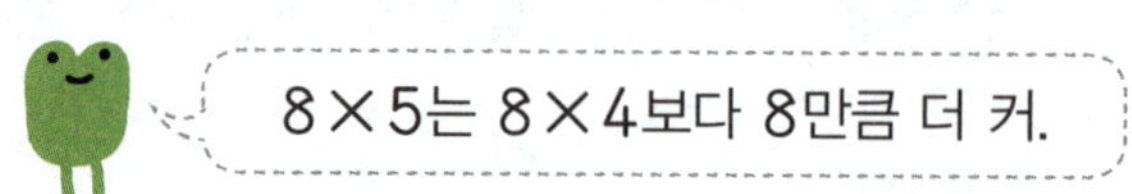

2 금붕어의 수를 구하는 곱셈식에 맞게 빈 어항에 금붕어의 수만큼 ◯를 그려 보세요.

$$4 \times 3 = 12$$

3 8×4에 알맞게 ◯를 더 그려 보고, 8×4 는 8×3보다 얼마나 더 큰지 구하세요.

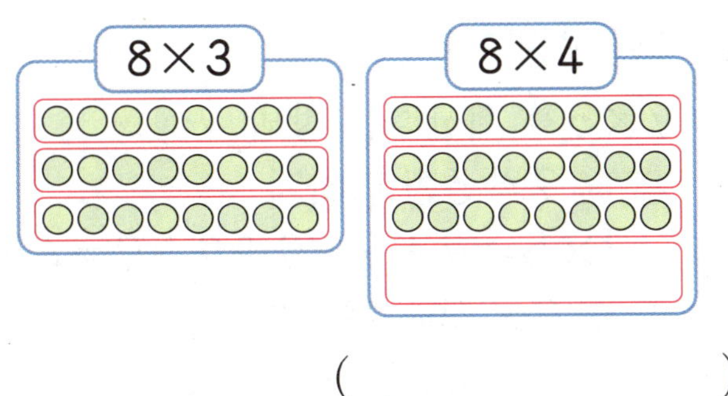

(   )

4 4단 곱셈구구의 값에는 색칠하고, 8단 곱셈구구의 값에는 ◯표 하세요.

1	2	3	4	5
6	7	8	9	10
11	12	13	14	15
16	17	18	19	20
21	22	23	24	25

5 ☐ 안에 알맞은 수를 써넣으세요.

(1) $4×8=$ ☐

(2) $4×9=$ ☐

6 8단 곱셈구구의 값을 찾아 이어 보세요.

8×8	•		•	72
8×9	•		•	64

7 곱셈식이 옳게 되도록 이어 보세요.

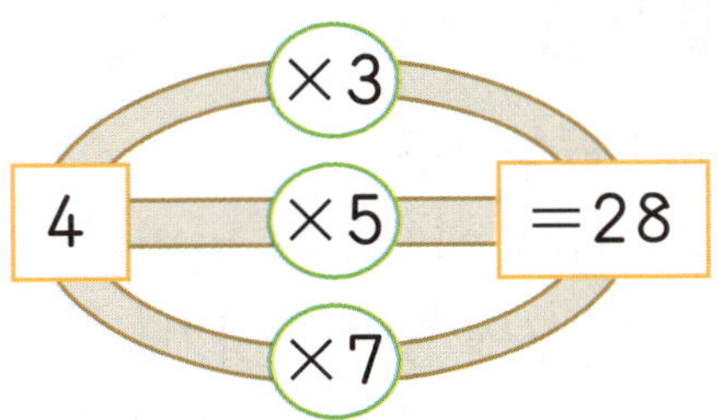

8 단춧구멍이 4개인 단추가 4개 있습니다. 단춧구멍은 모두 몇 개인가요?

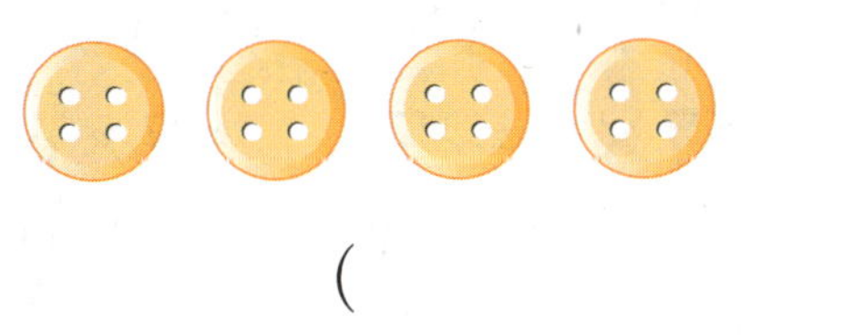

(   )

9 어느 제과점에서 식빵을 만들어 쟁반에 담았습니다. 식빵의 수를 구하세요.

(1) 4단 곱셈구구를 이용하여 식빵의 수를 구하면 4× ☐ ＝ ☐ 입니다.

(2) 8단 곱셈구구를 이용하여 식빵의 수를 구하면 8× ☐ ＝ ☐ 입니다.

개념의 힘

① 7단 곱셈구구

(1) 7×5를 계산하는 방법

방법1 7씩 5번 더하기

$$7 \times 5 = 7 + 7 + 7 + 7 + 7 = 35$$

방법2 7×4에 7을 더하기

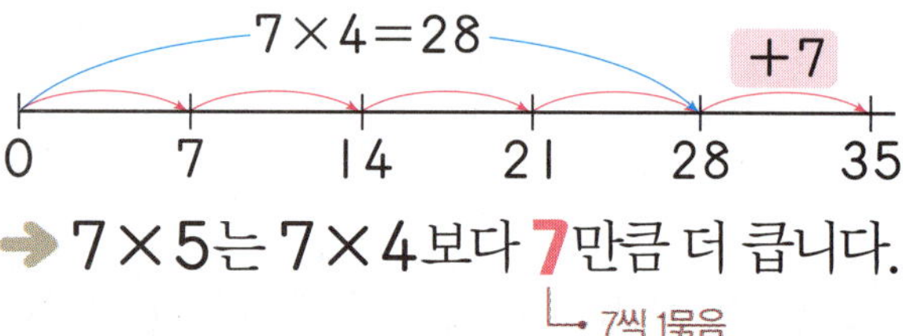

➡ 7×5는 7×4보다 **7**만큼 더 큽니다.
  └ 7씩 1묶음

(2) 7단 곱셈구구 알아보기

$7 \times 1 = 7$	$7 \times 6 = 42$
$7 \times 2 = 14$	$7 \times 7 = 49$
$7 \times 3 = 21$	$7 \times 8 = 56$
$7 \times 4 = 28$	$7 \times 9 = 63$
$7 \times 5 = 35$	

7단 곱셈구구에서 **곱하는 수가 1씩 커**지면 **곱은 7씩 커집니다.**

② 9단 곱셈구구

(1) 9×5를 계산하는 방법

방법1 9씩 5번 더하기

$$9 \times 5 = 9 + 9 + 9 + 9 + 9 = 45$$

방법2 9×4에 9를 더하기

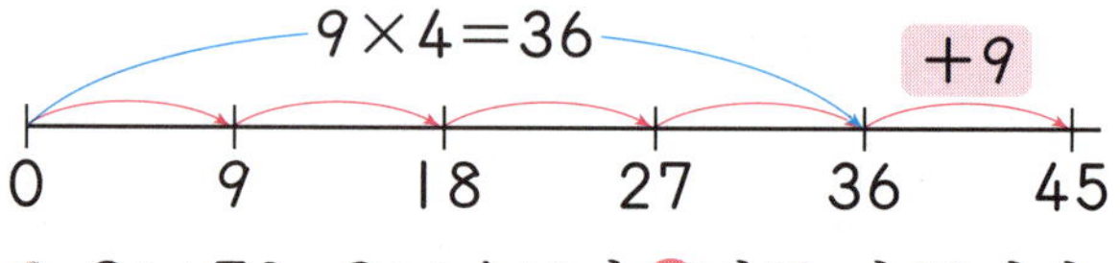

➡ 9×5는 9×4보다 **9**만큼 더 큽니다.
  └ 9씩 1묶음

(2) 9단 곱셈구구 알아보기

$9 \times 1 = 9$	$9 \times 6 = 54$
$9 \times 2 = 18$	$9 \times 7 = 63$
$9 \times 3 = 27$	$9 \times 8 = 72$
$9 \times 4 = 36$	$9 \times 9 = 81$
$9 \times 5 = 45$	

9단 곱셈구구에서 **곱하는 수가 1씩 커**지면 **곱은 9씩 커집니다.**

[1~2] 바구니 한 개에 당근이 7개씩 놓여 있습니다. ☐ 안에 알맞은 수를 써넣으세요.

1 바구니 3개에 놓여 있는 당근은

$7 \times \boxed{} = \boxed{}$ (개)입니다.

2 바구니 4개에 놓여 있는 당근은

$7 \times \boxed{} = \boxed{}$ (개)입니다.

3 토끼 2마리가 이동한 거리를 각각 곱셈식으로 나타내 보세요.

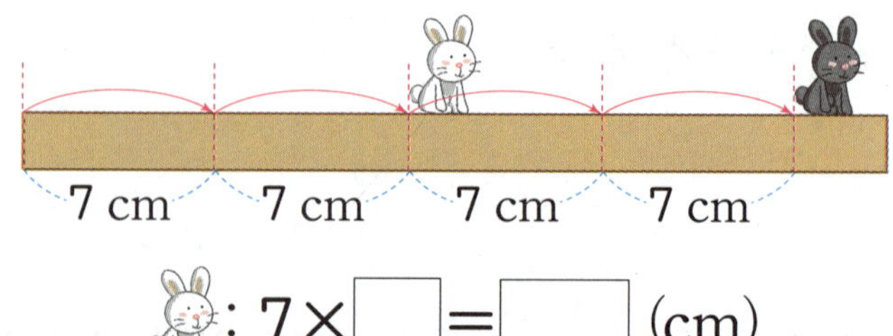

🐰 : $7 \times \boxed{} = \boxed{}$ (cm)

🐰 : $7 \times \boxed{} = \boxed{}$ (cm)

4 콩알은 모두 몇 개인지 곱셈식으로 나타내 보세요.

$$\boxed{} \times \boxed{} = \boxed{}$$

5 ☐ 안에 알맞은 수를 써넣으세요.

(1) $9 \times 2 = \boxed{}$

(2) $9 \times 7 = \boxed{}$

6 빈 곳에 알맞은 수를 써넣으세요.

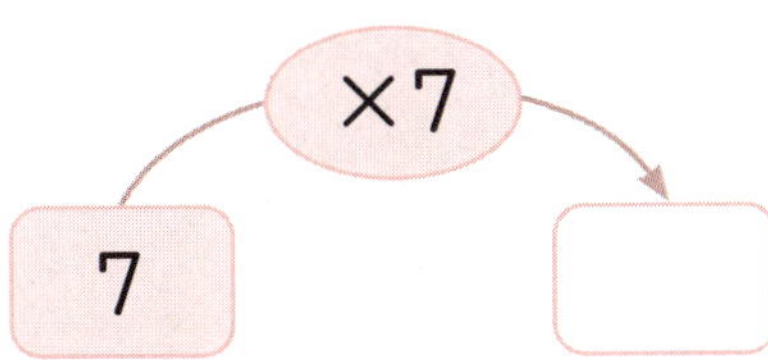

7 왼쪽 개념의 힘 에서 **2**의 9단 곱셈구구를 보고 ☐ 안에 알맞은 수를 써넣으세요.

(1) 곱하는 수가 1씩 늘어날 때마다 곱의 십의 자리 수는 ☐씩 늘어납니다.

(2) 곱의 십의 자리 수와 일의 자리 수의 합은 모두 ☐(으)로 똑같습니다.

8 7단 곱셈구구의 값을 찾아 선으로 이어 보세요.

9 곱이 56인 곱셈구구를 말한 사람의 이름을 쓰세요.

(　　　　　　　)

10 케이크 한 개에 장미꽃을 9송이씩 장식하려고 합니다. 케이크 8개에 장식할 장미꽃은 모두 몇 송이인지 곱셈식으로 나타내 보세요.

$$\boxed{} \times \boxed{} = \boxed{}$$

1~4 2단~9단 곱셈구구

[1~4] 접시에 놓여 있는 빵은 모두 몇 개인지 곱셈식으로 나타내 보세요.

1

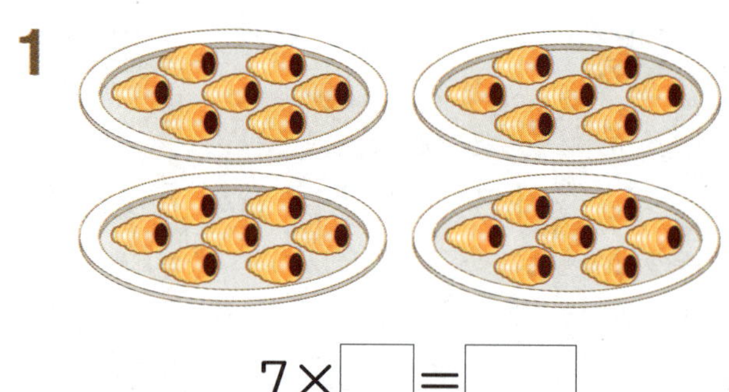

$7 \times \boxed{} = \boxed{}$

2

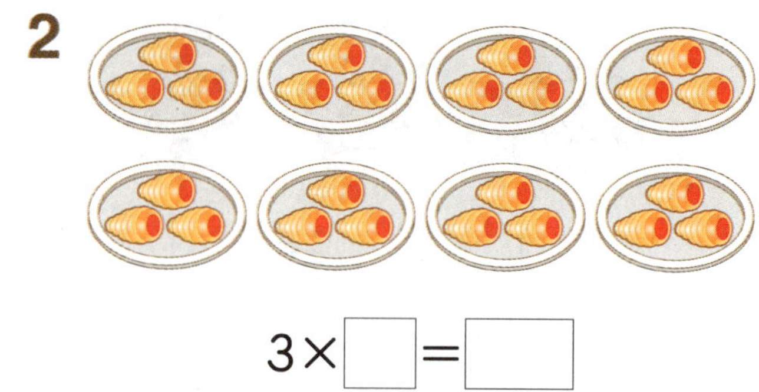

$3 \times \boxed{} = \boxed{}$

3

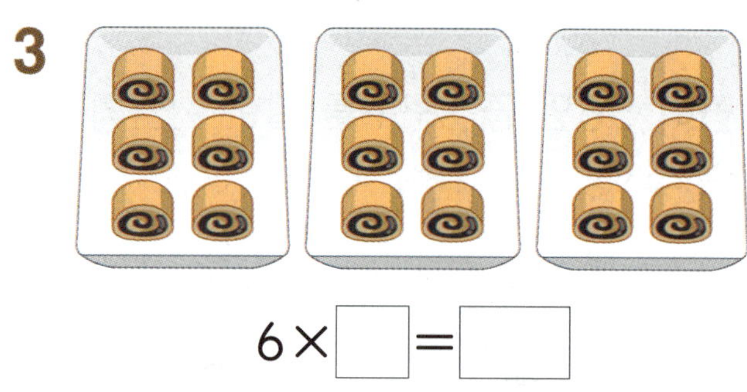

$6 \times \boxed{} = \boxed{}$

4

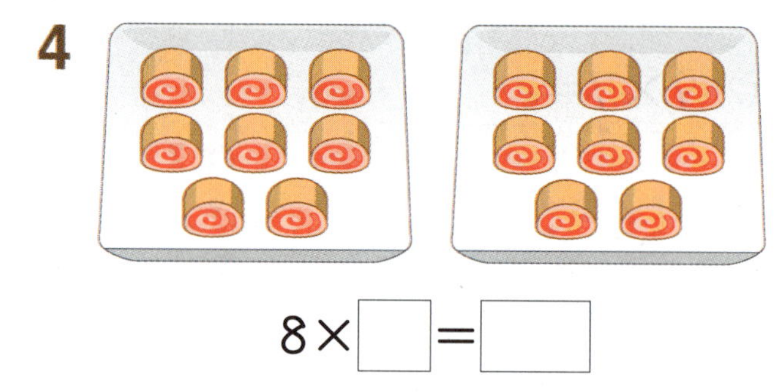

$8 \times \boxed{} = \boxed{}$

[5~7] ☐ 안에 알맞은 수를 써넣으세요.

5

$4 \times 5 = \boxed{}$
$4 \times 6 = \boxed{}$
$4 \times 7 = \boxed{}$
$4 \times 8 = \boxed{}$
$4 \times 9 = \boxed{}$

6

$7 \times 5 = \boxed{}$
$7 \times 6 = \boxed{}$
$7 \times 7 = \boxed{}$
$7 \times 8 = \boxed{}$
$7 \times 9 = \boxed{}$

7

$9 \times 5 = \boxed{}$
$9 \times 6 = \boxed{}$
$9 \times 7 = \boxed{}$
$9 \times 8 = \boxed{}$
$9 \times 9 = \boxed{}$

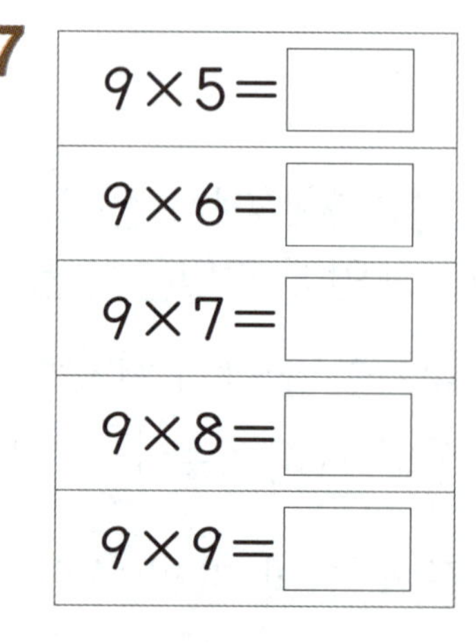

[8~13] 빈 곳에 알맞은 수를 써넣으세요.

8

9

10

11
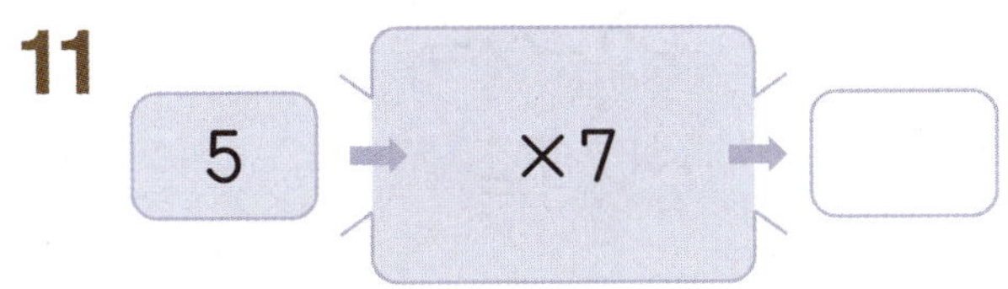

12

13
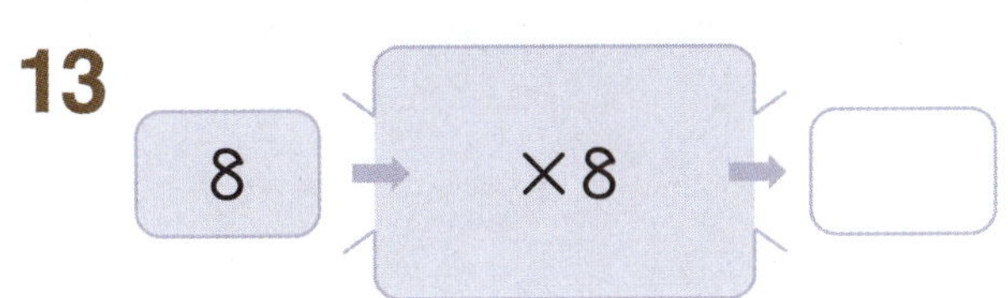

14 곱을 바르게 구한 곳을 따라 선을 이어 보세요.

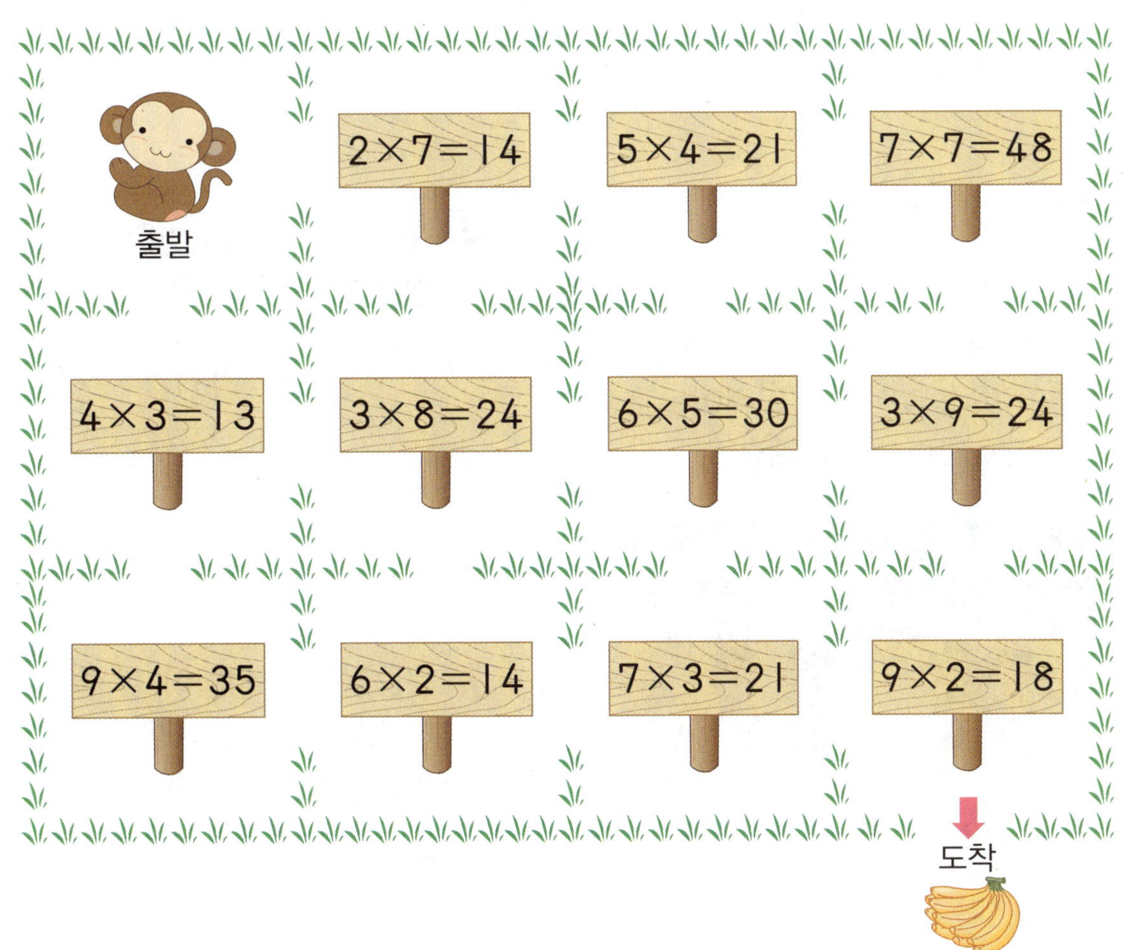

1 □ 안에 알맞은 수를 써넣으세요.

$2+2+2=$ □

$2\times3=$ □

2 □ 안에 알맞은 수를 써넣으세요.

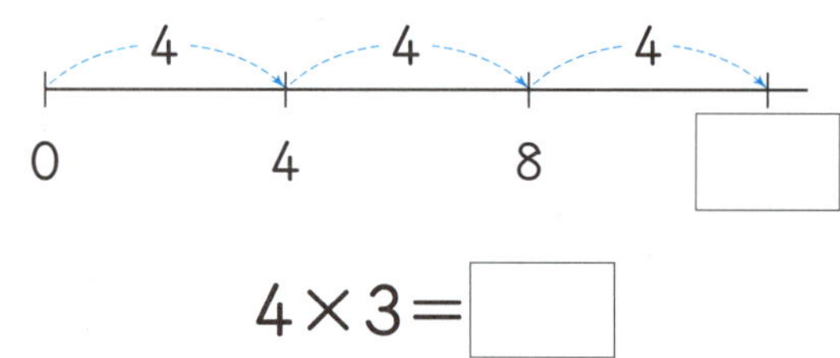

$4\times3=$ □

3 짝짓기 놀이를 하고 있는 어린이는 모두 몇 명인지 곱셈식으로 구하세요.

$2\times$ □ $=$ □

4 □ 안에 알맞은 수를 써넣으세요.

(1) $6\times7=$ □

(2) $9\times9=$ □

5 상자 한 개의 가로 길이는 **5** cm입니다. 같은 상자 **5**개의 가로 길이는 몇 cm인가요?

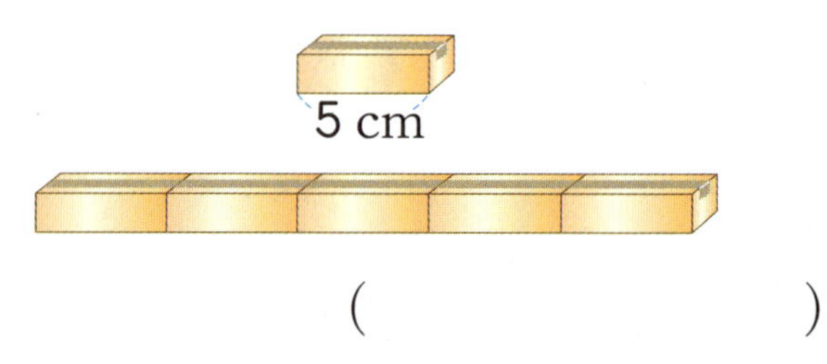

(   )

6 5단 곱셈구구의 값이 <u>아닌</u> 것을 찾아 ○표 하세요.

7 운동장에 학생들이 한 줄에 **7**명씩 **5**줄로 서 있습니다. 운동장에 줄을 지어 서 있는 학생은 모두 몇 명인가요?

식 _______________________________

답 _______________________________

8 곱이 같은 것끼리 이어 보세요.

$3×7$ •   • $6×3$

$9×2$ •   • $2×3$

$6×1$ •   • $7×3$

문제 해결

9 자두가 모두 몇 개인지 알아보려고 합니다. 바른 방법을 모두 찾아 기호를 쓰세요.

ㄱ 8씩 3번 더해서 구합니다.
ㄴ 8×3에 8을 더해서 구합니다.
ㄷ 8×3의 곱으로 구합니다.

(   )

10 곱이 63인 곱셈구구를 말한 사람을 찾아 이름을 쓰세요.

(   )

추론

11 ㄱ과 ㄴ에 알맞은 수를 각각 구하세요.

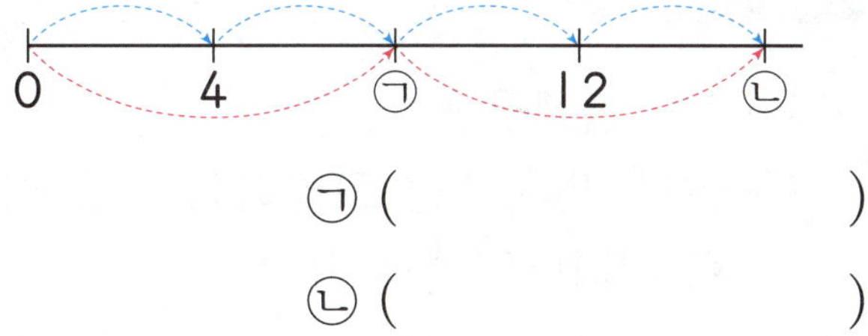

ㄱ (   )

ㄴ (   )

12 곱이 35보다 큰 곱셈구구를 찾아 색칠해 보세요.

$3×8$ $6×6$ $5×6$

13 구슬의 수를 두 가지 곱셈식으로 나타내 보세요.

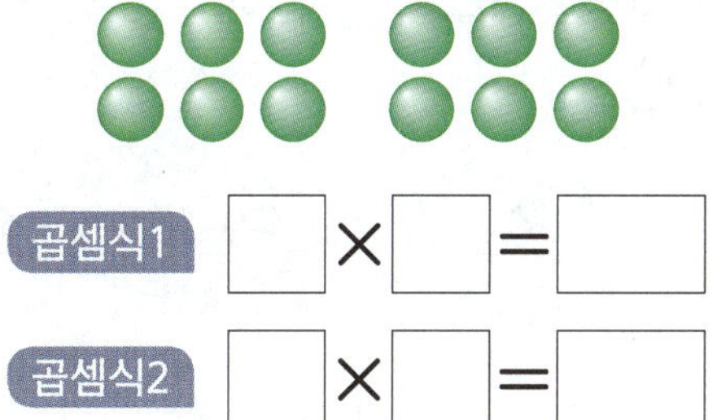

곱셈식1 ☐ × ☐ = ☐

곱셈식2 ☐ × ☐ = ☐

14 한 상자에 초콜릿이 9개씩 들어 있습니다. 초콜릿이 모두 27개라면 몇 상자가 있는 지 구하세요.

(   )

2
단원

곱셈구구

개념의 힘

1 1단 곱셈구구

예 상자 안에 있는 고양이의 수를 곱셈식으로 나타내어 구하기

 ➡ $1 \times 1 = 1$

 ➡ $1 \times 2 = 2$

 ➡ $1 \times 3 = 3$

×	1	2	3	4	5	6	7	8	9
1	1	2	3	4	5	6	7	8	9

1단 곱셈구구의 규칙

곱하는 수와 곱이 서로 같습니다.

$1 \times$ (어떤 수) $=$ (어떤 수)

2 0의 곱

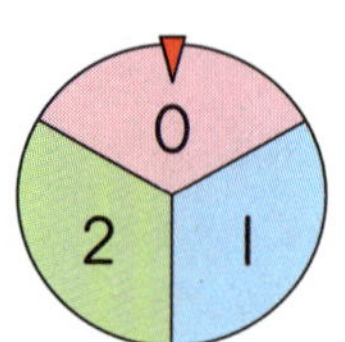

원판에 적힌 수	0	1	2
멈춘 횟수(번)	2	1	0
점수(점)	$0 \times 2 = 0$	$1 \times 1 = 1$	$2 \times 0 = 0$

0을 여러 번 더해도 그 결과는 0이므로 0과 어떤 수의 곱, 어떤 수와 0의 곱은 항상 0입니다.

$0 \times$ (어떤 수) $= 0$, (어떤 수) $\times 0 = 0$

[1~2] 그림을 보고 □ 안에 알맞은 수를 써넣으세요.

1   

$1 \times 3 =$ ☐

2

$1 \times 6 =$ ☐

3 1단 곱셈표를 완성해 보세요.

×	1	2	3	4	5	6	7	8	9
1	1	2	3	4			7		

4 의자 4개에 앉아 있는 사람은 모두 몇 명인지 곱셈식으로 나타내 보세요.

$0 \times$ ☐ $=$ ☐

5 □ 안에 알맞은 수를 써넣으세요.

(1) $1 \times 2 = $ □

(2) $1 \times 8 = $ □

6 □ 안에 알맞은 수를 써넣으세요.

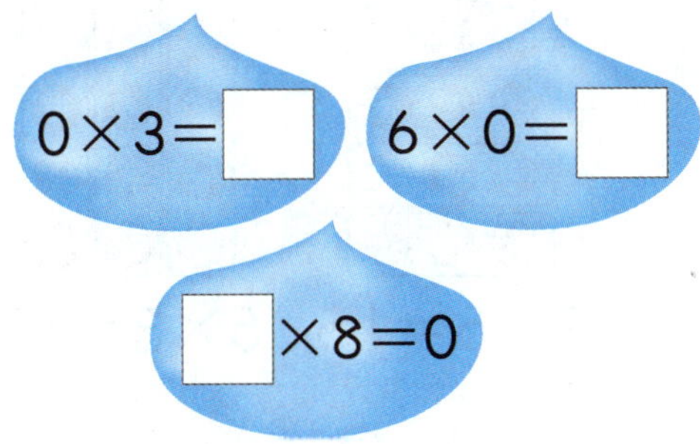

7 곱셈을 이용하여 빈칸에 알맞은 수를 써넣으세요.

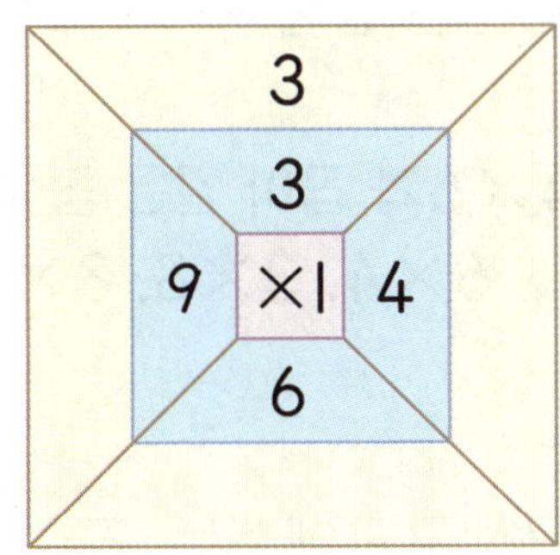

8 계산 결과가 다른 하나는 어느 것인가요?

(　　　)

① 0×1　　　② 1×2

③ 1×0　　　④ 0×5

⑤ 5×0

9 크기를 비교하여 ○ 안에 >, =, <를 알맞게 써넣으세요.

$$1 \times 7 \bigcirc 7$$

[10~11] 민재가 오른쪽 과녁에 화살 5개를 던져 다음과 같이 맞혔습니다. 민재가 얻은 점수를 알아보세요.

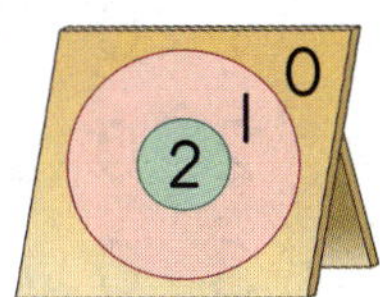

과녁에 적힌 수	맞힌 화살 수(개)	점수(점)
0	3	
1	2	$1 \times 2 = 2$
2	0	

10 위의 빈칸에 알맞은 곱셈식을 쓰세요.

11 민재가 얻은 점수는 모두 몇 점인가요?

(　　　　　)

12 어항 한 개에 금붕어가 1마리씩 들어 있습니다. 어항 9개에 들어 있는 금붕어는 모두 몇 마리인가요?

식 ________________________________

답 ________________________________

개념의 힘

1 곱셈표 만들기

×	0	1	2	3	4	5	6	7	8	9
0	0	0	0	0	0	0	0	0	0	0
1	0	1	2	3	4	5	6	7	8	9
2	0	2	4	6	8	10	12	14	16	18
3	0	3	6	9	12	15	18	21	24	27
4	0	4	8	12	16	20	24	28	32	36
5	0	5	10	15	20	25	30	35	40	45
6	0	6	12	18	24	30	36	42	48	54
7	0	7	14	21	28	35	42	49	56	63
8	0	8	16	24	32	40	48	56	64	72
9	0	9	18	27	36	45	54	63	72	81

(1) 세로줄과 가로줄의 수가 만나는 칸에 두 수의 곱을 씁니다.

$$4 \times 2 = 8 \qquad 8 \times 7 = 56$$

(2) **3**단 곱셈구구는 곱이 **3**씩 커지고, **5**단 곱셈구구는 곱의 **일의 자리 숫자가 5, 0**으로 **반복**되고 있습니다.

2 1의 곱셈표에서 곱이 같은 곱셈구구 찾기

(1) 곱셈표에서 점선(----)을 따라 접었을 때 만나는 곱셈구구의 곱은 같습니다.

(2) 곱이 15 일 때의 곱셈구구는

$$3 \times 5 \quad 와 \quad 5 \times 3 \quad 입니다.$$

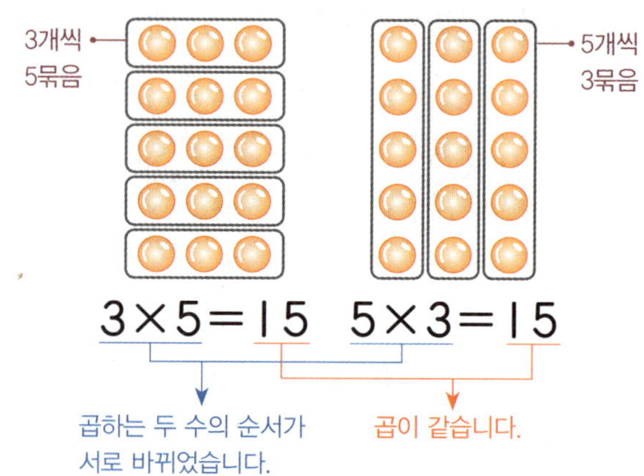

> 곱셈구구에서 **곱하는 두 수의 순서를 서로 바꾸어도 곱이 같습니다**.

✓참고 곱셈에서 곱하는 순서를 바꾸는 경우 외에도 곱이 같은 곱셈구구가 있는 경우도 있습니다.

예 4×6과 곱이 같은 곱셈구구
➡ 6×4, 3×8, 8×3

[1~2] 곱셈표를 보고 물음에 답하세요.

×	1	2	3	4	5
1	1	2	3	4	5
2	2	4	6	8	10
3	3	6	9	12	15
4	4	8	12	16	20
5	5	10	15	20	25

1 2단 곱셈구구에서는 곱이 얼마씩 커지나요?

(   )

2 5씩 커지는 곱셈구구는 몇 단인가요?

(   )

[3~4] 곱셈표를 보고 물음에 답하세요.

×	4	5	6
4	16	20	24
5	20	25	30
6			

3 위의 빈칸에 알맞은 수를 써넣어 곱셈표를 완성해 보세요.

4 5×6과 6×5의 곱을 비교하여 알맞은 말에 ○표 하세요.

5×6과 6×5의 곱은
(같습니다 , 다릅니다).

5 곱셈표에서 ★과 곱이 같은 곱셈구구의 칸에 ●표 하세요.

×	1	2	3	4	5
1					
2					
3					
4					★
5					

6 왼쪽 개념의 힘 1의 곱셈표에서 2×8과 곱이 같은 곱셈구구를 모두 찾아 쓰세요.

☐ × ☐ = ☐

☐ × ☐ = ☐

7 왼쪽 개념의 힘 1의 곱셈표에서 곱이 항상 짝수인 곱셈구구는 몇 단인지 모두 찾아 쓰세요.

(   )

8 빈칸에 알맞은 수를 써넣어 곱셈표를 완성하고, 곱이 30보다 큰 곳을 모두 찾아 색칠해 보세요.

×	3	4	5	6	7	8	9
4	12	16	20				
5	15	20					
6	18						

9 곱셈표를 완성하고 3×4와 곱이 같은 곱셈구구를 모두 찾아 쓰세요.

×	2	3	4	5	6
2	4	6			
3	6	9			
4	8	12		20	
5	10	15	20		
6	12	18			36

(   )

7 곱셈구구를 이용하여 문제 해결하기

개념의 **힘**

1 곱셈구구를 이용하여 사물함의 수 구하기

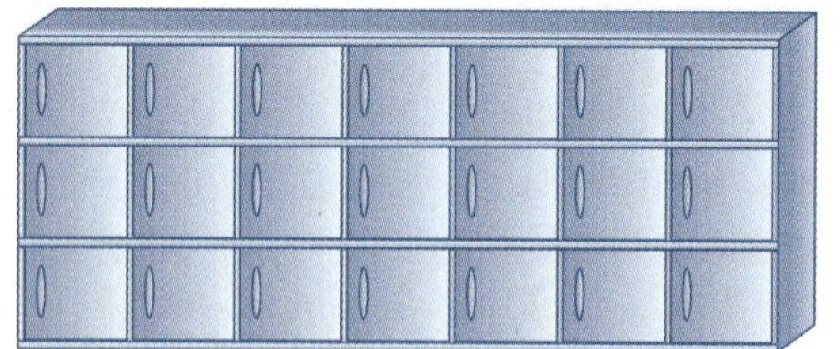

방법1 사물함은 한 층에 **7**개씩 **3**층이므로 모두 **7×3**=21(개)입니다.

방법2 사물함은 **3**층씩 **7**줄로 놓여 있으므로 모두 **3×7**=21(개)입니다.

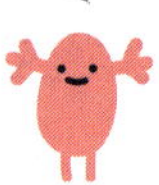

2 곱셈구구를 이용하여 책상의 수 구하기

방법1

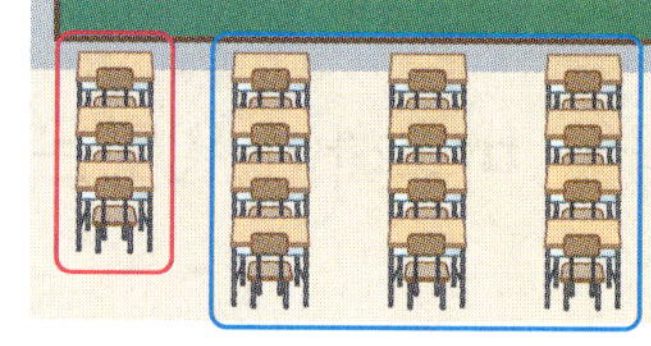

1×3 과 3×4 를 더하면 책상은 모두 15개입니다.

방법2

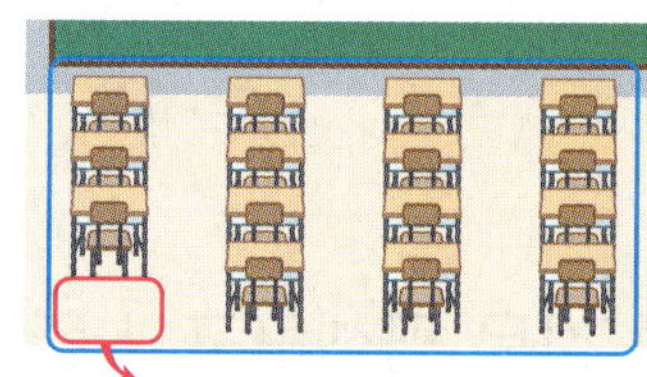

4×4 에서 1 을 빼면 책상은 모두 15개입니다.

[1~2] 책꽂이는 모두 몇 칸인지 알아보려고 합니다. □ 안에 알맞은 수를 써넣으세요.

1 책꽂이는 가로로 6칸씩 2줄이므로 모두

6×2=□ (칸)입니다.

2 책꽂이는 세로로 2칸씩 6줄이므로 모두

2×□=□ (칸)입니다.

3 건전지 한 개의 길이는 5 cm입니다. 건전지 3개의 길이는 몇 cm인가요?

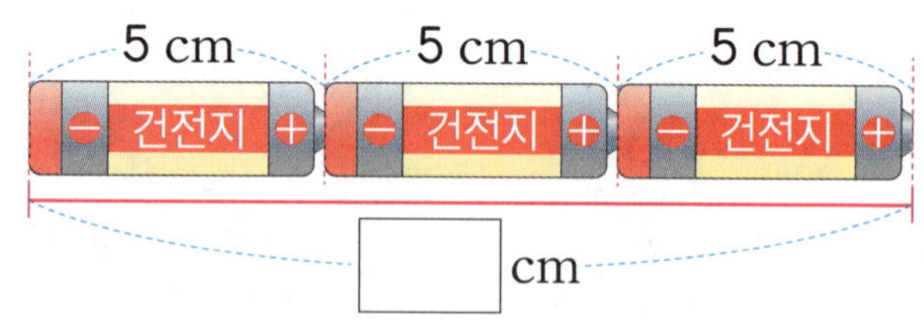

4 문어 한 마리의 다리는 8개입니다. 문어 5마리의 다리는 모두 몇 개인가요?

(   )

5 두발자전거 7대의 바퀴는 모두 몇 개인 가요?

(　　　　　　)

6 곱셈구구를 이용하여 공깃돌의 수를 2가지 방법으로 구하세요.

방법1 5단 곱셈구구를 이용하면 공깃돌은 모두 5×□=□(개)입니다.

방법2 8단 곱셈구구를 이용하면 공깃돌은 모두 8×□=□(개)입니다.

7 연필꽂이 한 개에 연필이 7자루씩 꽂혀 있습니다. 연필꽂이가 5개에 꽂혀 있는 연필은 모두 몇 자루인가요?

(　　　　　　)

8 한 팀에 선수가 5명씩 있습니다. 6팀이 모여서 경기를 한다면 선수는 모두 몇 명인가요?

식 ________________________________

답 ________________________________

[9~10] 곱셈구구를 이용하여 종이컵의 수를 구하려고 합니다. 물음에 답하세요.

9 □ 안에 알맞은 수를 써넣어 종이컵의 수를 구하세요.

9×□에서 3을 빼면 종이컵은 모두 □개입니다.

10 종이컵의 수를 두 곱셈구구의 합으로 구하려고 합니다. 각 묶음에 알맞은 곱셈구구를 써서 종이컵의 수를 구하세요.

□×□와/과 □×□을/를 더하면 종이컵은 모두 □개입니다.

1 두 수의 곱을 구하세요.

$$4, \ 0$$

(   )

[2~3] 곱셈표를 보고 물음에 답하세요.

×	1	2	3	4	5	6	7	8	9
3	3	6	9	12	15	18	21	24	27
4	4	8	12	16	20	24	28	32	36
5	5	10	15	20	25	30	35	40	45

2 □ 안에 알맞은 수를 써넣으세요.

> 5단 곱셈구구는 곱의 일의 자리 숫자가
> □, □ (으)로 반복되고 있습니다.

3 곱이 20인 곱셈구구를 모두 찾아 쓰려고 합니다. □ 안에 알맞은 수를 써넣으세요.

(1) 4단 곱셈구구에서 곱이 20인 곱셈구구를 찾아 쓰세요.

$$4 \times \boxed{} = 20$$

(2) 다른 곱셈구구에서도 곱이 20인 곱셈구구를 찾아 쓰세요.

$$\boxed{} \times \boxed{} = 20$$

4 접시 한 개에 사과가 1개씩 놓여 있습니다. 사과의 수를 곱셈식으로 나타내 보세요.

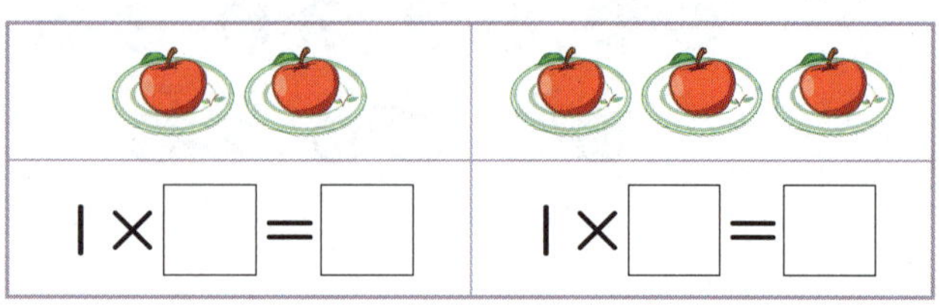

$$1 \times \boxed{} = \boxed{} \qquad 1 \times \boxed{} = \boxed{}$$

5 빈 곳에 알맞은 수를 써넣으세요.

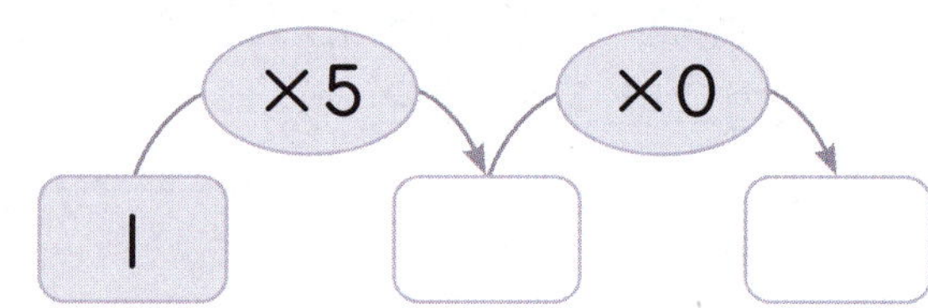

6 빈칸에 알맞은 수를 써넣어 곱셈표를 완성해 보세요.

×	7	8
2		
6		

7 개미 한 마리의 다리는 6개입니다. 개미 4마리의 다리는 모두 몇 개인가요?

(   )

8 곱셈표의 빈칸에 알맞은 수를 써넣으세요.

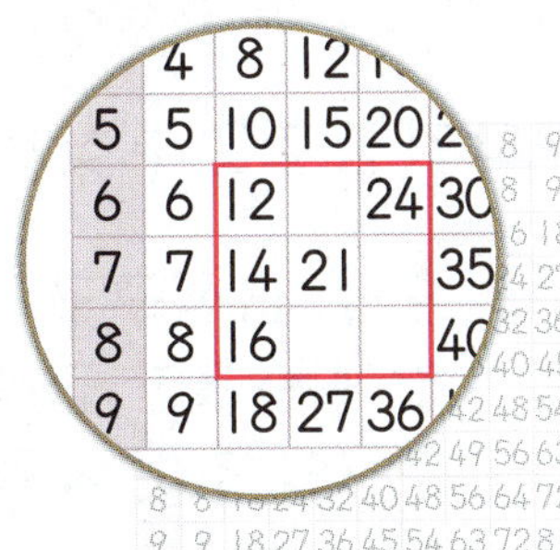

12		24
14	21	
16		

9 □ 안에 공통으로 들어갈 수를 구하세요.

$$3 \times \square = 0, \ 9 \times \square = 0, \ \square \times 5 = 0$$

(   )

🔖 **문제 해결**

10 가위바위보를 하여 이기면 3점을 얻는 놀이를 했습니다. 서우가 얻는 점수를 구하세요. (단, 비기거나 질 때는 0점입니다.)

서우	✌	🖐	🖐	✊	✊	✌
지후	🖐	✊	✊	✌	🖐	✊

식 ____________________________________

답 ____________________________________

11 민주의 나이는 9살입니다. 민주 아버지의 연세는 민주 나이의 4배보다 5살이 더 많습니다. 민주 아버지의 연세는 몇 세인가요?

(   )

12 수 카드를 뽑아서 카드에 적힌 수만큼 점수를 얻는 놀이를 하였습니다. 빈칸에 알맞은 곱셈식을 쓰고 얻은 점수는 모두 몇 점인지 구하세요.

뽑은 카드	뽑은 횟수(번)	점수(점)
5	0	
3	4	$3 \times 4 = 12$
1	3	

(   )

🔖 **문제 해결**

13 곱셈구구를 이용하여 연결 모형은 모두 몇 개인지 구하세요.

□ × □ 와/과 □ × □ 을/를 더하면

연결 모형은 모두 □ 개입니다.

14 달리기 경기에서 1등은 2점, 2등은 1점을 얻습니다. 소희네 반은 1등이 4명, 2등이 6명입니다. 소희네 반 달리기 점수는 모두 몇 점인가요?

(   )

2 단원 · 곱셈구구

응용 1 두 수를 바꾸어 곱하기 

곱셈구구에서 곱하는 두 수의 순서를 서로 바꾸어도 곱이 같습니다.

예 $2 \times 5 = 5 \times 2$

1 그림을 보고 고추는 모두 몇 개인지 □ 안에 알맞은 수를 써넣으세요.

$2 \times \boxed{} = 9 \times \boxed{} = \boxed{}$

2 그림을 보고 오이는 모두 몇 개인지 □ 안에 알맞은 수를 써넣으세요.

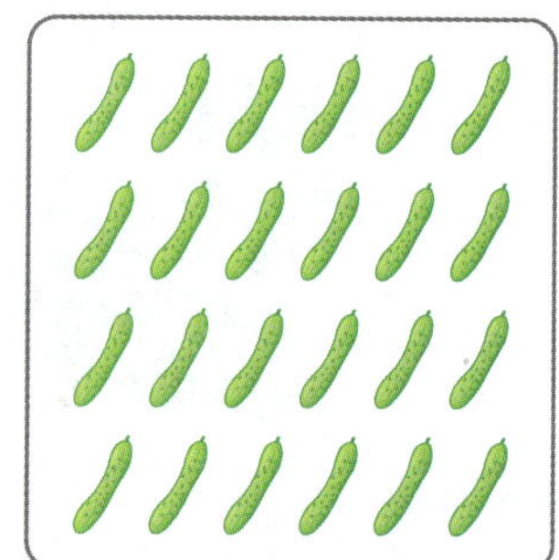

$4 \times \boxed{} = 6 \times \boxed{} = \boxed{}$

[3~4] □ 안에 알맞은 수를 써넣으세요.

3 $7 \times 3 = 3 \times \boxed{} = \boxed{}$

4 $9 \times 7 = 7 \times \boxed{} = \boxed{}$

응용 2 두 곱셈구구의 값 중 같은 수 찾기 

예 3단과 9단 곱셈구구의 값 중 같은 수 찾기

> 3단 곱셈구구의 값에는 9단 곱셈구구에 없는 값 3, 6, 12, … 가 있습니다.

> 9단 곱셈구구의 값에는 3단 곱셈구구의 값이 포함되어 있습니다.

더 큰 수인 9단 곱셈구구의 값을 찾으면 됩니다.

5 4단과 8단 곱셈구구의 값 중 같은 수를 모두 찾아 색칠해 보세요.

1	2	3	4	5	6	7	8	9
10	11	12	13	14	15	16	17	18
19	20	21	22	23	24	25	26	27
28	29	30	31	32	33	34	35	36

6 3단과 6단 곱셈구구의 값 중 같은 수를 모두 찾아 색칠해 보세요.

1	2	3	4	5	6	7	8	9
10	11	12	13	14	15	16	17	18
19	20	21	22	23	24	25	26	27

응용 3 곱의 크기 비교하기 

- 곱의 크기 비교하기
  ① 주어진 곱셈구구의 곱을 모두 구합니다.
  ② 곱의 십의 자리 숫자가 큰 쪽이 더 큰 수입니다.
  ③ 곱의 십의 자리 숫자가 같으면 일의 자리 숫자가 큰 쪽이 더 큰 수입니다.

[7~8] 곱의 크기를 비교하여 ○ 안에 >, =, <를 알맞게 써넣으세요.

7  2×9 ○ 3×5

8 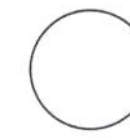 6×9 ○ 8×7

9 곱이 큰 순서대로 기호를 쓰세요.

> ㉠ 5×5　㉡ 7×3　㉢ 6×4

(　　　　　)

10 곱이 큰 순서대로 기호를 쓰세요.

> ㉠ 4×8　㉡ 9×3　㉢ 7×5

(　　　　　)

응용 4 수 카드로 곱셈식 만들기 

예 수 카드 2 , 8 을 한 번씩만 사용하여 곱셈식 $4 \times ㉠ = \square$ 완성하기

① 4단 곱셈구구를 생각하며 ㉠에 수 카드를 한 번씩 놓아 곱을 구합니다.

② 구한 곱이 수 카드의 수로 이루어져 있는지 확인합니다.

$4 \times 2 = 8(○)$ 　 $4 \times 8 = 32(×)$

수 카드의 수입니다. 　 수 카드의 수가 아닙니다.

11 수 카드 3 , 6 , 7 을 한 번씩만 사용하여 주어진 곱셈식을 완성해 보세요.

$9 \times \square = \square\square$

12 수 카드 4 , 8 , 2 , 9 중 3장을 골라 한 번씩만 사용하여 주어진 곱셈식을 완성해 보세요.

$3 \times \square = \square\square$

13 수 카드 4 , 6 , 8 을 한 번씩만 사용하여 주어진 곱셈식을 완성하려고 합니다. 완성할 수 있는 곱셈식을 모두 쓰세요.

$8 \times \square = \square\square$

$8 \times \square = \square\square$

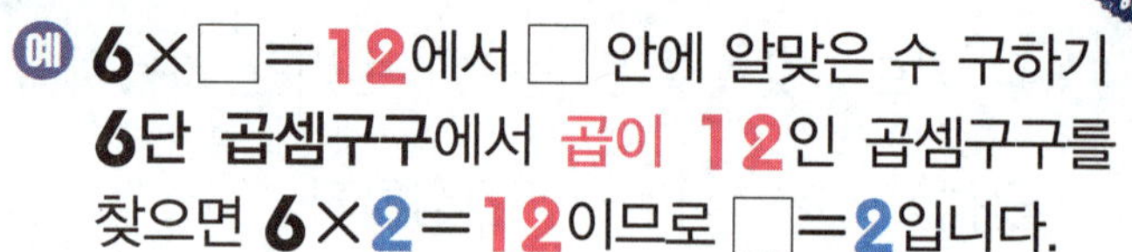

응용 5 곱셈식에서 모르는 수 구하기

예 **6×□=12**에서 □ 안에 알맞은 수 구하기
6단 곱셈구구에서 **곱이 12**인 곱셈구구를 찾으면 **6×2=12**이므로 □=**2**입니다.

14 □ 안에 알맞은 수를 써넣으세요.

$$7 × \boxed{} = 42$$

15 두 곱셈구구의 곱이 같을 때, □ 안에 알맞은 수를 구하세요.

$$9 × \boxed{} \qquad 6×6$$

( )

16 한 개의 길이가 5 cm인 지우개를 다음과 같이 몇 개 이어 붙였더니 45 cm였습니다. 지우개를 몇 개 이어 붙였나요?

( )

응용 6 □ 안에 들어갈 수 있는 수 구하기

예 **6×□>35**에서 □ 안에 들어갈 수 있는 수 구하기
① **6**단 곱셈구구에서 **곱이 처음으로 35보다 큰** 곱셈구구를 찾습니다.
$$6×5=30(×), \quad 6×6=\underline{36}(○)$$
곱이 처음으로 35보다 큼.
② □ 안에 들어갈 수 있는 수는 **6**이거나 **6**보다 **큰 수**입니다.

17 0부터 9까지의 수 중에서 □ 안에 들어갈 수 있는 수를 모두 구하세요.

$$9 × \boxed{} > 52$$

( )

18 0부터 9까지의 수 중에서 □ 안에 들어갈 수 있는 수를 모두 구하세요.

$$7 × \boxed{} < 36$$

( )

19 0부터 9까지의 수 중에서 □ 안에 들어갈 수 있는 수를 모두 구하세요.

$$\boxed{} × 8 > 60$$

( )

응용 7 곱셈구구를 나타낸 수직선 알아보기

• 수직선에서 한 칸의 크기 구하기

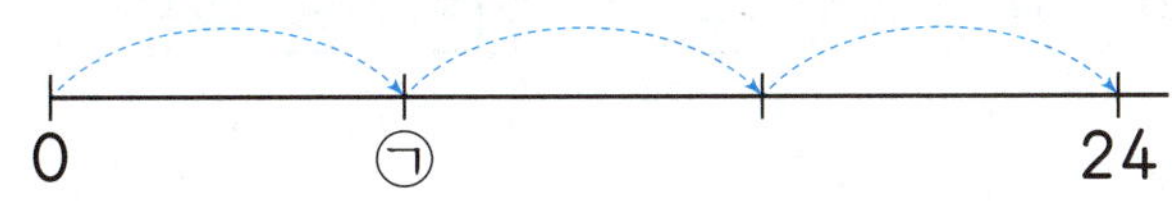

3번 뛰어 센 수가 **24**이므로 곱셈구구로 나타내면 ㉠×**3**=**24**입니다.

➡ ㉠×**3**=3×㉠=**24**이므로
3단 곱셈구구에서 찾으면 ㉠=**8**입니다.

[20~22] 곱셈구구를 나타낸 수직선입니다. ㉠에 알맞은 수를 구하세요.

20

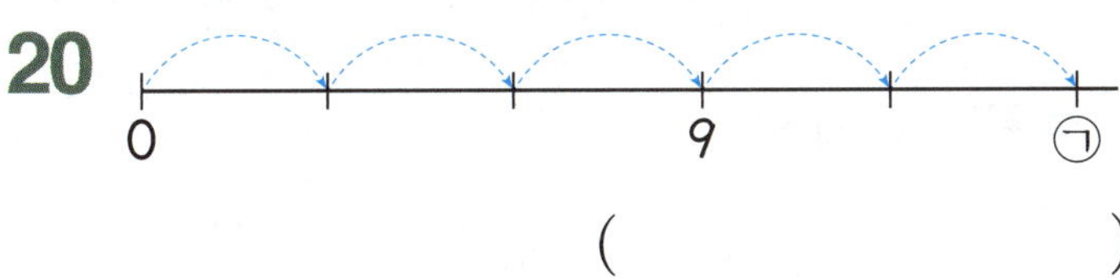

(   )

21

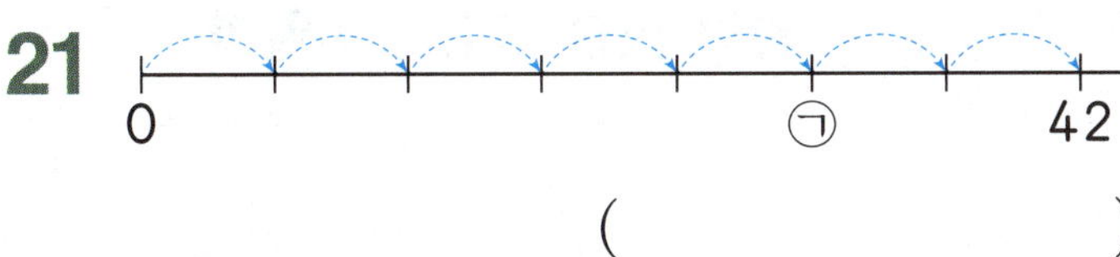

(   )

22

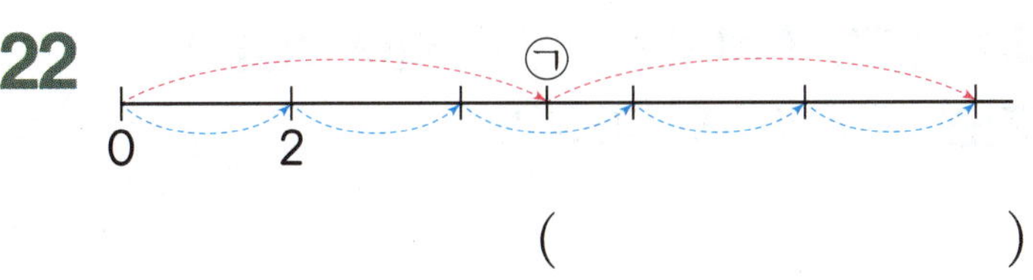

(   )

응용 8 조건을 모두 만족하는 수 구하기

문제에 주어진 조건을 빠짐없이 이용합니다.

예 2단 곱셈구구의 값 중 3×3보다

❶ 2단 곱셈구구의 값 모두 구하기   ❷ 3×3 계산하기

작은 수 모두 구하기

❸ ❶에서 구한 수 중 ❷에서 계산한 값 보다 작은 수 모두 구하기

23 다음 조건을 모두 만족하는 수를 구하세요.

• 8단 곱셈구구의 값입니다.
• 7×7보다 작습니다.
• 일의 자리 숫자가 4입니다.

(   )

24 다음 조건을 모두 만족하는 수를 구하세요.

• 3단 곱셈구구의 값입니다.
• 홀수입니다.
• 십의 자리 숫자는 10을 나타냅니다.

(   )

연습 문제 풀기

연습 1 리모컨에 건전지를 4개씩 넣어야 합니다. 리모컨 8개에 필요한 건전지는 모두 몇 개인가요?

식 _________________________________

답 _________________________________

연습 2 7에 어떤 수를 곱한 값은 14입니다. 어떤 수를 구하세요.

(   )

연습 3 냉장고에 오리알은 14개 있고, 달걀은 2개씩 8줄로 놓여 있습니다. 오리알과 달걀 중 어느 것이 더 많이 있나요?

(   )

연습 4 편의점 진열대에 핫바는 5개씩 6줄로 걸려 있고, 소시지는 17개 걸려 있습니다. 이 편의점 진열대에 걸린 핫바와 소시지는 모두 몇 개인가요?

(   )

대표 유형 ① 남은 수 구하기

동물원에서 동물을 보살피는 일을 하는 사람

<u>사육사</u>가 돌고래 먹이로 준비한 오징어가 40마리입니다. 이 오징어를 4마리씩 돌고래 7마리에게 나누어 주었다면 남은 오징어는 몇 마리인가요?

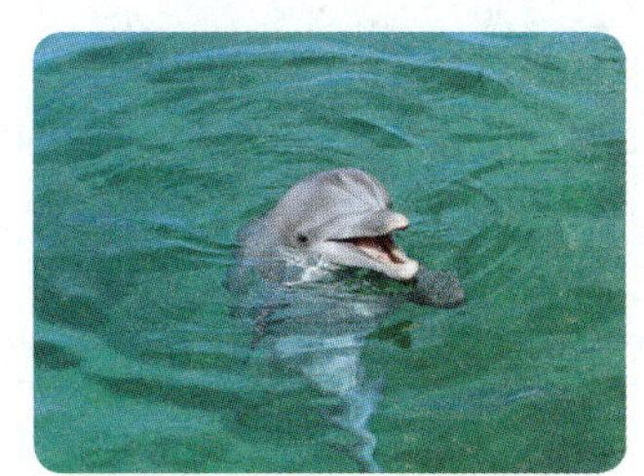

해결 방법

① (나누어 준 오징어 수)=□×7=□(마리)

② (남은 오징어 수)=40−□=□(마리)

답 ______________

유형 코칭　곱셈구구를 이용하여 나누어 준 오징어 수를 먼저 구한 후,

(남은 오징어 수)=(준비한 오징어 수)−(나누어 준 오징어 수)를 구합니다.

 위의 해결 방법을 따라 풀이를 쓰고 답을 구하세요.

1-1　행복 빵 가게에서 오늘 구운 팥빵은 25개입니다. 이 팥빵을 3개씩 6상자에 포장했다면 남은 팥빵은 몇 개인가요?

풀이

답 ______________

1-2　학급 준비물 바구니에 색종이가 64장 있습니다. 한 명에게 8장씩 9명에게 나누어 주려면 몇 장이 더 필요한가요?

풀이

답 ______________

2 단원

곱셈구구

대표 유형 2 전체 개수 구하기

과일 가게에서 배는 한 상자에 6개씩, 참외는 한 상자에 8개씩 담아서 팔고 있습니다. 어머니께서는 배 2상자와 참외 4상자를 사 오셨습니다. 어머니께서 사 오신 과일은 모두 몇 개인가요?

해결 방법

1 (사 오신 전체 배의 수)=6×◻=◻(개)

2 (사 오신 전체 참외 수)=8×◻=◻(개)

3 (사 오신 전체 과일 수)=◻+◻=◻(개)

답 ____________________

유형 코칭 (**전체** 배의 수)=(**한 상자에 들어 있는** 배의 수)×(배가 들어 있는 **상자 수**)

✎ 위의 해결 방법을 따라 풀이를 쓰고 답을 구하세요.

2-1 채소 가게에서 당근은 한 상자에 7개씩, 오이는 한 상자에 5개씩 담아서 팔고 있습니다. 아버지께서는 당근 3상자와 오이 5상자를 사 오셨습니다. 아버지께서 사 오신 채소는 모두 몇 개인가요?

풀이

답 ____________________

2-2 삼각형 9개와 사각형 4개가 있습니다. 꼭짓점은 모두 몇 개인가요?

풀이

답 ____________________

대표 유형 **3**　바르게 계산한 값 구하기

7에 어떤 수를 곱해야 할 것을 잘못하여 3에 곱했더니 15가 되었습니다. 바르게 계산한 값을 구하세요.

해결 방법

1 잘못 계산한 식: ☐ ×(어떤 수)=15

2 3단 곱셈구구에서 3× ☐ =15이므로 (어떤 수)= ☐ 입니다.

3 (바르게 계산한 값)=7× ☐ = ☐

답 ______________________

유형 코칭　바르게 계산한 값 구하는 순서
① 잘못 계산한 식 세우기 ➡ ② 어떤 수 구하기 ➡ ③ 바르게 계산하기

✐ 위의 해결 방법을 따라 풀이를 쓰고 답을 구하세요.

3-1　8에 어떤 수를 곱해야 할 것을 잘못하여 7에 곱했더니 63이 되었습니다. 바르게 계산한 값을 구하세요.

답 ______________________

3-2　4에 어떤 수를 곱한 값은 32입니다. 이 어떤 수에 8을 곱한 값을 구하세요.

풀이

답 ______________________

1 그림을 보고 □ 안에 알맞은 수를 써넣으세요.

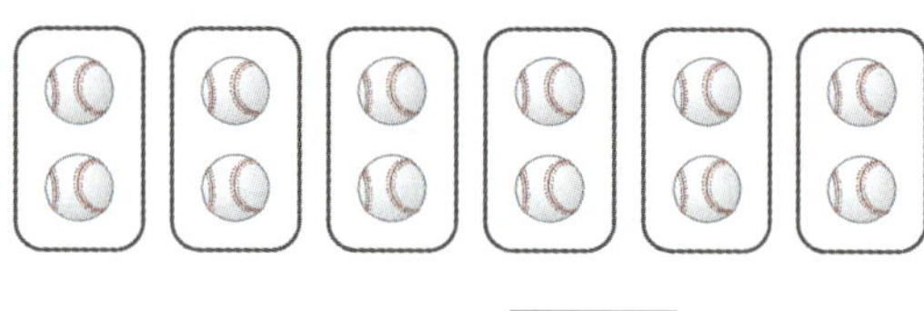

$$2 \times 6 = \boxed{}$$

2 수직선을 보고 □ 안에 알맞은 수를 써넣으세요.

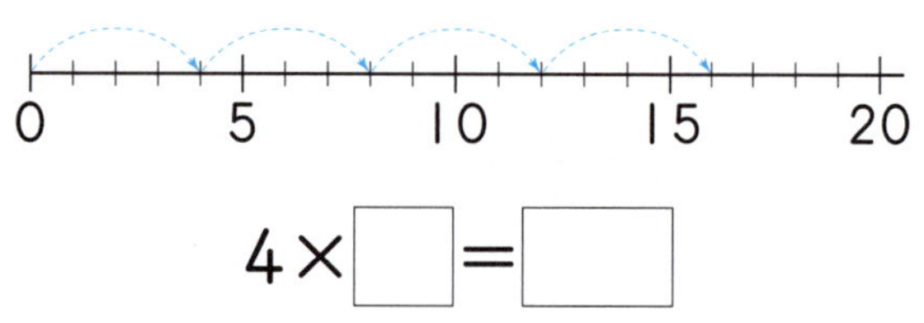

$$4 \times \boxed{} = \boxed{}$$

3 공은 모두 몇 개인지 곱셈식으로 나타내 보세요.

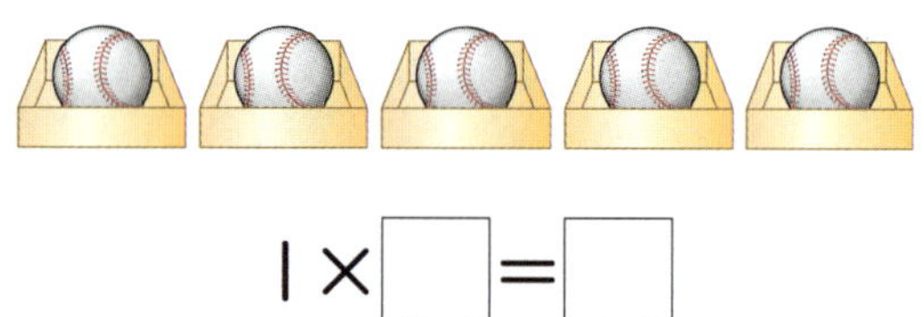

$$1 \times \boxed{} = \boxed{}$$

4 반지의 수를 두 가지 곱셈식으로 나타내 보세요.

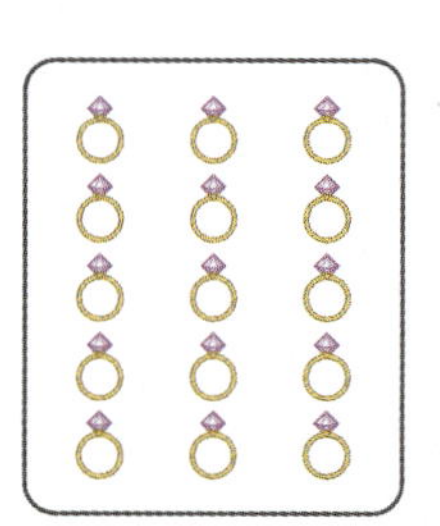

$$3 \times \boxed{} = \boxed{}$$

$$5 \times \boxed{} = \boxed{}$$

5 □ 안에 알맞은 수를 써넣으세요.

(1) $0 \times 8 = \boxed{}$

(2) $1 \times 9 = \boxed{}$

[6~7] 곱셈표를 보고 물음에 답하세요.

×	4	5	6	7	8
4	16	20	24	28	32
5	20	25	30	35	40
6	24	30	36		
7			★		
8	32	40	48		

6 위의 빈칸에 알맞은 수를 써넣어 곱셈표를 완성해 보세요.

7 곱셈표에서 ★과 곱이 같은 곱셈구구를 찾아 색칠해 보세요.

8 수영장 샤워실에 샤워기가 한 칸에 9개씩 3칸에 달려 있습니다. 샤워기는 모두 몇 개인가요?

식 _______________________________

답 _______________________________

9 곱이 같은 것끼리 이어 보세요.

5×7 ·　　· 3×6

9×2 ·　　· 6×2

3×4 ·　　· 7×5

10 □ 안에 알맞은 수를 써넣으세요.

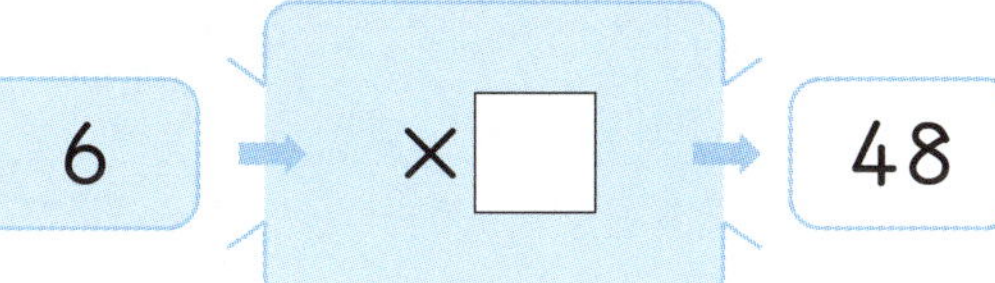

$6 \rightarrow \times \boxed{} \rightarrow 48$

추론

11 연결 모형의 수를 구하는 방법을 잘못 말한 사람을 찾아 이름을 쓰세요.

(　　　　　)

12 곱이 작은 순서대로 기호를 쓰세요.

ㄱ 7×7　　ㄴ 8×5　　ㄷ 6×9

(　　　　　)

문제 해결

13 하은이가 고리 던지기 놀이를 했습니다. 고리를 걸면 1점, 걸지 못하면 0점입니다. □ 안에 알맞은 수를 써넣으세요.

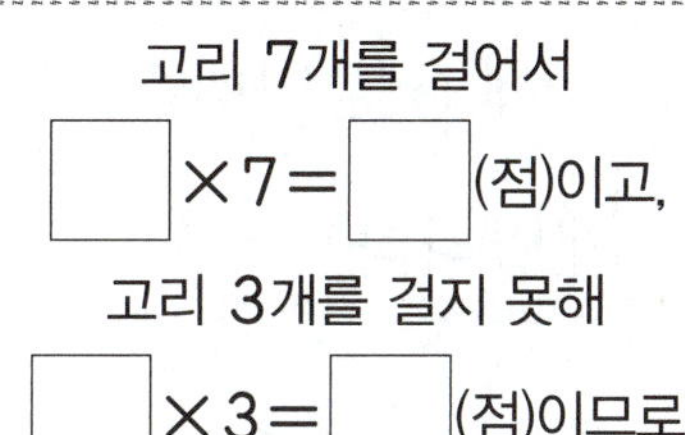

14 수 카드 2, 4, 6 을 한 번씩만 사용하여 주어진 곱셈식을 완성해 보세요.

$7 \times \boxed{} = \boxed{}\boxed{}$

15 0부터 5까지의 수 중에서 □ 안에 들어갈 수 있는 수는 모두 몇 개인가요?

$\boxed{} \times 0 = 0$

(　　　　　)

16 쿠키는 모두 몇 개인지 곱셈구구를 이용하여 두 가지 방법으로 구하세요.

방법1　$8 \times \boxed{}$에 6을 더하면 쿠키는 모두 $\boxed{}$개입니다.

방법2　$6 \times \boxed{}$와/과 $2 \times \boxed{}$을/를 더하면 쿠키는 모두 $\boxed{}$개입니다.

17 다음을 보고 ■×▲를 구하세요.

- ■$\times 4 = 4 \times 6$
- $9 \times 5 =$ ▲$\times 9$

(　　　　　　　)

18 곱셈표에서 ㉠과 ㉡에 알맞은 수를 각각 구하세요.

×	2	4	㉠	8
2		8	12	
	16	32		㉡

㉠ (　　　　　　　)

㉡ (　　　　　　　)

19 1부터 9까지의 수 중에서 □ 안에 들어갈 수 있는 수를 모두 구하는 풀이 과정을 쓰고 답을 구하세요.

$$4 \times \boxed{} > 20$$

풀이

답

20 맛나 빵 가게에서 오늘 준비한 밤알은 50개입니다. 이 밤알을 9개씩 식빵 반죽 5개에 나누어 넣었다면 남은 밤알은 몇 개인지 풀이 과정을 쓰고 답을 구하세요.

풀이

답

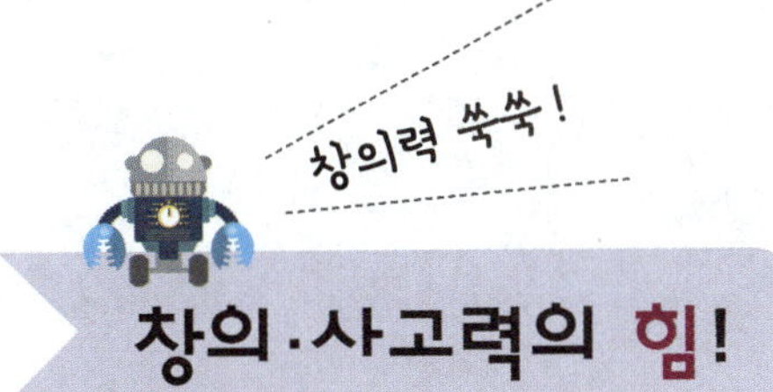

구슬의 수를 구해 볼까요?

☆ 구슬을 나란히 정리해 놓았습니다. 구슬은 모두 몇 개인지 여러 가지 방법으로 구하세요.

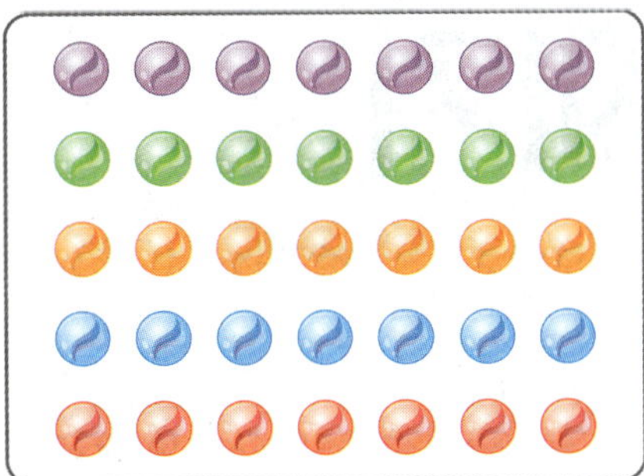

방법1 5단 곱셈구구를 이용하여 구하기

구슬이 5개씩 7줄이므로 모두 $5 \times \boxed{} = \boxed{}$ (개)입니다.

방법2 7단 곱셈구구를 이용하여 구하기

구슬이 7개씩 5줄이므로 모두 $7 \times \boxed{} = \boxed{}$ (개)입니다.

방법3 5×6에 $\boxed{}$ 을/를 더해서 구하기

$5 \times 6 = \boxed{}$ 이므로 구슬은 모두 $30 + \boxed{} = \boxed{}$ (개)입니다.

3

길이 재기

1 m와 1 cm의 관계를 이해하여 길이를 표현하고, 미터(m)와 센티미터(cm) 단위를 함께 사용하여 물건의 길이를 나타내 보자.

그리고 주변에서 길이의 합과 차를 구하는 경우가 자주 있으므로 실생활 문제 상황과 연결하여 길이의 덧셈과 뺄셈을 구하는 방법을 알아보자.

개념의 힘

1 1 m 알아보기

(1) 100 cm는 1 m와 같습니다.

(2) 1 m는 **1 미터**라고 읽습니다.

$$100 \text{ cm} = 1 \text{ m}$$

200 cm = 2 m,
300 cm = 3 m, …가 돼.

✔ 참고 1 m는 ⎡ 1 cm를 100번 이은 길이
⎣ 10 cm의 10배인 길이

2 1 m가 넘는 길이 알아보기

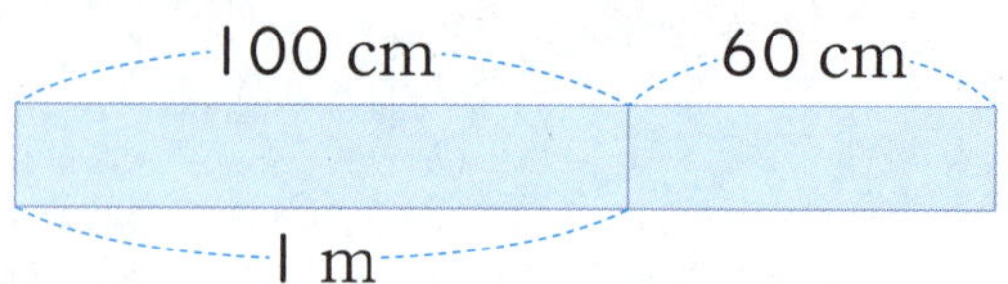

(1) 160 cm는 1 m보다 60 cm 더 깁니다.

(2) 160 cm를 **1 m 60 cm**라고도 씁니다.

(3) 1 m 60 cm를 **1 미터 60 센티미터**라고 읽습니다.

$$160 \text{ cm} = 1 \text{ m } 60 \text{ cm}$$

---

1 □ 안에 알맞은 수를 써넣으세요.

100 cm는 □ m입니다.

2 길이를 2번씩 쓰세요.

(1) 1m

(2) 2m

3 길이를 읽어 보세요.

2 m 30 cm

읽기 2 [ ] 30 [ ]

4 □ 안에 알맞은 수를 써넣으세요.

(1) 400 cm = □ m

(2) 8 m = □ cm

5 유준이의 키는 120 cm입니다. □ 안에 알맞은 수를 써넣으세요.

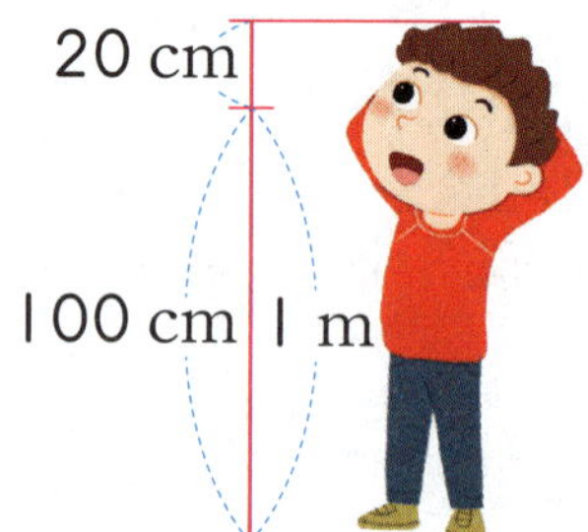

(1) 유준이의 키는 □ m보다 □ cm 더 큽니다.

(2) 유준이의 키는 □ m □ cm입니다.

6 □ 안에 알맞은 수를 써넣으세요.

(1) 130 cm
  =100 cm+30 cm
  =□ m+□ cm
  =□ m □ cm

(2) 3 m 49 cm
  =3 m+49 cm
  =□ cm+49 cm
  =□ cm

7 cm와 m의 관계를 <u>잘못</u> 나타낸 것의 기호를 쓰세요.

> ㉠ 3 m=30 cm
> ㉡ 9 m=900 cm

(　　　　　)

8 □ 안에 cm와 m 중 알맞은 단위를 써넣으세요.

(1) 색연필의 길이는 약 18 □ 입니다.

(2) 칠판 긴 쪽의 길이는 약 3 □ 입니다.

9 1 cm를 100번 이은 길이는 몇 m인가요?

(　　　　　)

10 우정이가 가지고 있는 털실의 길이는 5 m입니다. 이 털실의 길이는 몇 cm인가요?

(　　　　　)

11 수희네 집 마당에 있는 은행나무의 높이는 2 m 17 cm입니다. 이 은행나무의 높이는 몇 cm인가요?

(　　　　　)

12 길이를 몇 m 몇 cm로 나타내 보세요.

254 센티미터

(　　　　　)

개념의 힘

① 곧은 자와 줄자 비교하기

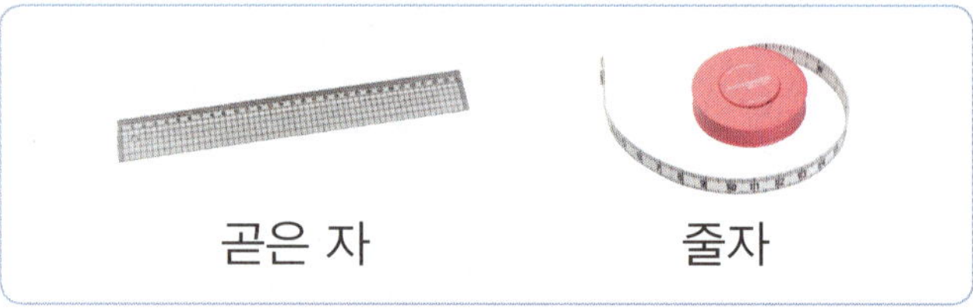

(1) 두 자의 같은 점
눈금이 있고, 길이를 잴 때 사용합니다.

(2) 두 자의 다른 점
• 곧은 자: 짧고 곧은 물건의 길이를 잴 수 있습니다.
• 줄자: 1 m보다 긴 물건의 길이를 재는 데 편리하고, 둥근 부분이 있는 물건의 길이를 잴 수 있습니다.

> 긴 길이를 잴 때 곧은 자는 짧아서 여러 번 재어야 하기 때문에 불편해.

② 줄자를 사용하여 길이를 재는 방법

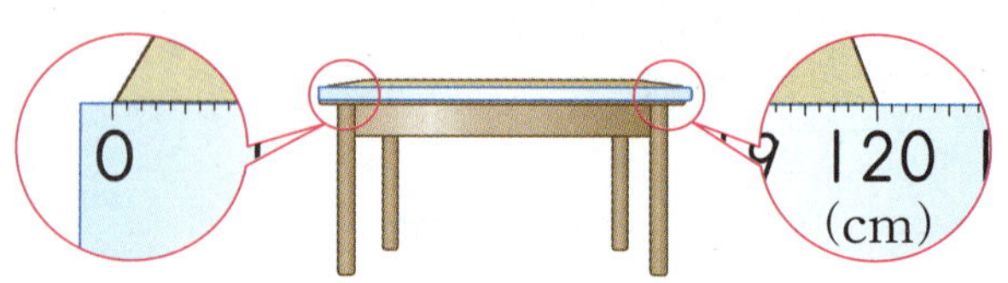

① 책상의 한끝을 줄자의 눈금 **0**에 맞춥니다.
② 책상의 다른 쪽 끝에 있는 줄자의 눈금을 읽습니다.
➡ 눈금이 120이므로 책상의 길이는 120 cm＝1 m 20 cm입니다.

☑ 참고 1 m보다 긴 물건의 길이 재기

물건	■ cm	■ m ▲ cm
옷장의 높이	190 cm	1 m 90 cm
방문의 높이	210 cm	2 m 10 cm

---

1 책장의 긴 쪽의 길이를 재는 데 더 편리한 자에 ◯표 하세요.

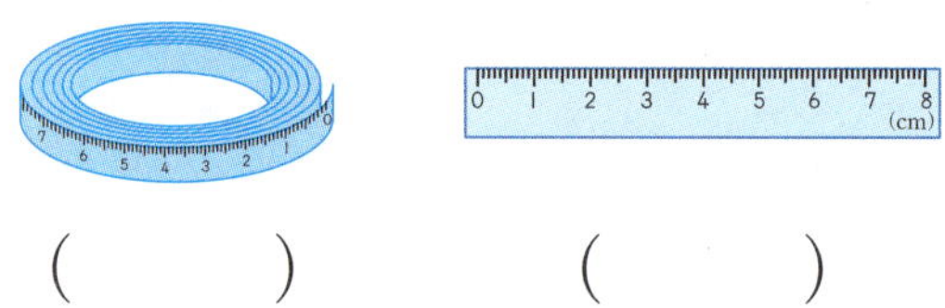

(   )　　　　(   )

2 창문의 긴 쪽의 길이를 재려고 합니다. 줄자를 바르게 놓은 것에 ◯표 하세요.

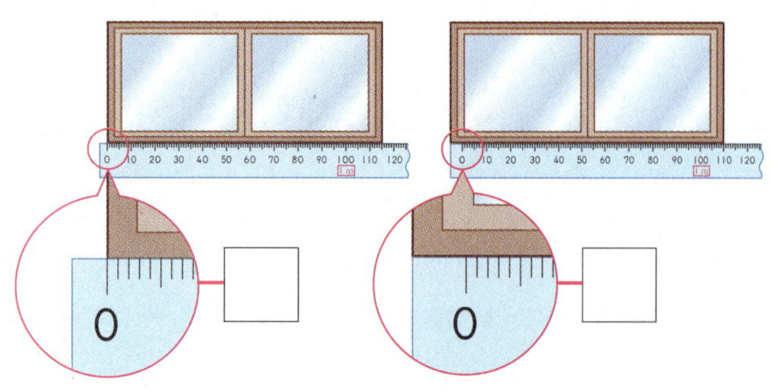

3 화살표가 가리키는 자의 눈금을 쓰세요.

◻ cm　　◻ m ◻ cm

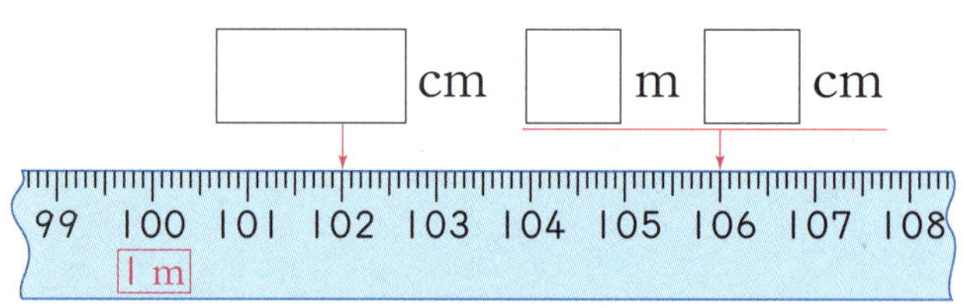

4 화분의 높이는 몇 cm인가요?

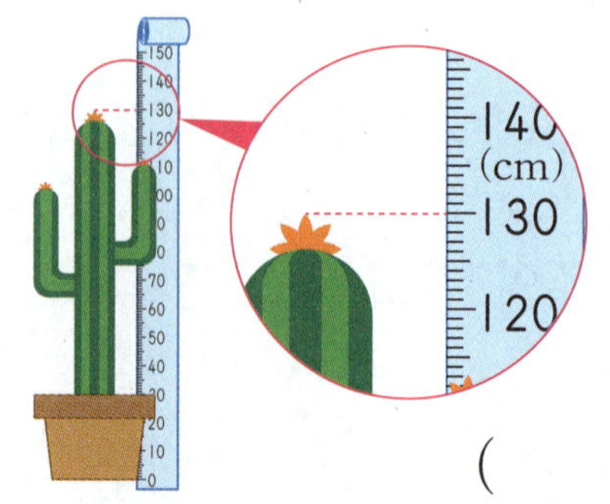

(   )

5 액자 긴 쪽의 길이를 두 가지 방법으로 나타 내 보세요.

◻◻ cm = ◻ m ◻◻ cm

6 에어컨의 한끝을 줄자의 눈금 0에 맞춰 놓 았습니다. 높이는 몇 m 몇 cm인가요?

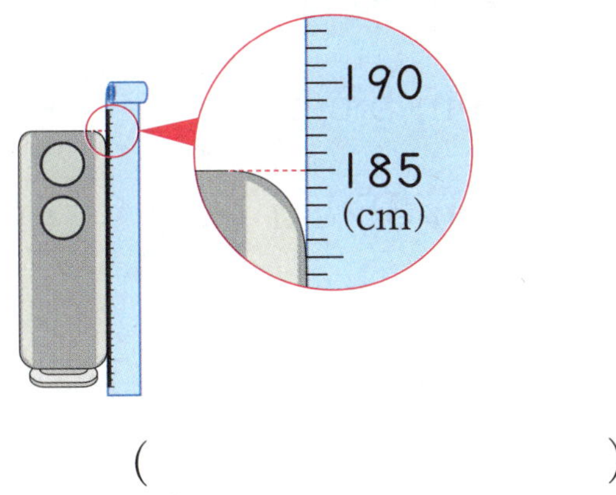

(　　　　　　　)

7 한 줄로 놓인 물건들의 길이를 자로 재었 습니다. 전체 길이는 몇 m 몇 cm인가요?

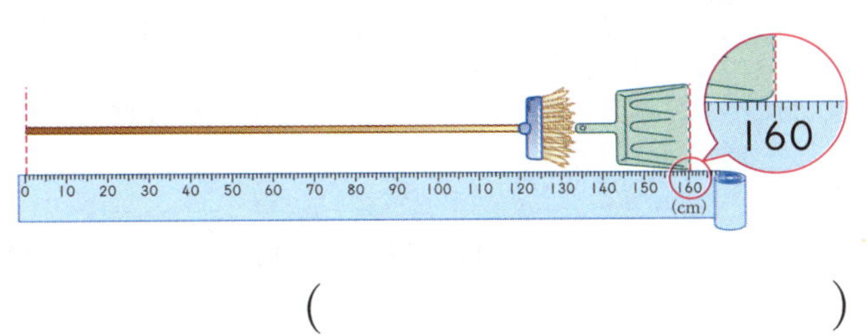

(　　　　　　　)

8 물건의 높이를 자로 잰 것입니다. 높이가 2 m인 것을 찾아 쓰세요.

화분	신발장	선풍기
108 cm	200 cm	93 cm

(　　　　　　　)

9 주변에서 1 m보다 긴 물건을 찾아 길이 를 재고, 잰 길이를 두 가지 방법으로 나타 내려고 합니다. ◻ 안에 알맞은 수를 써넣 으세요.

물건	■ cm	■ m ▲ cm
냉장고의 높이	◻ cm	1 m 65 cm
장식장의 높이	250 cm	◻ m ◻ cm
자동차의 길이	400 cm	◻ m

10 침대의 길이를 줄자로 재었습니다. 길이 재 기가 잘못된 까닭을 쓰세요.

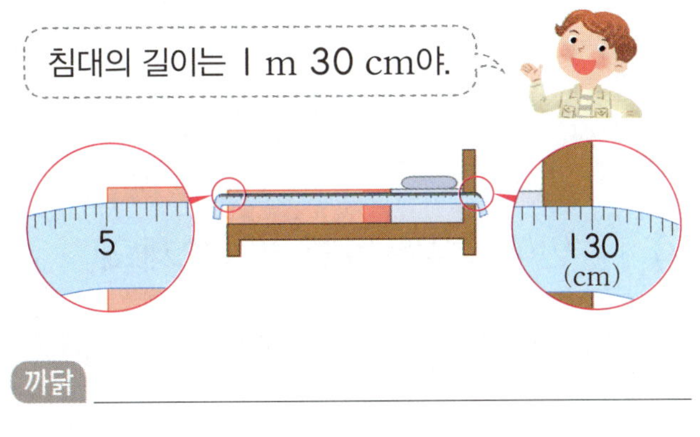

까닭 _______________________

3. 길이 재기 ● **75**

1 | 미터를 바르게 쓴 것은 어느 것인가요?

( )

① 1m ② 1m
③ 1m ④ 1m

2 길이를 읽어 보세요.

6 m 45 cm

읽기 ______________________

3 오른쪽과 같이 나무의 바깥 테두리를 잴 수 있는 자에 ○표 하세요.

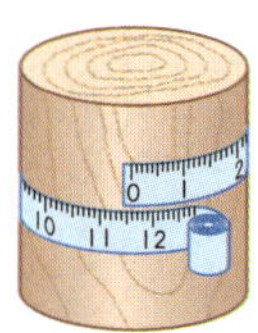

곧은 자   줄자

( )   ( )

4 □ 안에 알맞은 수를 써넣으세요.

(1) 200 cm = □ m

(2) 7 m = □ cm

5 꽃밭 한쪽의 길이는 몇 m인가요?

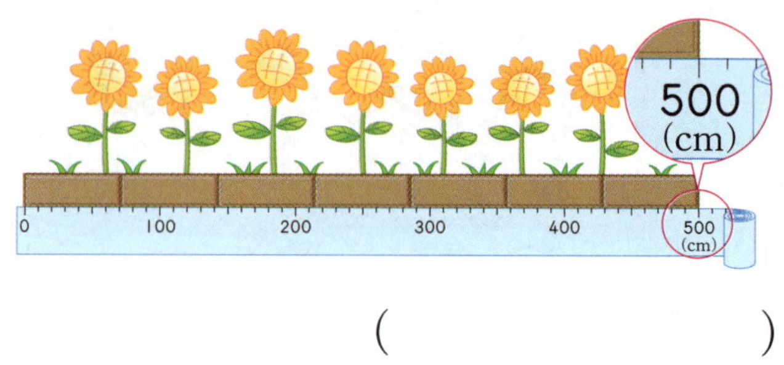

( )

6 같은 길이끼리 이어 보세요.

3 m 50 cm ·   · 350 cm

3 m 5 cm ·   · 335 cm

3 m 35 cm ·   · 305 cm

7 한 줄로 놓인 물건들의 길이를 자로 재었습니다. 전체 길이를 두 가지 방법으로 나타내 보세요.

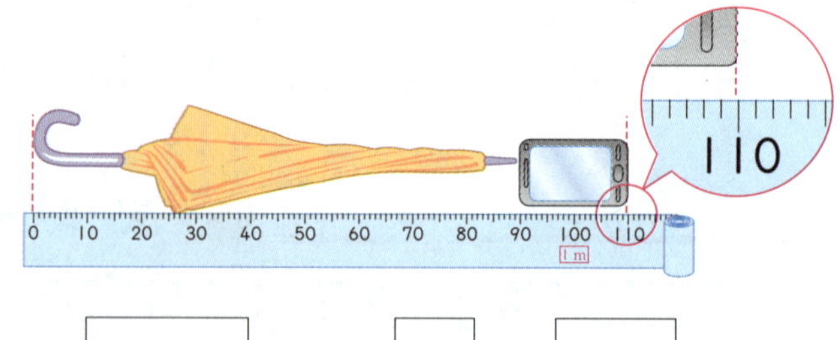

□ cm = □ m □ cm

8 정윤이의 키는 129 cm입니다. 정윤이의 키는 몇 m 몇 cm인가요?

(　　　　　　)

🔩 추론

9 길이를 잘못 나타낸 사람의 이름을 쓰고, 길이를 바르게 고쳐 쓰세요.

이름 (　　　　　　)

고치기 (　　　　　　)

10 더 긴 길이의 기호를 쓰세요.

㉠ 2 m 17 cm　　㉡ 303 cm

(　　　　　　)

11 길이가 600 cm인 끈이 있습니다. 이 끈을 잘라 길이가 1 m인 끈을 몇 개까지 만들 수 있나요?

(　　　　　　)

12 옳게 나타낸 것을 찾아 기호를 쓰세요.

㉠ 100 cm＝10 m
㉡ 612 cm＝6 m 12 cm
㉢ 508 cm＝50 m 8 cm

(　　　　　　)

🔵 실생활 연결

13 다람쥐 열차를 타려면 키가 120 cm보다 커야 합니다. 지호와 수민이 중 다람쥐 열차를 탈 수 없는 사람의 이름을 쓰세요.

(　　　　　　)

14 길이가 74 cm인 실 2개를 겹치는 부분이 없게 한 줄로 이어 붙였습니다. 이어 붙인 실 전체의 길이는 몇 m 몇 cm인가요?

(　　　　　　)

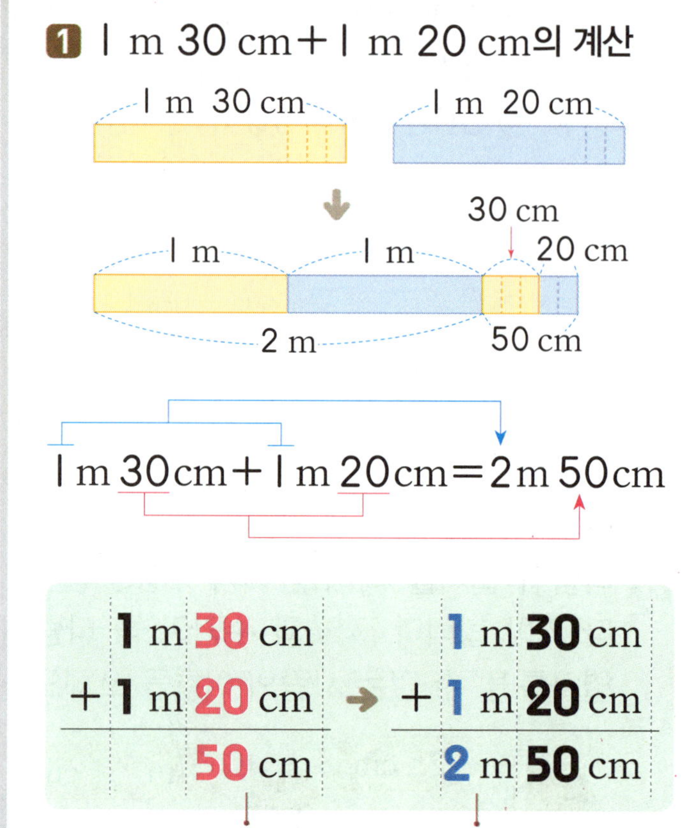

❶ 1 m 30 cm + 1 m 20 cm의 계산

$$1\,m\ 30\,cm + 1\,m\ 20\,cm = 2\,m\ 50\,cm$$

❷ 받아올림이 있는
2 m 50 cm + 1 m 60 cm의 계산

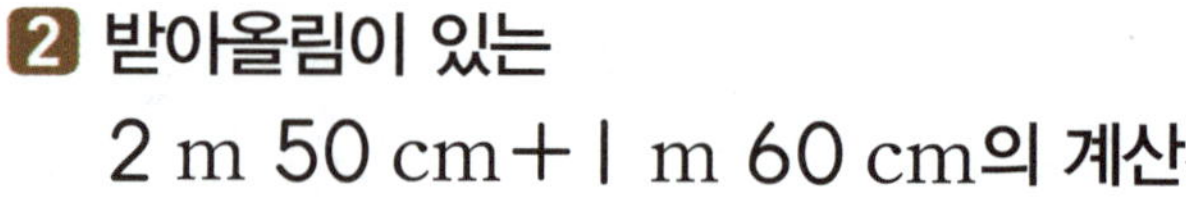

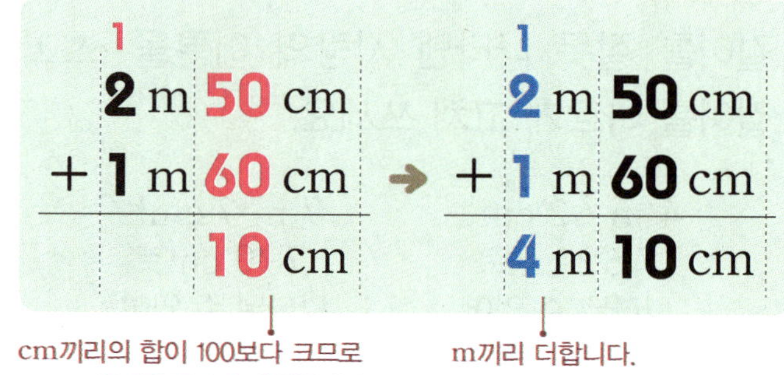

cm끼리의 합이 100보다 크므로
1 m로 받아올림하여 계산합니다.

m끼리 더합니다.

☑참고 **길이의 합을 구하는 방법과 순서**
① 길이를 단위끼리 맞추어 씁니다.
② cm끼리, m끼리 각각 더합니다.
③ 두 길이의 합을 말합니다.

---

1 그림을 보고 ☐ 안에 알맞은 수를 써넣으세요.

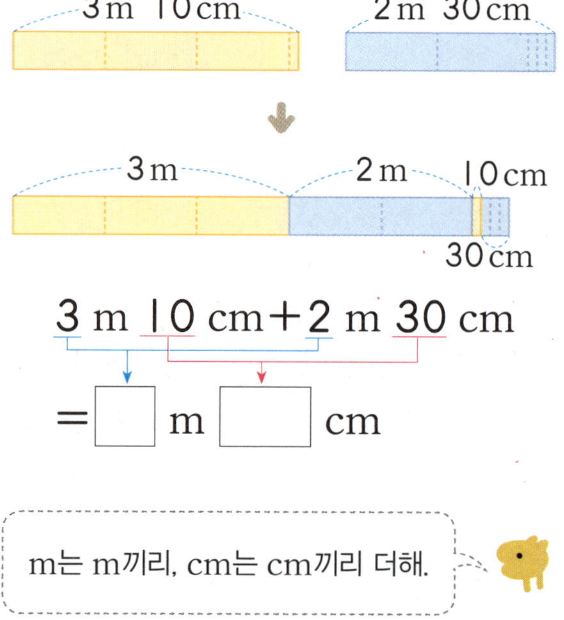

3 m 10 cm + 2 m 30 cm

= ☐ m ☐ cm

m는 m끼리, cm는 cm끼리 더해.

2 ☐ 안에 알맞은 수를 써넣으세요.

(1) 8 m 14 cm + 1 m 5 cm

= ☐ m ☐ cm

(2)
```
    4  m   30  cm
 +  2  m   52  cm
 ──────────────────
    ☐  m   ☐   cm
```

(3)
```
    5  m   86  cm
 +  4  m   11  cm
 ──────────────────
    ☐  m   ☐   cm
```

3 ☐ 안에 알맞은 수를 써넣으세요.

$$
\begin{array}{r}
\boxed{} \\
3\ \text{m}\quad 80\ \text{cm} \\
+\ 1\ \text{m}\quad 30\ \text{cm} \\
\hline
\boxed{}\ \text{m}\quad \boxed{}\ \text{cm}
\end{array}
$$

4 길이의 합은 몇 m 몇 cm인지 구하세요.

(1) 6 m 5 cm + 7 m 90 cm

(2) 10 m 55 cm + 9 m 50 cm

5 ☐ 안에 알맞은 수를 써넣으세요.

1 m 35 cm   4 m 24 cm

☐ m ☐ cm

6 두 길이의 합은 몇 m 몇 cm인가요?

3 m 65 cm, 6 m 45 cm

(   )

7 두 나무의 높이입니다. 이 두 나무의 높이의 합은 몇 m 몇 cm인가요?

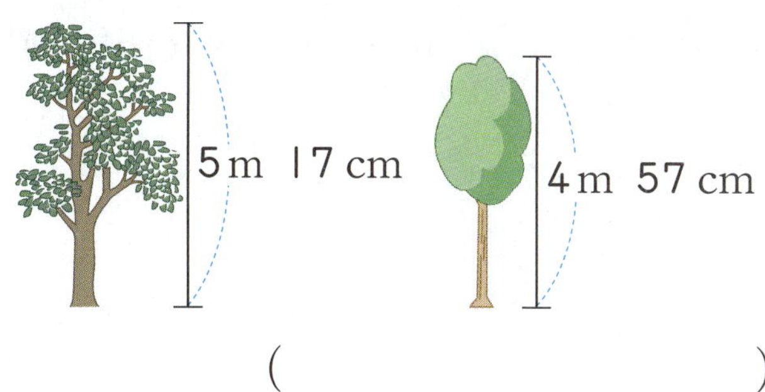

(   )

8 주리가 땅 위에 선을 그었습니다. 그은 선의 길이의 합은 몇 m 몇 cm인가요?

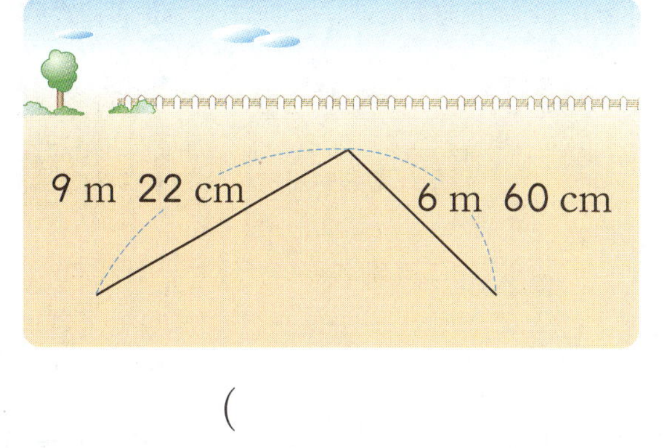

(   )

9 길이가 3 m 24 cm인 줄 2개를 겹치지 않게 한 줄로 이으면 모두 몇 m 몇 cm가 되나요?

(   )

개념의 힘

1 2 m 40 cm − 1 m 20 cm의 계산

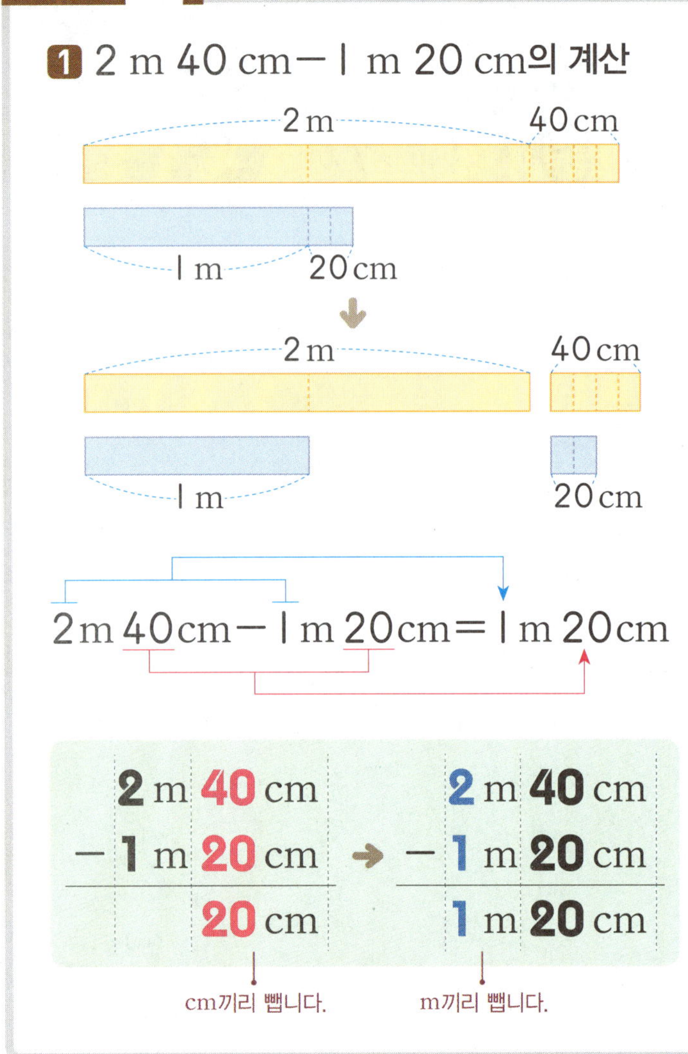

$$2 m\ 40 cm - 1 m\ 20 cm = 1 m\ 20 cm$$

	2 m	40 cm		2 m	40 cm
−	1 m	20 cm	→	− 1 m	20 cm
		20 cm		1 m	20 cm

cm끼리 뺍니다.   m끼리 뺍니다.

2 받아내림이 있는
3 m 30 cm − 1 m 60 cm의 계산

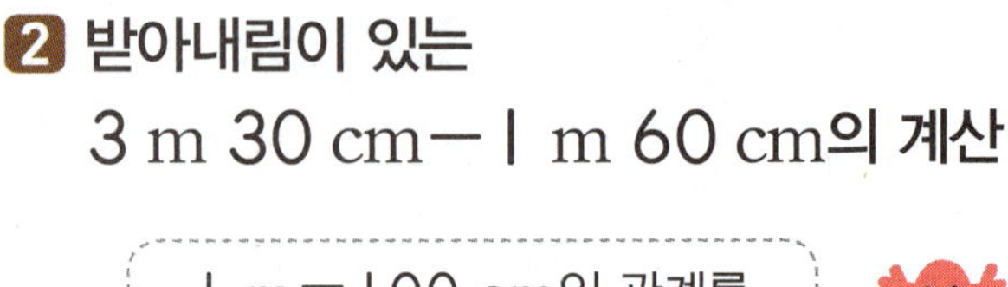

	2	100			2	100
	3 m	30 cm			3 m	30 cm
−	1 m	60 cm	→	−	1 m	60 cm
		70 cm			1 m	70 cm

cm끼리 뺄 수 없으므로 1 m를   m끼리 뺍니다.
100 cm로 받아내림하여 계산합
니다.

☑ 주의 계산이 끝나면 자신의 계산이 잘못되지
않았는지 덧셈과 뺄셈의 관계를 이용해 확인
할 수 있습니다.

$$4 m\ 60 cm - 1 m\ 20 cm = 3 m\ 40 cm$$

$$3 m\ 40 cm + 1 m\ 20 cm = 4 m\ 60 cm$$

---

1 그림을 보고 ☐ 안에 알맞은 수를 써넣으세요.

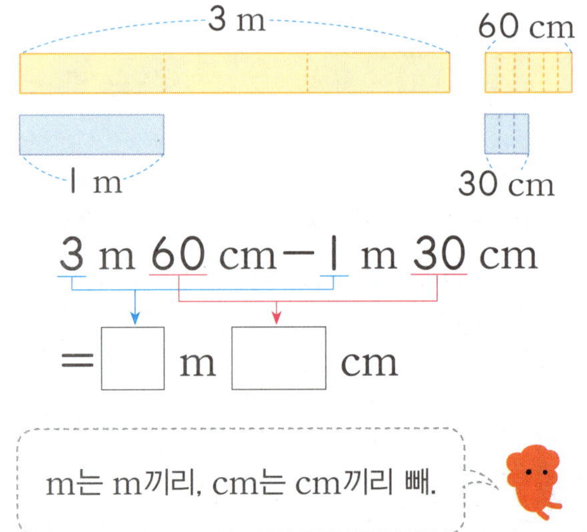

$$3 m\ 60 cm - 1 m\ 30 cm$$

$$= \boxed{}\ m\ \boxed{}\ cm$$

2 ☐ 안에 알맞은 수를 써넣으세요.

(1) 7 m 45 cm − 2 m 11 cm
$$= \boxed{}\ m\ \boxed{}\ cm$$

(2) 6 m 75 cm − 3 m 23 cm
$$= \boxed{}\ m\ \boxed{}\ cm$$

(3)

	9 m	54 cm
−	8 m	12 cm
	☐ m	☐ cm

3 □ 안에 알맞은 수를 써넣으세요.

$$
\begin{array}{r}
\ 5\ \text{m}\ \ 20\ \text{cm} \\
-\ 2\ \text{m}\ \ 80\ \text{cm} \\
\hline
\square\ \text{m}\ \ \square\ \text{cm}
\end{array}
$$

4 길이의 차는 몇 m 몇 cm인지 구하세요.

(1) 15 m 65 cm − 6 m 30 cm

(2) 7 m 25 cm − 1 m 50 cm

5 □ 안에 알맞은 수를 써넣으세요.

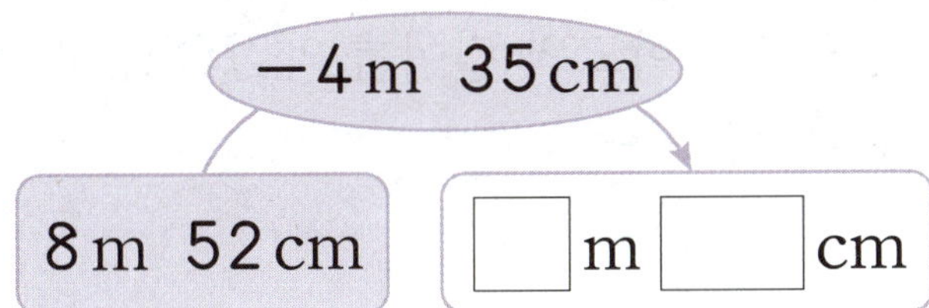

6 두 길이의 차는 몇 m 몇 cm인가요?

4 m 80 cm, 11 m 15 cm

(　　　　　　　　　)

7 길이가 다음과 같은 두 막대가 있습니다. 두 막대의 길이의 차는 몇 m 몇 cm인가요?

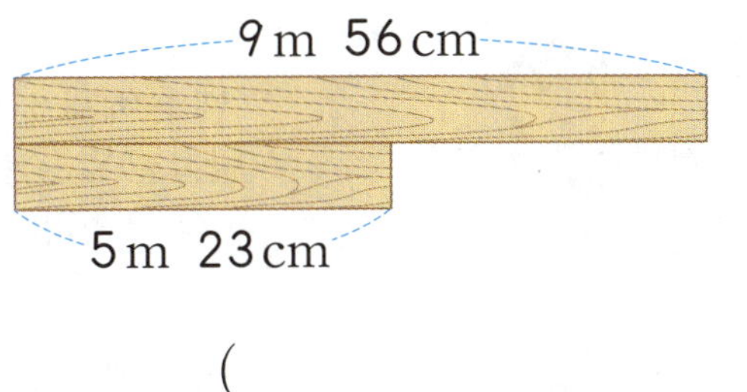

(　　　　　　　　　)

8 진희와 미호가 체육 시간에 멀리뛰기를 한 거리입니다. 미호는 진희보다 몇 cm 더 멀리 뛰었나요?

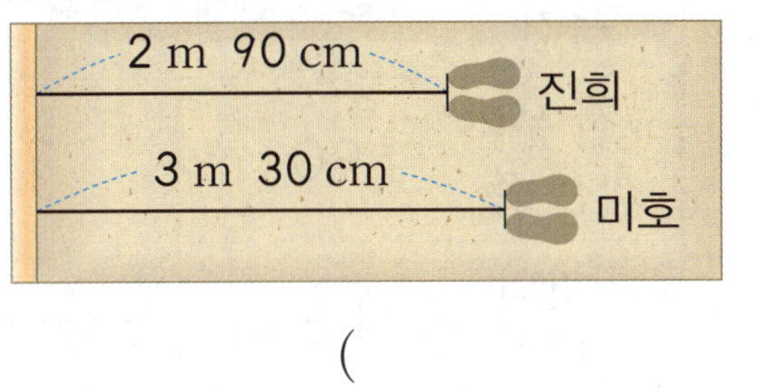

(　　　　　　　　　)

9 정수는 가죽끈 3 m 55 cm 중에서 팔찌를 만드는 데 2 m 25 cm를 사용하였습니다. 남은 가죽끈의 길이는 몇 m 몇 cm인가요?

(　　　　　　　　　)

개념의 힘

1 내 몸의 부분으로 l m 재어 보기

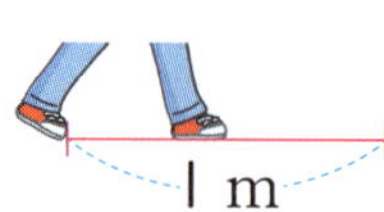

셋 중 가장 짧은 길이인 뼘으로 잴 때 재는 횟수가 가장 많습니다.

2 물건의 길이를 어림하고 자로 재어 확인하기

어림한 물건	어림한 길이	자로 잰 길이
교실 문의 짧은 쪽	약 90 cm	97 cm
칠판의 긴 쪽	약 3 m	2 m 80 cm

☑ 참고 어림한 길이와 자로 잰 길이의 차가 작을수록 가깝게 어림한 것입니다.

3 신발장 긴 쪽의 길이를 어림하기

어림 방법1 내 양팔을 벌린 길이가 약 l m인데 2번 정도여서 신발장 긴 쪽의 길이는 약 2 m입니다.

어림 방법2 내 두 걸음이 약 l m인데 4걸음 정도여서 신발장 긴 쪽의 길이는 약 2 m입니다.

4 길이를 몇 부분으로 나누어 어림하기

l0 m짜리 창문이 5개이므로 약 50 m, 창문 사이의 거리가 약 5 m씩 4군데 있으므로 학교의 길이를 약 70 m로 어림하였습니다.

---

1 l m를 나타내도록 알맞은 말을 보기 에서 골라 ☐ 안에 써넣으세요.

┌ 보기 ┐
뼘   걸음

l m는 내 ☐ 으로는 7번쯤 되고 내 ☐ 으로는 2번쯤 됩니다.

2 선우가 양팔을 벌린 길이가 약 l m일 때 침대 긴 쪽의 길이는 약 몇 m인가요?

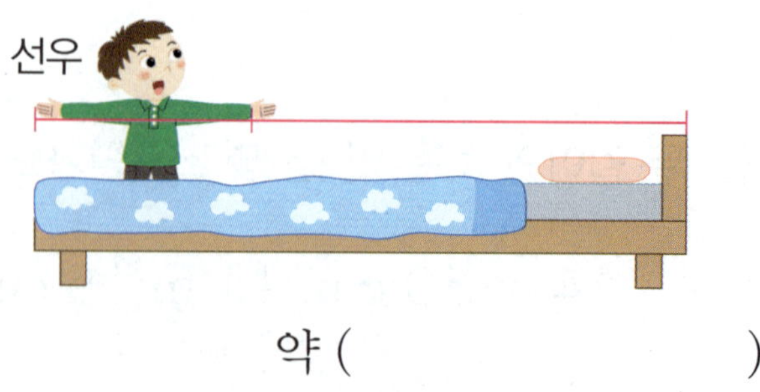

약 (   )

3 길이가 1 m인 색 테이프로 긴 줄의 길이를 어림하였습니다. 줄의 길이는 약 몇 m 인가요?

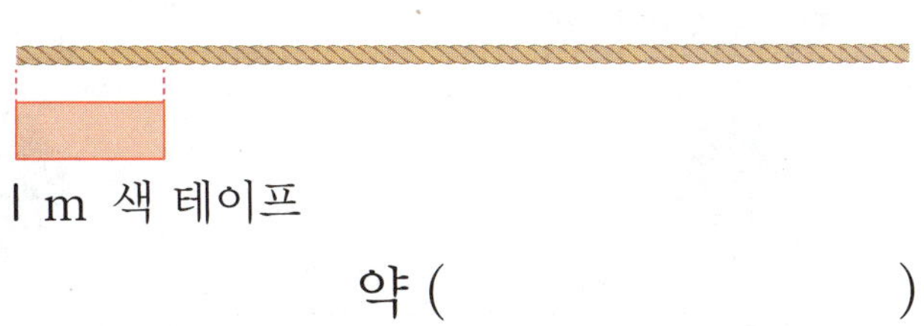

약 (　　　　　　　　　)

4 민재의 두 걸음이 약 1 m라면 사물함 긴 쪽의 길이는 약 몇 m인가요?

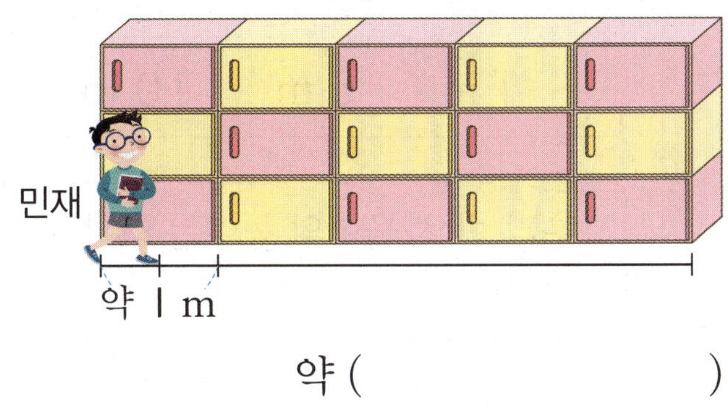

약 (　　　　　　　　　)

5 알맞은 길이를 골라 문장을 완성해 보세요.

130 cm　　10 m　　30 cm

(1) 2학년인 준수의 키는 약 [　　　] 입니다.

(2) 버스의 길이는 약 [　　　] 입니다.

6 길이가 1 m보다 긴 것을 찾아 기호를 쓰세요.

> ㉠ 수학책 긴 쪽의 길이
> ㉡ 신발의 길이
> ㉢ 긴 줄넘기 줄의 길이

(　　　　　　　　　)

7 두 깃발 사이의 거리는 약 몇 m인가요?

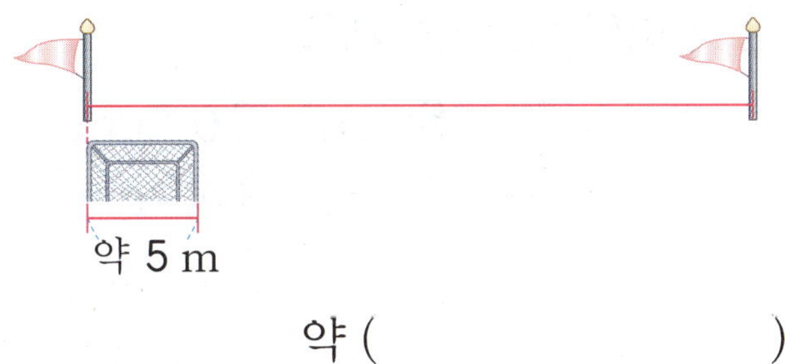

약 (　　　　　　　　　)

[8~9] 몸의 부분을 이용하여 길이가 4 m인 칠판 긴 쪽의 길이를 재었습니다. 물음에 답하세요.

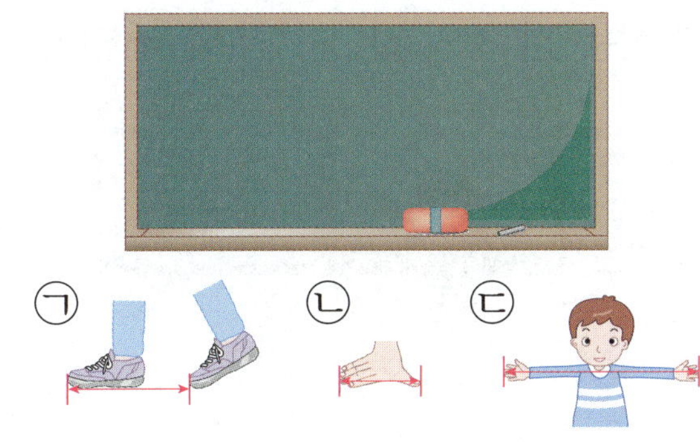

8 잰 횟수가 가장 많은 몸의 일부를 찾아 기호를 쓰세요.

(　　　　　　　　　)

9 잰 횟수가 가장 적은 몸의 일부를 찾아 기호를 쓰세요.

(　　　　　　　　　)

1 길이의 합을 구하세요.

$$6 \text{ m} \quad 11 \text{ cm}$$
$$+ \ 2 \text{ m} \quad 58 \text{ cm}$$

☐ m ☐ cm

2 길이의 차를 구하세요.

$$5 \text{ m} \quad 36 \text{ cm}$$
$$- \ 3 \text{ m} \quad 14 \text{ cm}$$

☐ m ☐ cm

3 하은이가 양팔을 벌린 길이가 약 1 m일 때 창문 긴 쪽의 길이는 약 몇 m인가요?

약 (   )

4 두 길이의 합은 몇 m 몇 cm인가요?

7 m 54 cm	8 m 90 cm

(   )

5 공원에 쓰레기통을 약 1 m씩 떨어지게 놓았습니다. 나무와 나무 사이의 거리는 약 몇 m인가요?

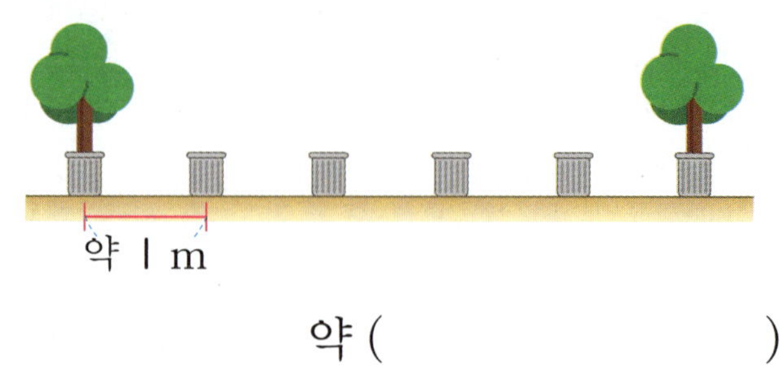

약 (   )

서술형

6 다음 길이 중 하나를 골라 보기와 같이 문장을 만들어 보세요.

1 m	5 m	10 m

보기

우리 반 사물함의 높이는 약 1 m 입니다.

____

7 길이가 5 m보다 긴 것을 찾아 기호를 쓰세요.

㉠ 엘리베이터 문의 높이
㉡ 운동장 짧은 쪽의 길이
㉢ 어린이 두 명이 팔을 벌린 길이

(   )

8 ㉠에서 ㉡까지의 거리는 몇 m 몇 cm인가요?

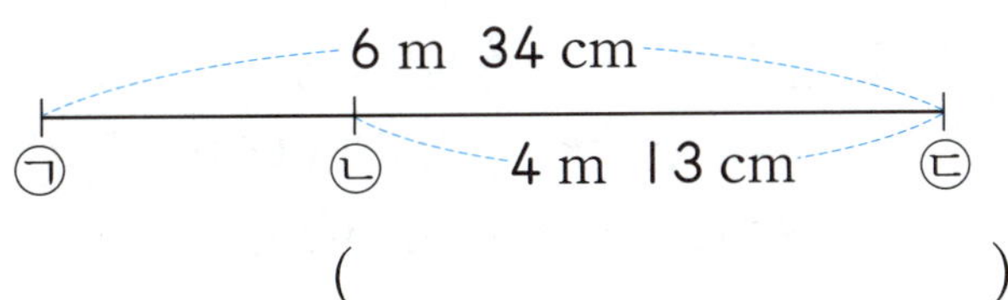

(   )

9 수민이는 선물 상자를 포장하는데 분홍색 끈 1 m 78 cm와 파란색 끈 2 m를 사용하였습니다. 이때 사용한 두 끈의 길이는 모두 몇 m 몇 cm인가요?

 식 _______________________________

답 _______________________________

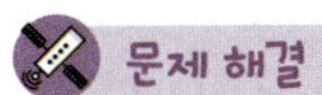 문제 해결

10 보기를 보고 골대와 골대 사이의 거리가 약 몇 m인지 구하세요.

┌ 보기 ┐
• 철조망 한 개의 길이는 약 1 m입니다.
• 의자의 길이는 약 2 m입니다.

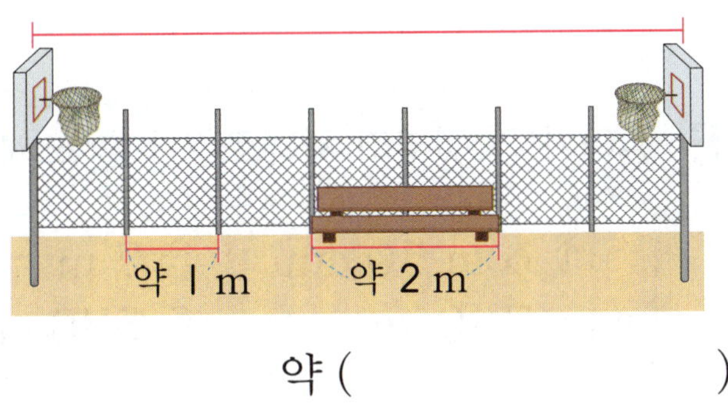

약 (   )

문제 해결

11 길이가 1 m 40 cm인 고무줄이 있습니다. 이 고무줄을 양쪽에서 잡아당겼더니 3 m 26 cm가 되었습니다. 늘어난 길이는 몇 m 몇 cm인가요?

(   )

12 길이를 비교하여 ○ 안에 >, =, <를 알맞게 써넣으세요.

㉮ 2 m 35 cm＋2 m 11 cm
㉯ 5 m 84 cm－1 m 54 cm

㉮ ○ ㉯

13 길이가 다음과 같은 두 막대가 있습니다. 두 막대의 길이의 합은 몇 m 몇 cm인가요?

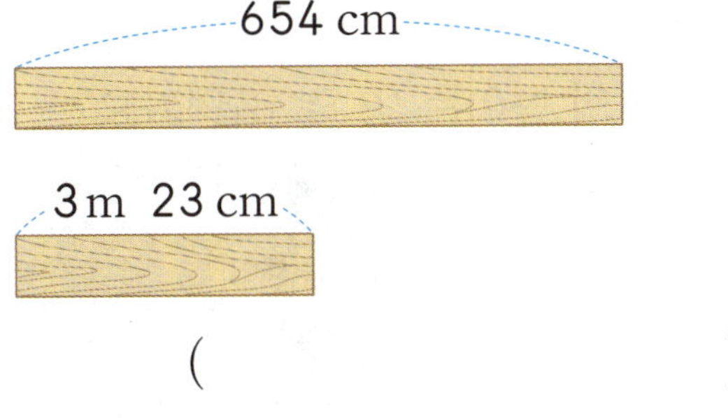

(   )

응용 1 단위길이를 이용하여 길이 어림하기

단위길이로 몇 번인지 세어 단위길이에 센 횟수를 곱합니다.

예 나무의 높이가 1 m의 약 2배이면
나무의 높이는 약 1×2=2 (m)입니다.

1 자판기 앞에 앞 사람과의 간격이 1 m씩 되게 줄을 섰다면 맨 앞과 맨 뒤에 있는 사람 사이의 거리는 약 몇 m인가요? (단, 몸의 크기는 생각하지 않습니다.)

약 (   )

2 가로등과 가로등 사이의 거리가 약 5 m라면 두 신호등 사이의 거리는 약 몇 m인가요? (단, 가로등의 두께는 생각하지 않습니다.)

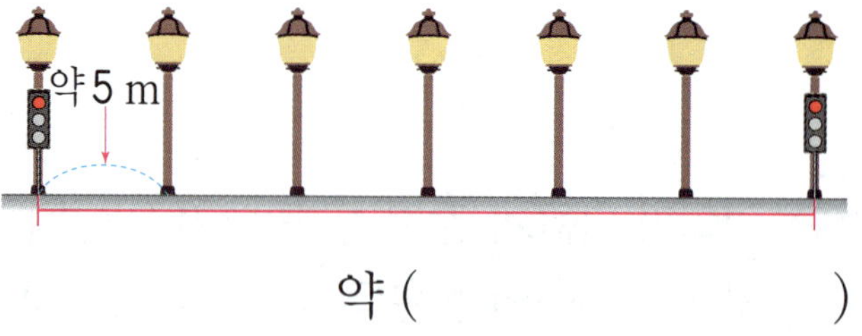

약 (   )

3 탑의 높이는 약 몇 m인가요?

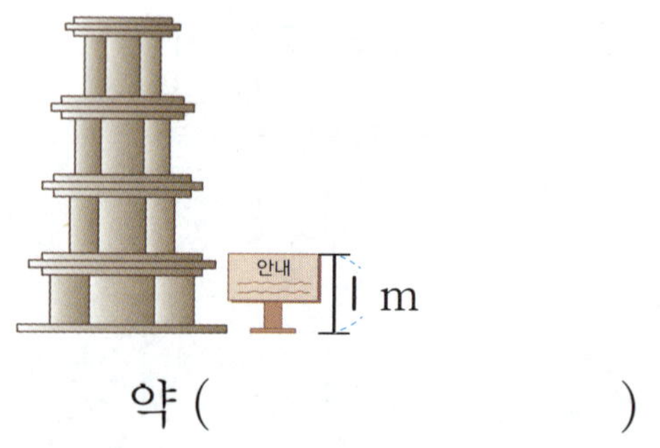

약 (   )

응용 2 단위가 다른 길이 비교하기

예 9 m 70 cm와 950 cm 비교하기

방법1 ● m ■ cm로 바꾸어 비교하기
950 cm=9 m 50 cm

→ 9 m 70 cm>9 m 50 cm

방법2 ■ cm로 바꾸어 비교하기
9 m 70 cm=970 cm

→ 970 cm>950 cm

4 길이가 더 긴 것의 기호를 쓰세요.

| ㉠ 809 cm | ㉡ 8 m 90 cm |

(   )

5 길이가 더 짧은 것의 기호를 쓰세요.

| ㉠ 4 m 8 cm | ㉡ 418 cm |

(   )

6 길이가 긴 것부터 차례로 기호를 쓰세요.

| ㉠ 6 m 50 cm | ㉡ 7 m |
| ㉢ 730 cm | ㉣ 570 cm |

(   )

응용 3 수 카드로 가장 긴(짧은) 길이 만들기

- 가장 긴 길이는
  m 단위부터 **큰 수**를 차례로 놓아 만듭니다.
- 가장 짧은 길이는
  m 단위부터 **작은 수**를 차례로 놓아 만듭니다.

7 수 카드 3장을 한 번씩만 사용하여 가장 긴 길이 □ m □□ cm를 만들어 보세요.

| 2 | 8 | 4 |

(　　　　　　　　　)

8 수 카드 3장을 한 번씩만 사용하여 가장 짧은 길이 □ m □□ cm를 만들어 보세요.

| 5 | 1 | 9 |

(　　　　　　　　　)

9 수 카드 3장을 한 번씩만 사용하여 가장 긴 길이 □ m □□ cm를 만들어 그 길이와 2 m 55 cm의 합이 몇 m 몇 cm인지 구하세요.

| 3 | 0 | 7 |

(　　　　　　　　　)

응용 4 □ 안에 들어갈 수 있는 수 구하기

예 1□2 cm < 1 m 51 cm일 때 □ 안에 들어갈 수 있는 수 구하기

① 단위가 다르므로 **단위를 같게 바꿉니다.**
　1 m 51 cm = 151 cm
　➡ 1□2 cm < 151 cm
② □ 안에 들어갈 수 있는 수를 구합니다.
　➡ □ < 5이므로 □ 안에는 5보다 작은 수 0, 1, 2, 3, 4가 들어갈 수 있습니다.

10 0부터 9까지의 수 중에서 □ 안에 들어갈 수 있는 수는 모두 몇 개인가요?

2□5 cm < 2 m 54 cm

(　　　　　　　　　)

11 0부터 9까지의 수 중에서 □ 안에 들어갈 수 있는 수는 모두 몇 개인가요?

8□0 cm > 8 m 76 cm

(　　　　　　　　　)

12 0부터 9까지의 수 중에서 □ 안에 들어갈 수 있는 수는 모두 몇 개인가요?

4 m 7□ cm > 473 cm

(　　　　　　　　　)

3 단원

길이 재기

응용 5 어림하여 거리 구하기

예 한 걸음이 약 50 cm일 때 10걸음의 거리 구하기
① 약 **1 m**가 되는 걸음 수 구하기: **2걸음**
② 10걸음은 **2걸음**씩 **5번**이므로
   약 **1 m**의 **5배** ➡ 약 5 m입니다.

13 주호의 한 걸음은 약 50 cm입니다. 주호의 걸음으로 교실 긴 쪽의 길이를 재었더니 약 18걸음이었습니다. 이 교실 긴 쪽의 길이는 약 몇 m인가요?

약 (   )

14 유희의 4뼘은 약 50 cm입니다. 유희의 뼘으로 텃밭 긴 쪽의 길이를 재었더니 약 48뼘이었습니다. 이 텃밭 긴 쪽의 길이는 약 몇 m인가요?

약 (   )

15 더 긴 길이를 어림한 사람의 이름을 쓰세요.

(   )

응용 6 주어진 길이보다 더 긴(짧은) 길이 만들기

예 수 카드 3 , 5 , 7 을 한 번씩만 사용하여 5 m보다 긴 길이 ☐ m ☐☐ cm 만들기
① m 단위에는 **5이거나 5보다 큰 수**를 놓습니다.
   ➡ **5 m** ☐☐ **cm, 7 m** ☐☐ **cm**
② cm 단위에 남은 수 카드를 한 번씩 놓습니다.
   ➡ 5 m 37 cm, 5 m 73 cm,
      7 m 35 cm, 7 m 53 cm

16 수 카드 8 , 3 , 7 을 한 번씩만 사용하여 4 m 50 cm보다 긴 길이 ☐ m ☐☐ cm를 모두 만들어 보세요.

____

____

17 수 카드 2 , 1 , 5 를 한 번씩만 사용하여 3 m 20 cm보다 짧은 길이 ☐ m ☐☐ cm를 모두 만들어 보세요.

____

____

18 수 카드 4 , 5 , 9 를 한 번씩만 사용하여 5 m 50 cm보다 긴 길이 ☐ m ☐☐ cm를 모두 몇 개 만들 수 있나요?

(   )

응용 7 거쳐 가는 길이 얼마나 더 먼지 구하기

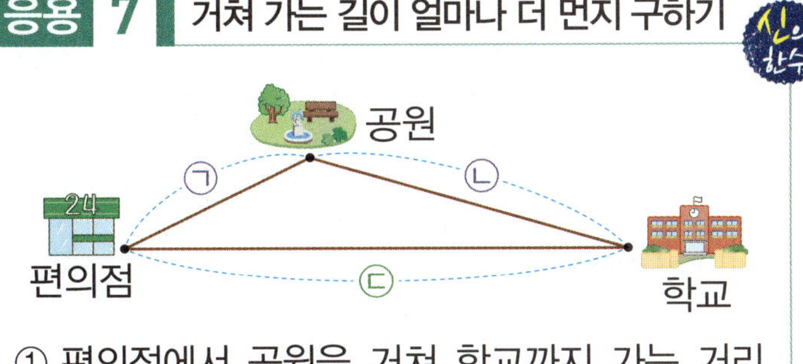

① 편의점에서 공원을 거쳐 학교까지 가는 거리는 덧셈식 ㉠+㉡ 으로 구하고,

② 편의점에서 학교까지 바로 가는 것보다 공원을 거쳐 가는 것이 얼마나 더 먼지는 식 ㉠+㉡ —㉢으로 구합니다.

19 집에서 학교까지 가는 두 가지 길을 나타낸 것입니다. 집에서 학교까지 바로 가는 것보다 놀이터를 거쳐 가는 것이 몇 m 몇 cm 더 먼가요?

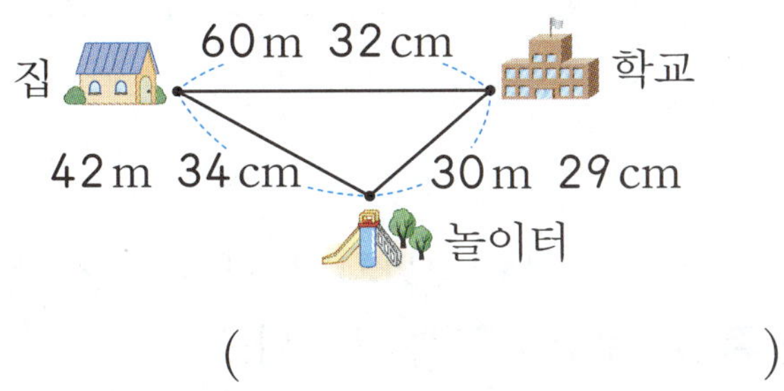

(   )

20 집에서 은행까지 가는 두 가지 길을 나타낸 것입니다. 집에서 은행까지 바로 가는 것보다 우체국을 거쳐 가는 것이 몇 m 몇 cm 더 먼가요?

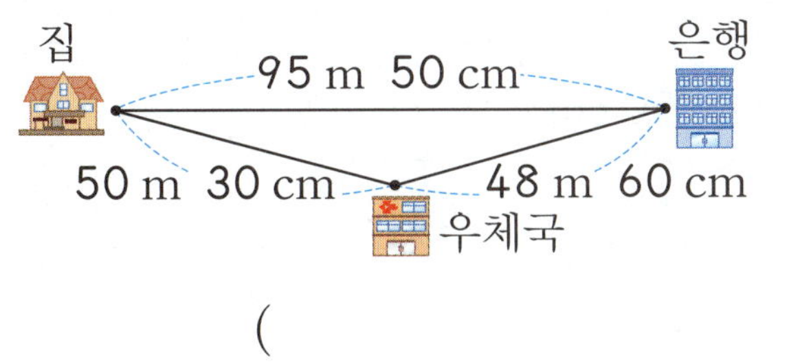

(   )

응용 8 길이 구하기

예 겹친 부분(■)의 길이 구하기

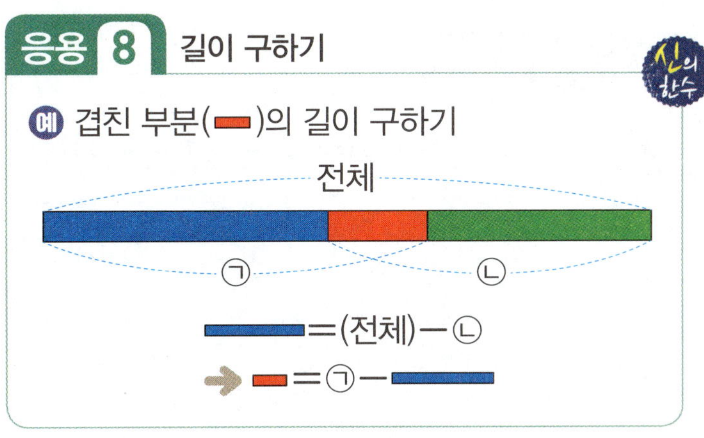

■ =(전체)—㉡

➡ ■ =㉠—■

21 색 테이프 2장을 그림과 같이 겹치게 이어 붙였습니다. 이어 붙인 색 테이프의 전체 길이가 7 m 75 cm일 때, 겹친 부분의 길이는 몇 m 몇 cm인가요?

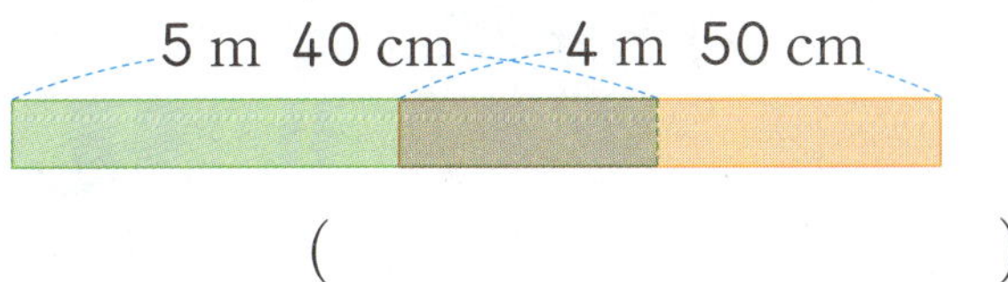

(   )

22 ㉠에서 ㉣까지의 거리는 14 m 42 cm입니다. ㉡에서 ㉢까지의 거리는 몇 m 몇 cm인가요?

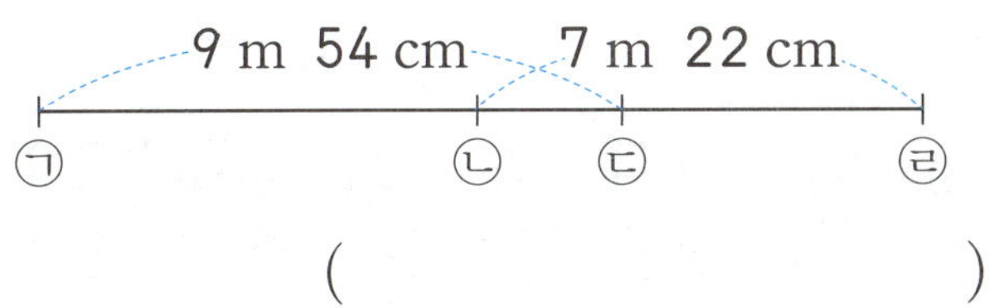

(   )

3 STEP 서술형의 힘

연습 문제 풀기

연습 1 두 길이의 차는 몇 m 몇 cm인가요?

5 m 26 cm, 115 cm

식 ______________________

답 ______________

연습 2 다빈이는 방문의 높이를 1 m 90 cm로 어림하였습니다. 실제 방문의 높이가 다빈이가 어림한 높이보다 35 cm 더 높을 때, 방문의 높이는 몇 m 몇 cm인지 구하세요.

식 ______________________

답 ______________

연습 3 ㉠에서 ㉢까지의 거리는 5 m 48 cm이고, ㉡에서 ㉢까지의 거리는 2 m 17 cm입니다. ㉠에서 ㉡까지의 거리는 몇 m 몇 cm인지 구하세요.

(   )

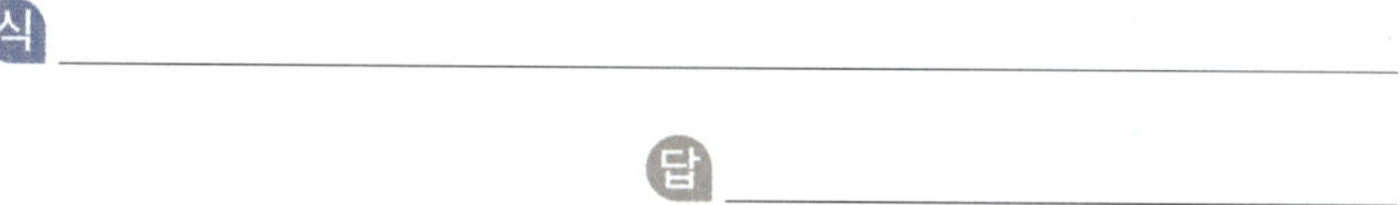

연습 4 색 테이프 2장을 그림과 같이 겹치게 이어 붙였습니다. 이어 붙인 색 테이프의 전체 길이는 몇 m 몇 cm인지 구하세요.

(   )

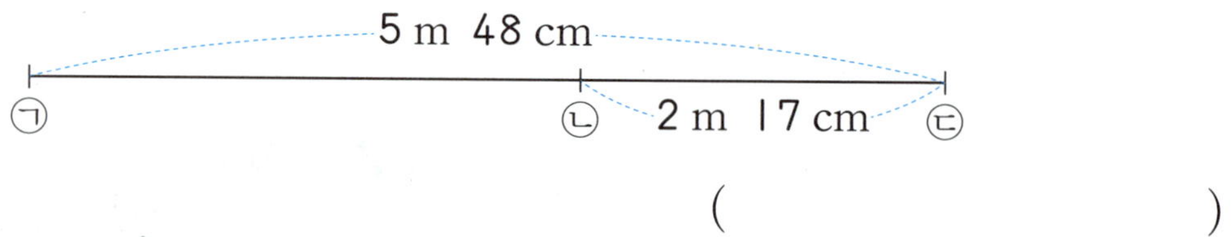

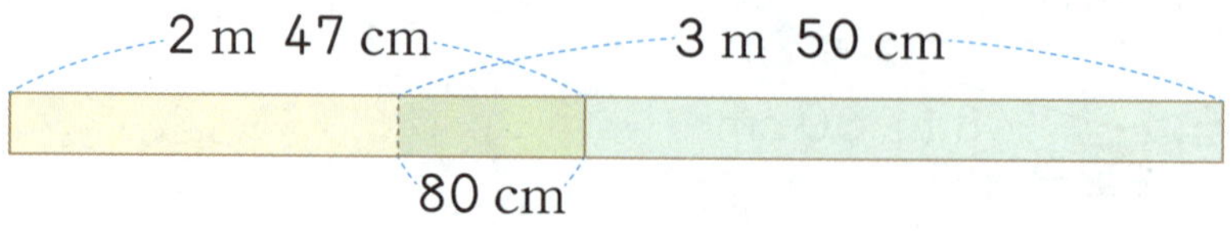

대표 유형 1 더 가깝게 어림한 사람 찾기

같은 끈의 길이를 연수는 3 m 56 cm, 지호는 3 m 81 cm로 어림하였습니다. 실제 끈의 길이가 3 m 70 cm일 때, 더 가깝게 어림한 사람의 이름을 쓰세요.

해결 방법

1 (실제 길이와 연수가 어림한 길이의 차)

　　=3 m 70 cm− ☐ m ☐ cm= ☐ cm

2 (실제 길이와 지호가 어림한 길이의 차)

　　= ☐ m ☐ cm−3 m 70 cm= ☐ cm

3 실제 길이에 더 가깝게 어림한 사람의 이름: ☐　　답 ________________

유형 코칭 어림한 길이와 실제 길이의 **차가 작을수록 더 가깝게 어림한 것**입니다.

✏ 위의 해결 방법을 따라 풀이를 쓰고 답을 구하세요.

1-1 같은 냉장고의 높이를 서우는 1 m 65 cm, 지후는 1 m 90 cm로 어림하였습니다. 실제 냉장고의 높이가 1 m 83 cm일 때, 더 가깝게 어림한 사람의 이름을 쓰세요.

풀이

답 ________________

1-2 같은 건물의 높이를 혜지는 4 m 50 cm, 민주는 510 cm로 어림하였습니다. 실제 건물의 높이가 4 m 75 cm일 때, 더 가깝게 어림한 사람의 이름을 쓰세요.

풀이

답 ________________

대표 유형 **2** 두 길이의 차가 가장 길 때의 차 구하기

세 길이 중 두 길이를 골라 차를 구하려고 합니다. 두 길이의 차가 가장 길 때의 차는 몇 m 몇 cm인가요?

| 6 m 13 cm, 432 cm, 7 m 58 cm |

해결 방법

1 432 cm=4 m [ ] cm

2 가장 긴 길이: [ ] m [ ] cm, 가장 짧은 길이: [ ] m [ ] cm

3 두 길이의 차가 가장 길 때의 차 구하기:

[ ] m [ ] cm − [ ] m [ ] cm = [ ] m [ ] cm

답 ________________

유형 코칭 (가장 **긴** 길이)−(가장 **짧은** 길이)일 때 두 길이의 **차가 가장 깁니다.**

✎ 위의 해결 방법을 따라 풀이를 쓰고 답을 구하세요.

2-1 세 길이 중 두 길이를 골라 차를 구하려고 합니다. 두 길이의 차가 가장 길 때의 차는 몇 m 몇 cm인가요?

| 2 m 42 cm, 302 cm, 1 m 76 cm |

풀이

답 ________________

2-2 수 카드 3장 6 , 1 , 8 을 한 번씩만 사용하여 길이 [ ] m [ ][ ] cm를 만들려고 합니다. 만들 수 있는 길이 중 두 길이의 차가 가장 길 때의 차는 몇 m 몇 cm인가요?

풀이

답 ________________

대표 유형 3 이어 붙인 색 테이프의 전체 길이 구하기

길이가 1 m 45 cm인 색 테이프 3장을 50 cm씩 겹치게 이어 붙였습니다. 이어 붙인 색 테이프의 전체 길이는 몇 m 몇 cm인가요?

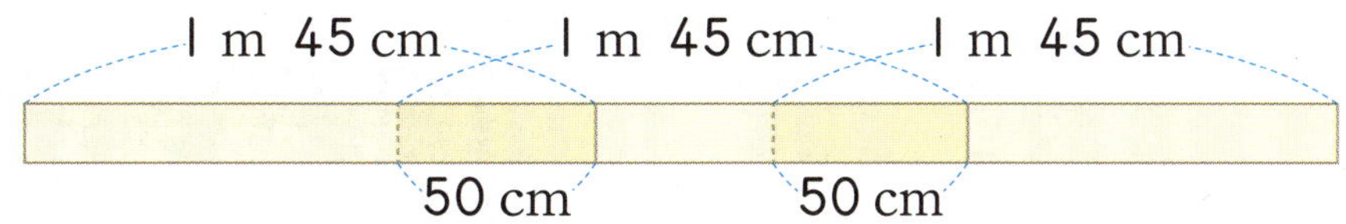

해결 방법

1 (색 테이프 3장의 길이의 합)=1 m 45 cm+1 m 45 cm+1 m 45 cm

= ☐ m ☐ cm

2 (겹친 부분의 길이의 합)=50 cm+50 cm= ☐ m

3 (이어 붙인 색 테이프의 전체 길이)= ☐ m ☐ cm− ☐ m= ☐ m ☐ cm

답 ___________________

유형 코칭
- (겹친 부분의 수)=(색 테이프의 수)−1
- (이어 붙인 색 테이프의 전체 길이)=(색 테이프 길이의 합)−(겹친 부분의 길이의 합)

3
단원

길이 재기

✎ 위의 해결 방법을 따라 풀이를 쓰고 답을 구하세요.

3-1 길이가 3 m 50 cm인 색 테이프 3장을 80 cm씩 겹치게 이어 붙였습니다. 이어 붙인 색 테이프의 전체 길이는 몇 m 몇 cm인가요?

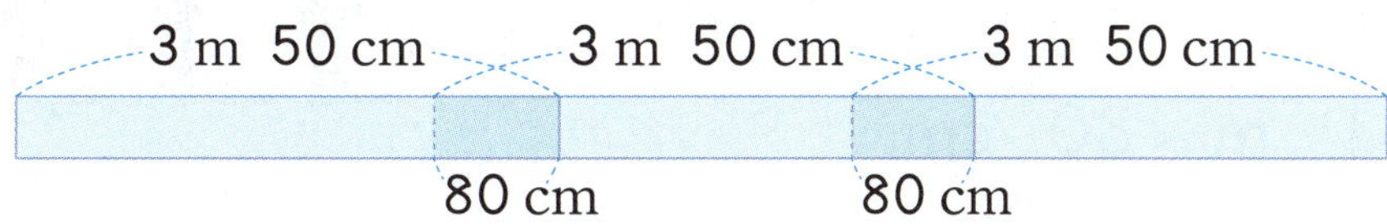

풀이

답 ___________________

1 길이를 읽어 보세요.

3 m 62 cm

읽기 ________________________________

2 화살표가 가리키는 자의 눈금을 쓰세요.

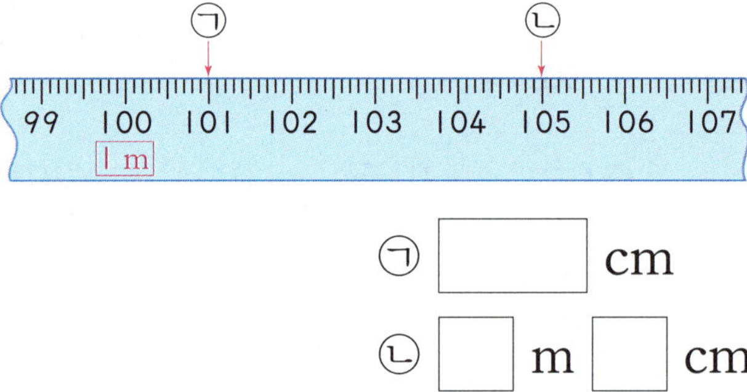

ㄱ □ cm

ㄴ □ m □ cm

3 □ 안에 알맞은 수를 써넣으세요.

$$\begin{array}{r} \square \ \text{m} \quad \square \ \text{cm} \\ 8 \ \text{m} \quad 30 \ \text{cm} \\ - \quad 1 \ \text{m} \quad 80 \ \text{cm} \\ \hline \square \ \text{m} \quad \square \ \text{cm} \end{array}$$

4 길이가 1 m보다 긴 것에 ◯표 하세요.

방문의 높이   손가락의 길이

(   )   (   )

5 목도리의 길이를 두 가지 방법으로 나타내 보세요.

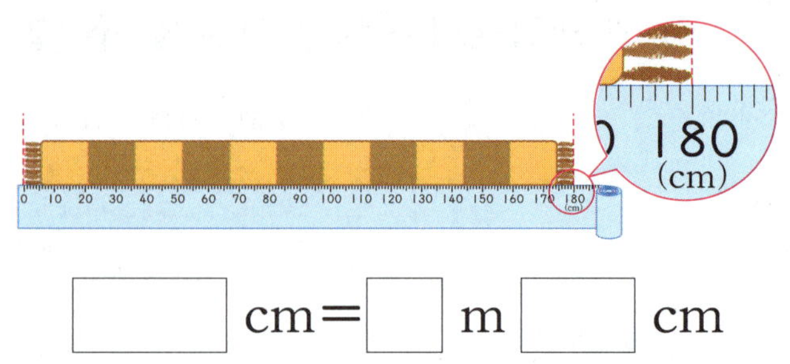

□ cm = □ m □ cm

6 연서의 키는 1 m보다 32 cm 더 깁니다. 연서의 키는 몇 m 몇 cm인가요?

(   )

7 학생 4명이 한 줄로 서서 양팔을 벌린 길이를 자로 재었습니다. 전체 길이는 몇 m 몇 cm인가요?

(   )

문제 해결

8 수 카드 3장을 한 번씩만 사용하여 가장 긴 길이 □ m □□ cm를 만들어 보세요.

6   2   7

(   )

9 □ 안에 알맞은 수를 써넣으세요.

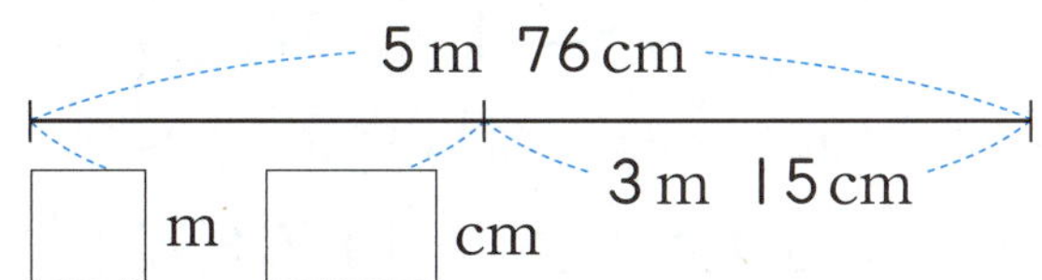

10 종민이는 노란색 테이프를 3 m 40 cm, 빨간색 테이프를 5 m 28 cm 가지고 있습니다. 종민이가 가지고 있는 두 색 테이프의 길이는 모두 몇 m 몇 cm인가요?

( )

11 성준이의 두 걸음이 약 1 m라면 벽의 긴 쪽의 길이는 약 몇 m인가요?

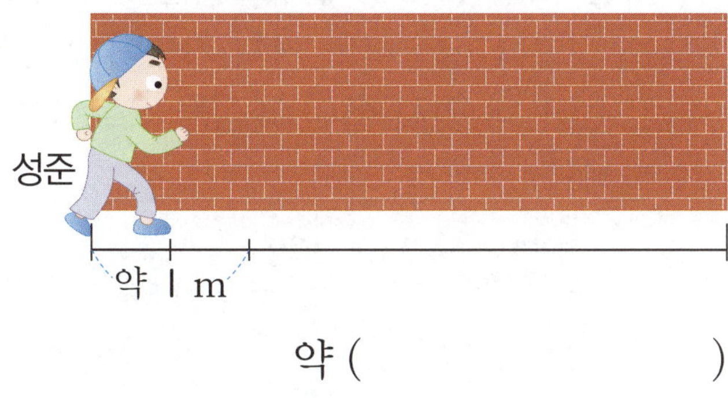

약 ( )

12 태어났을 때 잰 아기 기린의 키는 1 m 85 cm였습니다. 10년 후에 잰 이 기린의 키가 3 m 90 cm라면 10년 동안 자란 키는 몇 m 몇 cm인가요?

식 ___________________________

답 ___________________________

13 책상의 길이를 줄자로 재었습니다. 길이 재기가 <u>잘못된</u> 까닭을 쓰세요.

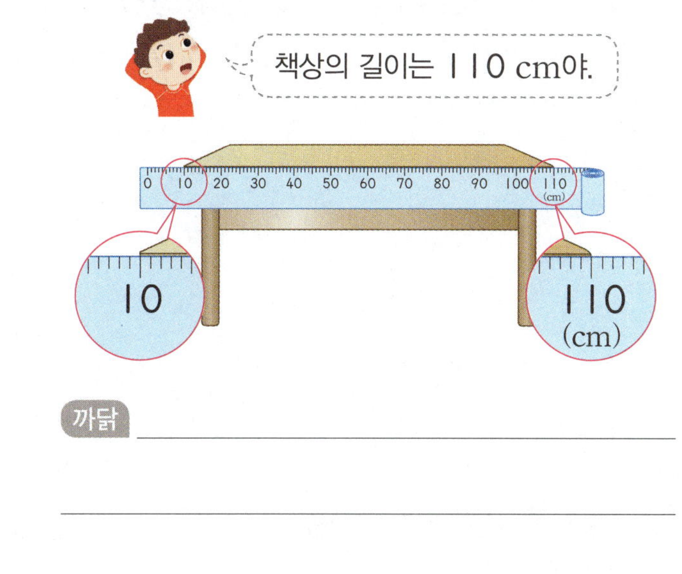

까닭 ___________________________

____

____

14 더 긴 길이를 어림한 사람의 이름을 쓰세요.

( )

15 길이가 다음과 같은 두 막대가 있습니다. 두 막대의 길이의 합은 몇 m 몇 cm인가요?

( )

16 길이가 긴 것부터 차례로 기호를 쓰세요.

> ㉠ 775 cm　　　㉡ 7 m 70 cm
> ㉢ 707 cm　　　㉣ 7 m 77 cm

(　　　　　　　　　)

17 길이를 비교하여 ○ 안에 >, =, <를 알맞게 써넣으세요.

> ㉮ 3 m 23 cm+4 m 56 cm
> ㉯ 9 m 87 cm−229 cm

㉮ ○ ㉯

18 색 테이프 2장을 그림과 같이 겹치게 이어 붙였습니다. 이어 붙인 색 테이프의 전체 길이가 6 m 72 cm일 때, 겹친 부분의 길이는 몇 m 몇 cm인가요?

(　　　　　　　　　)

 서술형

19 같은 게시판 긴 쪽의 길이를 민지는 1 m 40 cm, 지수는 1 m 70 cm로 어림하였습니다. 실제 게시판의 긴 쪽의 길이가 1 m 50 cm일 때, 더 가깝게 어림한 사람은 누구인지 풀이 과정을 쓰고 답을 구하세요.

풀이 ________________________________

____

____

____

답 ________________________________

서술형

20 집에서 도서관까지 가는 두 가지 길을 나타낸 것입니다. 집에서 도서관까지 바로 가는 것보다 경찰서를 거쳐 가는 것이 몇 m 몇 cm 더 먼지 풀이 과정을 쓰고 답을 구하세요.

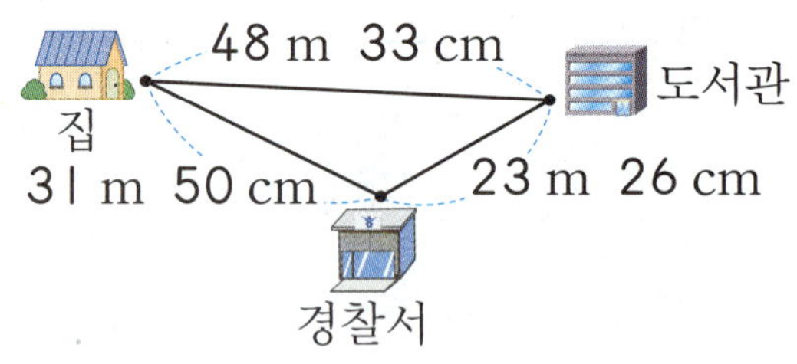

풀이 ________________________________

____

____

____

답 ________________________________

내 몸의 부분으로 길이를 어림해 볼까요?

1 지호가 양팔을 벌린 길이는 약 1 m입니다. 지호가 트럭의 길이를 양팔을 벌린 길이로 재었더니 3번 정도였습니다. 그림을 보고 두 신호등 사이의 거리는 약 몇 m인지 구하세요.

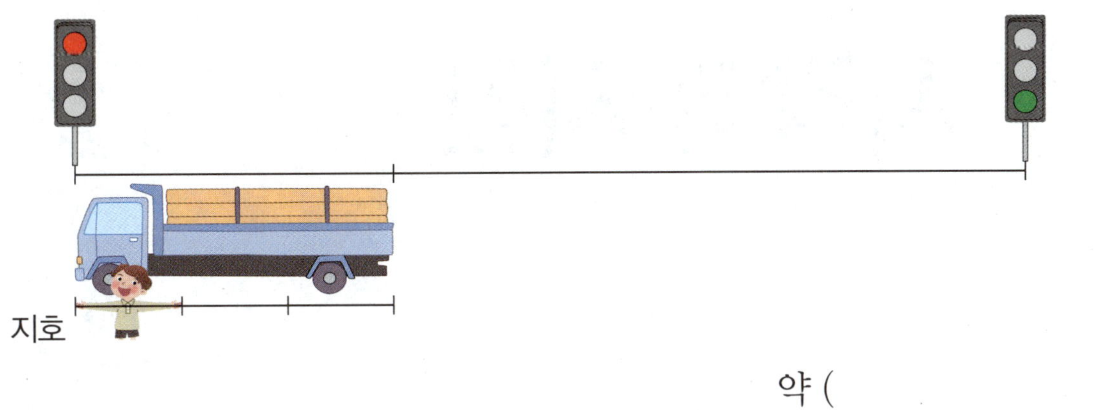

약 (   )

2 지아의 발 길이는 약 20 cm입니다. 가장 왼쪽 해바라기부터 가장 오른쪽 해바라기까지의 거리는 약 몇 m인지 구하세요. (단, 해바라기는 같은 간격으로 심었습니다.)

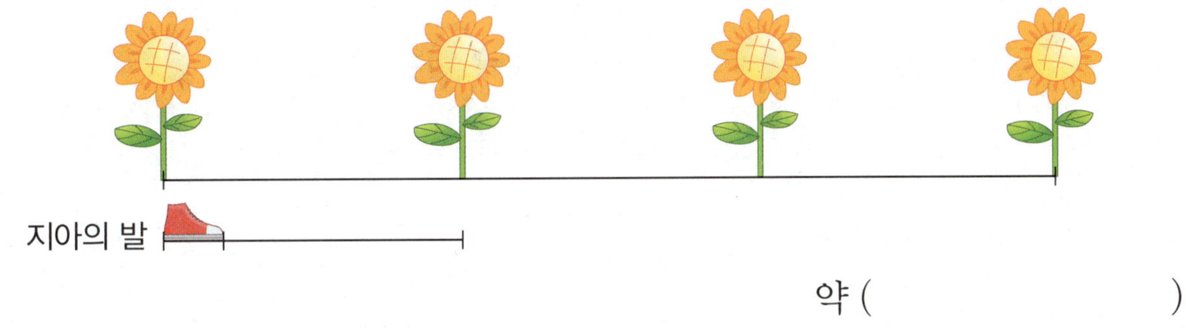

약 (   )

4

시각과 시간

시계를 보고 시각을 '몇 시 몇 분'까지 읽고, 1시간과 1분의 관계를 이해하자.

걸린 시간을 몇 분 또는 몇 시간 몇 분으로 나타내어 보고,

실생활과 연결하여 1분, 1시간, 하루, 1개월, 1년 사이의 관계를 이해하자.

개념의 힘

1 5분 단위의 시각 읽기

시계에서 긴바늘이 가리키는 **작은 눈금 한 칸**은 **1분**을 나타냅니다.
시계의 긴바늘이 가리키는 숫자가 **1**이면 **5분**, **2**이면 **10분**, **3**이면 **15분**,…을 나타냅니다.

① 짧은바늘이 **3**과 **4** 사이를 가리킵니다.
② 긴바늘이 **5**를 가리킵니다.
→ **3**시 **25**분

시계의 긴바늘이 가리키는 숫자가 **1**씩 커지면 **5분**씩 늘어나.

2 시각을 시계에 나타내기

예 8시 35분 나타내기

짧은바늘이 8과 9 사이를 가리키도록 그립니다.

↓

긴바늘이 7을 가리키도록 그립니다.

참고 디지털시계에서 시각 읽기

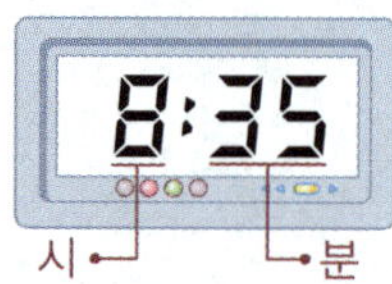

':'의 왼쪽은 시를, ':'의 오른쪽은 분을 나타냅니다.
→ 8시 35분

---

1 ☐ 안에 알맞은 수를 써넣으세요.

시계의 긴바늘이 **9**를 가리키면 ☐ 분을 나타냅니다.

2 시계에서 각각의 숫자가 몇 분을 나타내는지 빈칸에 써넣으세요.

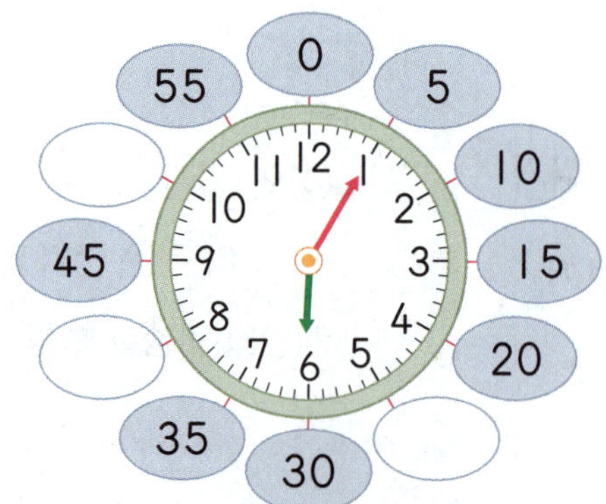

3 시계를 보고 ☐ 안에 알맞은 수를 써넣으세요.

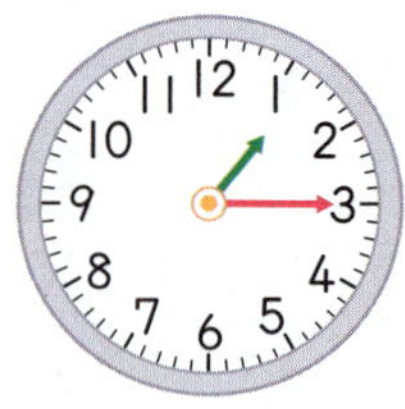

(1) 시계의 짧은바늘은 **1**과 ☐ 사이에 있습니다.

(2) 시계의 긴바늘은 ☐ 을/를 가리키고 있습니다.

(3) 시계가 나타내는 시각은 ☐ 시 ☐ 분 입니다.

[4~5] 시계를 보고 몇 시 몇 분인지 쓰세요.

4  ➡  ☐시 ☐분

5  ➡ ☐시 ☐분

[6~7] 주어진 시각을 나타낸 시계에 ◯표 하세요.

6

9시 50분

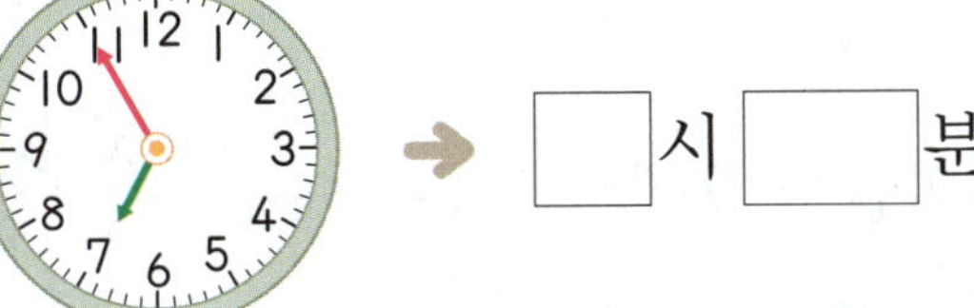

(　　　)　　　(　　　)

7

6시 25분

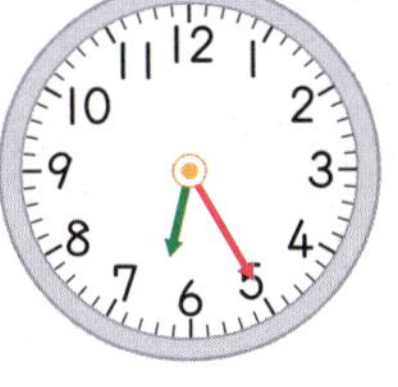

(　　　)　　　(　　　)

[8~9] 시각에 맞게 긴바늘을 그려 넣으세요.

8 

9 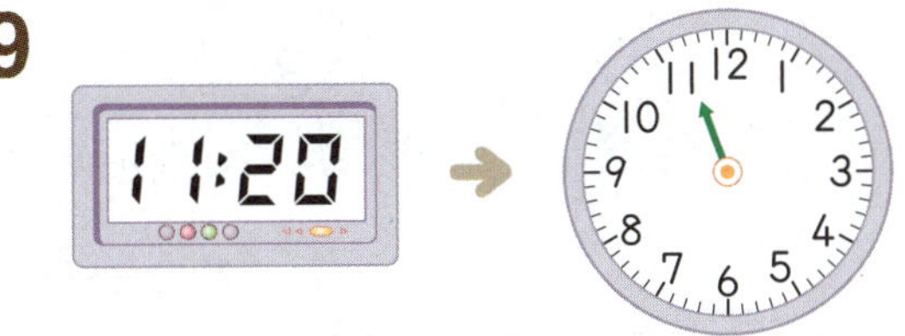

10 같은 시각을 나타내는 것끼리 이어 보세요.

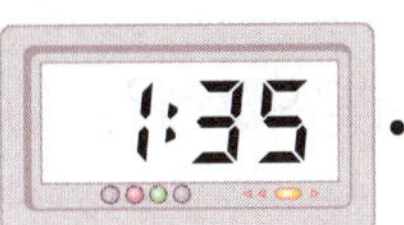 ·　　　· 

 ·　　　· 

11 유진이네 가족이 놀이공원에 도착한 시각입니다. 이 시각을 오른쪽 시계에 나타내 보세요.

개념의 힘

1 |분 단위의 시각 읽어 보기

시계에서 긴바늘이 가리키는 **작은 눈금 한 칸은 1분**을 나타냅니다.

① 짧은바늘은 **1**과 **2** 사이를 가리킵니다.
② 긴바늘은 **2(10분)**에서 작은 눈금 **2칸 더 간 곳**을 가리킵니다.
→ 시계가 나타내는 시각: **1시 12분**

2 시각을 시계에 나타내기

예 5시 39분 나타내기

짧은바늘이 5와 6 사이를 가리키도록 그립니다.

긴바늘이 7에서 작은 눈금 4칸 더 간 곳을 가리키도록 그립니다.

☑참고 시계의 숫자에서 작은 눈금 4칸 더 간 부분은 다음 숫자에서 |칸 덜 간 부분과 같습니다.

---

1 ☐ 안에 알맞은 수를 써넣으세요.

시계에서 긴바늘이 가리키는 작은 눈금 한 칸은 ☐ 분을 나타냅니다.

2 시계를 보고 빈칸에 몇 분을 나타내는지 써넣으세요.

3 시계를 보고 ☐ 안에 알맞은 수를 써넣으세요.

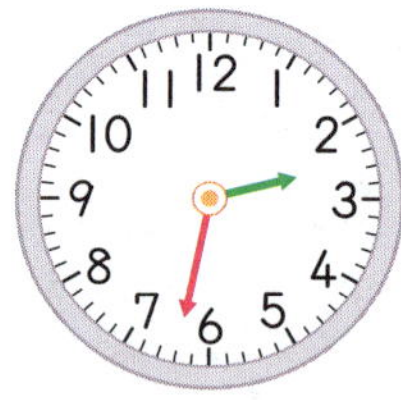

(1) 시계의 짧은바늘은 2와 ☐ 사이에 있습니다.

(2) 시계의 긴바늘은 6에서 작은 눈금 ☐ 칸 더 간 곳을 가리키고 있습니다.

(3) 시계가 나타내는 시각은 ☐ 시 ☐ 분 입니다.

[4~5] 시계를 보고 몇 시 몇 분인지 쓰세요.

4 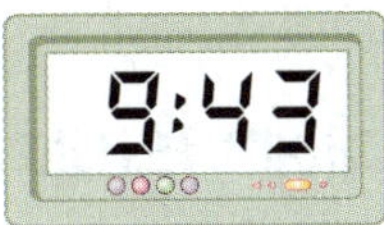 ➡ ☐시 ☐분

5 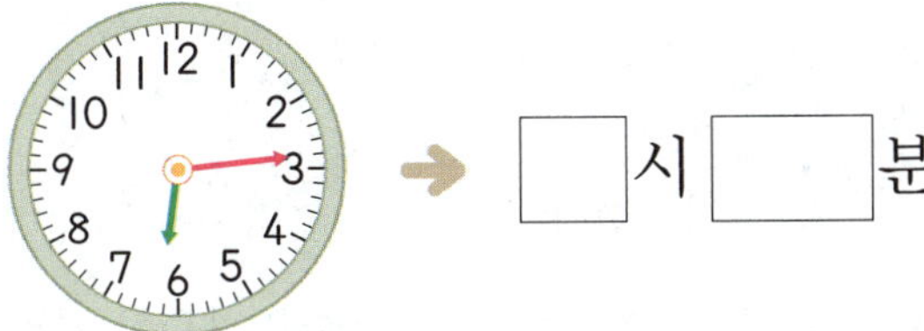 ➡ ☐시 ☐분

[6~7] 주어진 시각을 나타낸 시계에 ◯표 하세요.

6

7시 33분

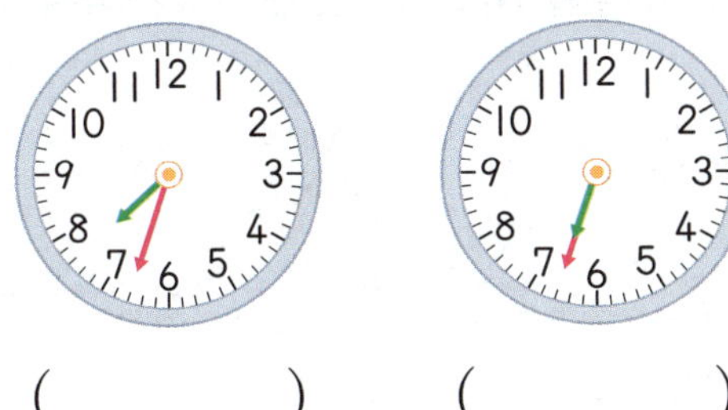

(   )   (   )

7

4시 19분

(   )   (   )

[8~9] 시각에 맞게 긴바늘을 그려 넣으세요.

8 

9  

10 시각을 바르게 읽은 것을 찾아 기호를 쓰세요.

㉠ 12시 35분
㉡ 12시 7분
㉢ 12시 37분

(   )

11 지우가 2시 42분에 숙제를 끝냈습니다. 숙제를 끝낸 시각을 시계에 나타내 보세요.

개념의 힘

❶ 몇 시 몇 분 전 알아보기

(1) 6시 55분은 5분 후에 7시가 됩니다.

(2) 6시 55분은 7시가 되려면 5분이 더 지나야 합니다.

(3) **6시 55분**은 7시가 되기 5분 전의 시각이므로 **7시 5분 전**입니다.

> **6시 55분**을 **7시 5분 전**이라고도 합니다.

❷ 몇 시 몇 분 전의 시각을 시계에 나타내기

예 4시 10분 전의 시각 나타내기

4시 10분 전은 4시가 되려면 10분이 더 지나야 하므로 3시 50분입니다.

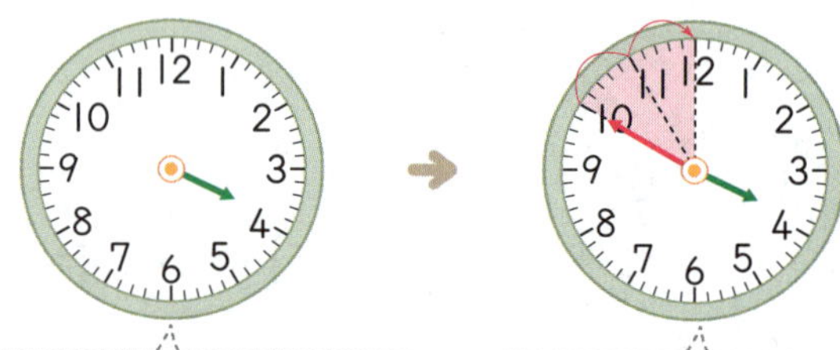

> 짧은바늘이 3과 4 사이를 가리키도록 그립니다.

> 긴바늘이 10을 가리키도록 그립니다.

✔ **참고** 4시 10분 전은 3시보다 4시에 더 가까우므로 짧은바늘이 3과 4 사이에서 4에 더 가깝게 그립니다.

---

1 시계를 보고 □ 안에 알맞은 수를 써넣으세요.

(1) 시계가 나타내는 시각은 □시 □분 입니다.

(2) 8시가 되려면 □분이 더 지나야 합니다.

(3) 8시가 되기 □분 전의 시각입니다.

(4) 이 시각은 □시 □분 전입니다.

[2~3] 시각을 바르게 읽은 것에 색칠해 보세요.

2

| 1시 5분 전 | 2시 5분 전 |

3

| 5시 15분 전 | 6시 15분 전 |

4 □ 안에 알맞은 수를 써넣으세요.

(1) 10시 15분 전은 ☐시 ☐분입니다.

(2) 8시 50분은 ☐시 ☐분 전입니다.

[5~6] 시각을 두 가지 방법으로 읽어 보세요.

5
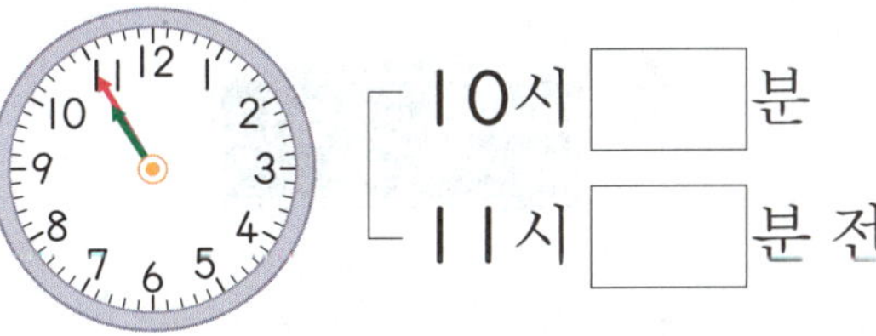

10시 ☐분
11시 ☐분 전

6
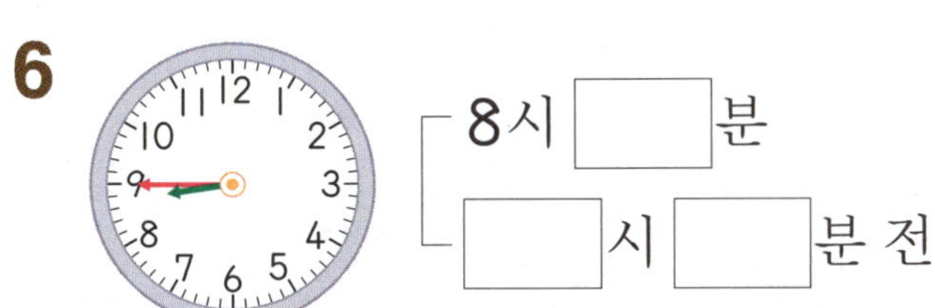

8시 ☐분
☐시 ☐분 전

7 같은 시각을 나타낸 것끼리 이어 보세요.

· 12시 5분 전

· 12시 10분 전

· 12시 15분 전

[8~9] 시각에 맞게 긴바늘을 그려 넣으세요.

8
4시 5분 전

9
11시 10분 전

10 시계가 나타내는 시각에서 10분 전의 시각은 몇 시 몇 분인가요?

(　　　　　　　　　)

11 유라 아버지는 9시 5분 전에 고속열차를 탔습니다. 고속열차를 탄 시각을 오른쪽 시계에 나타내 보세요.

[1~6] 시계를 보고 몇 시 몇 분인지 쓰세요.

1

( )

2

( )

3

( )

4

( )

5

( )

6

( )

[7~10] 시각을 두 가지 방법으로 읽어 보세요.

7

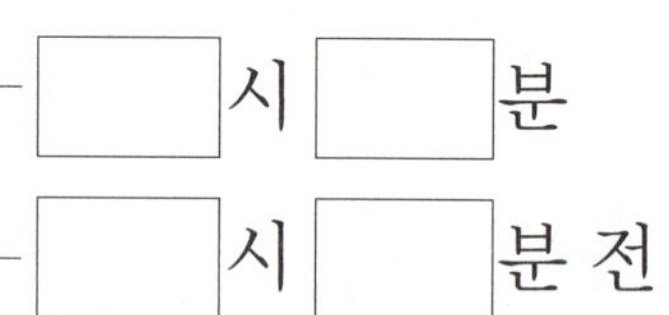
☐ 시 ☐ 분
☐ 시 ☐ 분 전

8
☐ 시 ☐ 분
☐ 시 ☐ 분 전

9
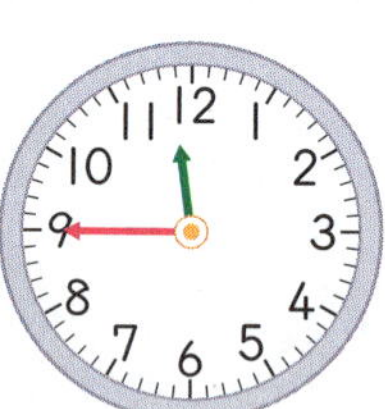
☐ 시 ☐ 분
☐ 시 ☐ 분 전

10

☐ 시 ☐ 분
☐ 시 ☐ 분 전

[11~14] 세호네 반 학생들이 다음 시각일 때 한 일입니다. 시각에 맞게 긴바늘을 그려 넣으세요.

11  
5시 10분

12  
3시 40분

13  
1시 18분

14  
9시 57분

15 시각이 맞으면 ↓, 틀리면 → 로 갑니다. 수민이가 만나는 친구의 이름을 쓰세요.

(　　　　　　)

1 STEP 기본의 힘

1 □ 안에 알맞은 수를 써넣으세요.

> ㅣ시 55분은 □시 □분 전입니다.

2 시계를 보고 몇 시 몇 분인지 쓰세요.

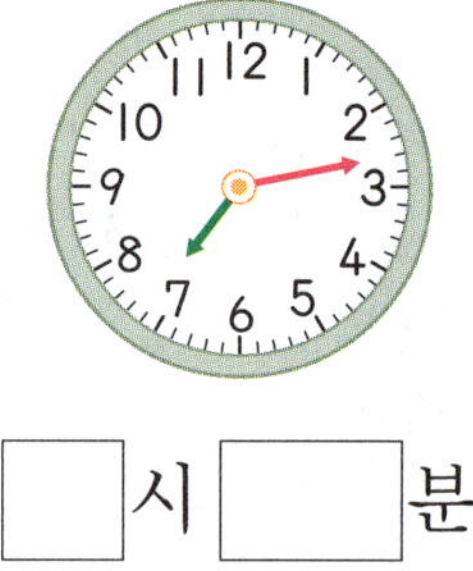

> □시 □분

3 시각을 두 가지 방법으로 읽어 보세요.

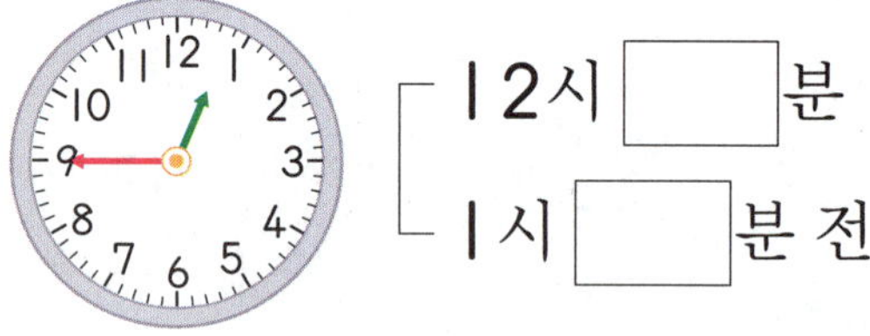

> ㅣ2시 □분
> ㅣ시 □분 전

4 시각에 맞게 긴바늘을 그려 넣으세요.

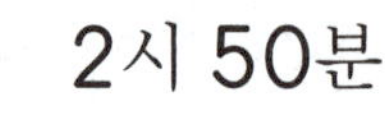
> 2시 50분

5 시계의 시각을 바르게 읽은 사람의 이름을 쓰세요.

> (   )

6 다음은 주연이가 집에 도착한 시각입니다. □ 안에 알맞은 수를 써넣으세요.

> 주연이가 집에 도착한 시각은
> □시 □분입니다.

7 시곗바늘이 다음과 같이 가리킬 때는 몇 시 몇 분인지 구하세요.

> 짧은바늘: ㅣ0과 ㅣㅣ 사이
> 긴바늘: 4

> (   )

8 수진이의 일기입니다. 수진이가 바닷가에 도착한 시각은 몇 시 몇 분인지 구하세요.

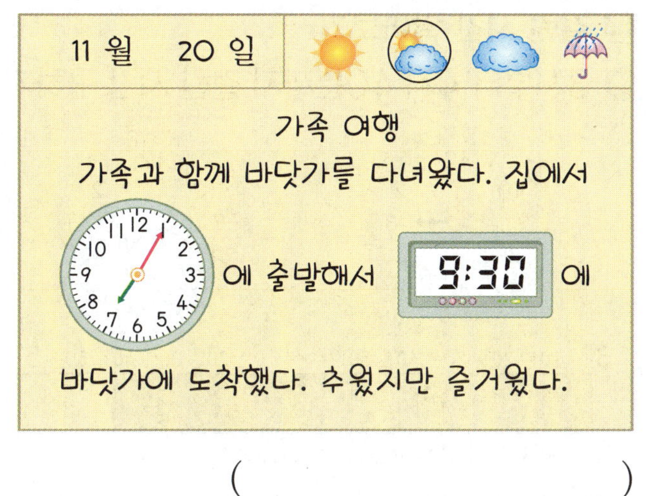

(　　　　　　　　)

9 같은 시각을 나타내는 것끼리 이어 보세요.

10 민재는 주어진 시계의 시각을 잘못 읽었습니다. 그 까닭을 쓰세요.

까닭

____

11 오른쪽 시계를 보고 잘못 설명한 것을 찾아 기호를 쓰세요.

> ㉠ 5시 50분을 나타내고 있습니다.
> ㉡ 6시 10분 전이라고 말할 수 있습니다.
> ㉢ 7시가 되려면 10분이 더 지나야 합니다.

(　　　　　　　　)

12 두 사람의 대화를 읽고 숙제를 더 일찍 끝낸 사람에 ◯표 하세요.

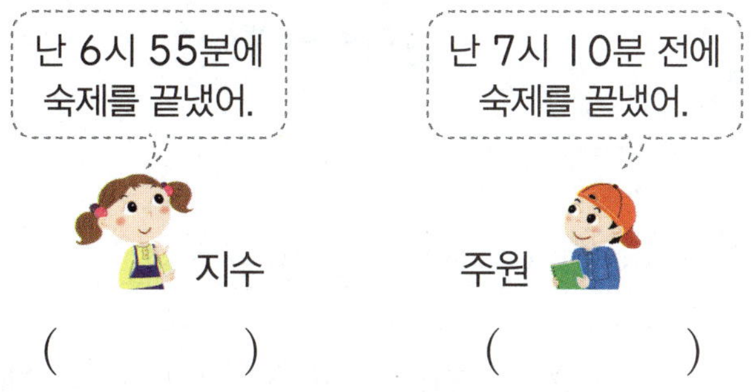

(　　　　)　　　(　　　　)

13 서우는 9시 40분에 숙제를 하기 시작하여 10시 34분에 끝냈습니다. 숙제를 하기 시작한 시각과 끝낸 시각의 긴바늘을 각각 그려 넣으세요.

개념의 [힘]

① l 시간 알아보기

5시 ── 10분 ── 20분 ── 30분 ── 40분 ── 50분 ── 6시

(1) 시계의 **긴바늘이 한 바퀴** 도는 데 걸린 시간은 **60분**입니다.

(2) 긴바늘이 한 바퀴 도는 동안 짧은바늘이 5에서 6으로 움직였습니다.
  → 걸린 시간: **1시간**

60분＝1시간

② 걸린 시간 알아보기

📘 3시부터 4시 40분까지 걸린 시간 구하기

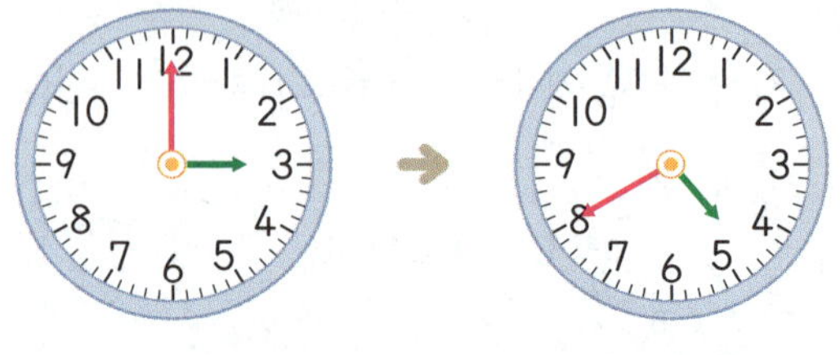

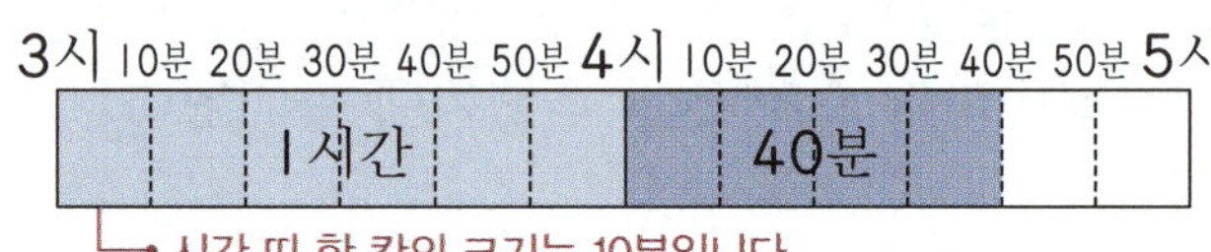

→ 3시부터 4시 40분까지 걸린 시간:
  l00분＝l시간 40분

☑ 참고 3시부터 4시 40분까지 시간 띠에 색칠된 칸 수가 l0칸이므로 l00분입니다.
  l00분＝60분＋40분
     ＝l시간＋40분
     ＝l시간 40분

---

1 □ 안에 알맞은 수를 써넣으세요.

시계의 긴바늘이 한 바퀴 도는 데 걸린 시간은 □ 분입니다.

2 □ 안에 알맞은 수를 써넣으세요.

(1) 2시간＝□ 분

(2) l시간 50분＝□ 분

(3) 80분＝l시간 □ 분

3 기차의 출발 시각과 도착 시각을 나타낸 것입니다. 기차를 타고 이동하는 데 걸린 시간을 시간 띠에 색칠하고 구하세요.

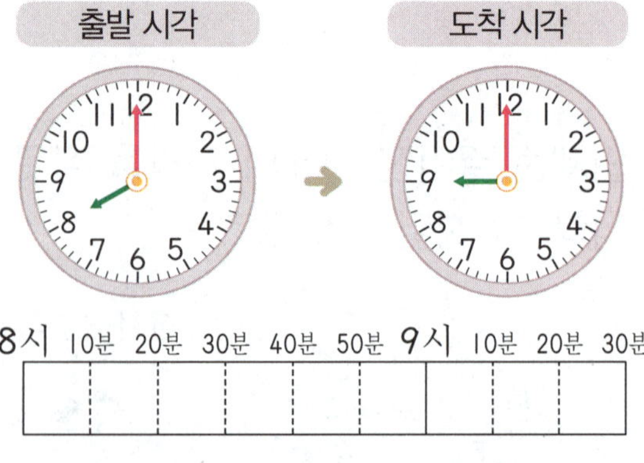

8시 10분 20분 30분 40분 50분 9시 10분 20분 30분

□ 분＝□ 시간

[4~5] 다음 시각에서 긴바늘이 한 바퀴 돌면 몇 시 몇 분이 되는지 구하세요.

4

➡ ☐ 시 ☐ 분

5

➡ ☐ 시 ☐ 분

[6~7] 세린이는 60분 동안 그림을 그렸습니다. 그림을 그리기 시작한 시각을 보고 끝난 시각을 나타내 보세요.

6

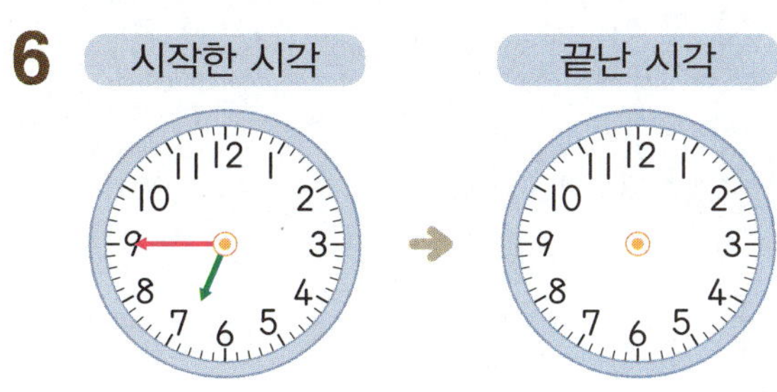

7

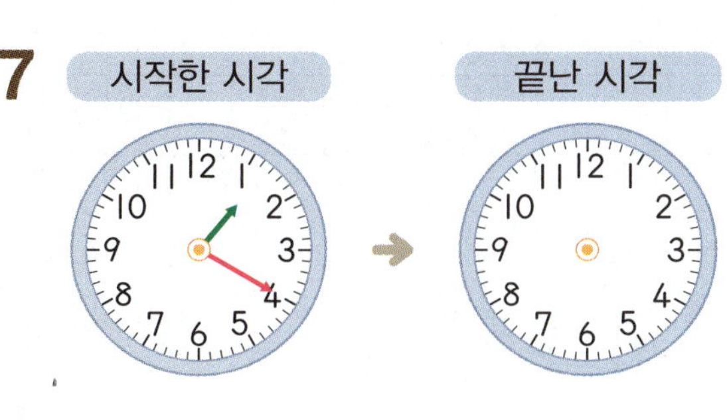

[8~9] 비행기의 출발 시각과 도착 시각을 나타낸 것입니다. 물음에 답하세요.

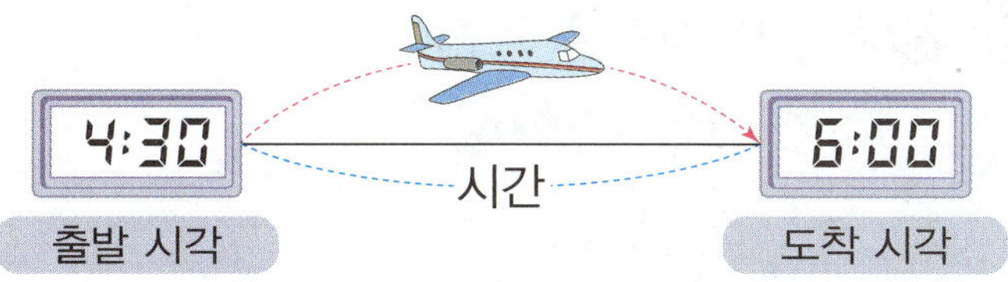

8 비행기를 타고 이동하는 데 걸린 시간을 시간 띠에 색칠해 보세요.

4시 10분 20분 30분 40분 50분 5시 10분 20분 30분 40분 50분 6시

9 위 **8**의 시간 띠를 보고 비행기를 타고 이동하는 데 걸린 시간을 구하세요.

☐ 분 ＝ ☐ 시간 ☐ 분

[10~11] 혜수가 공부를 시작한 시각과 끝낸 시각을 나타낸 것입니다. 물음에 답하세요.

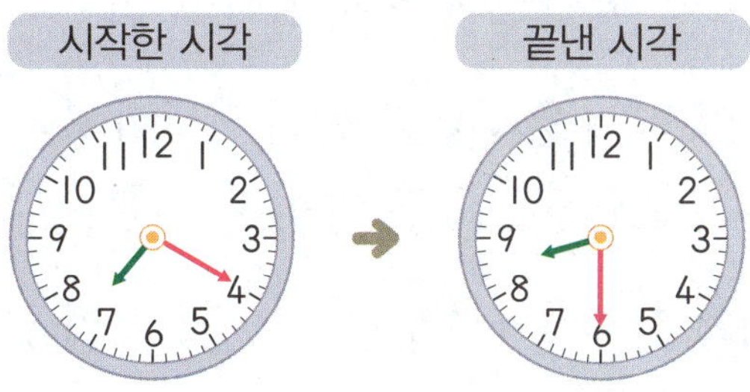

10 공부를 시작해서 끝날 때까지 걸린 시간을 시간 띠에 색칠해 보세요.

7시 10분 20분 30분 40분 50분 8시 10분 20분 30분 40분 50분 9시

11 위 **10**의 시간 띠를 보고 혜수가 공부한 시간을 구하세요.

☐ 분 ＝ ☐ 시간 ☐ 분

Power ⑤ 하루의 시간 알아보기

개념의 힘

① 하루의 시간 알아보기

하루는 **24시간**입니다.

1일 = 24시간

② 오전과 오후 알아보기

- **오전**: 전날 밤 12시부터 낮 12시까지
- **오후**: 낮 12시부터 밤 12시까지

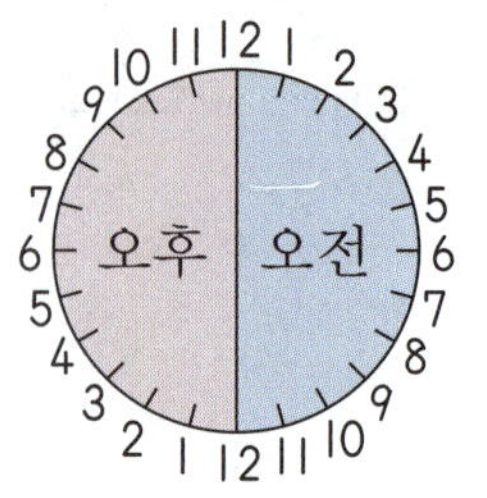

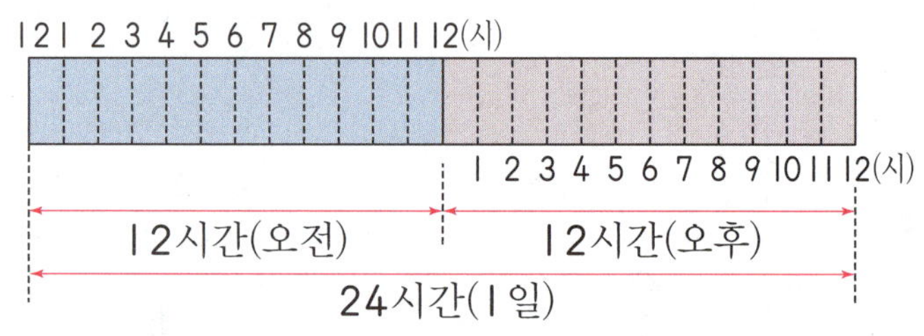

✔ **참고** 하루가 지나려면 긴바늘은 24바퀴, 짧은바늘은 2바퀴 돌아야 합니다.

---

1 알맞은 말에 ○표 하세요.

(1) 전날 밤 12시부터 낮 12시까지를 (오전 , 오후)(이)라고 합니다.

(2) 낮 12시부터 밤 12시까지를 (오전 , 오후)(이)라고 합니다.

(3) 하루는 (12시간 , 24시간)입니다.

2 시간 띠를 보고 오후에 한 활동에 ○표 하세요.

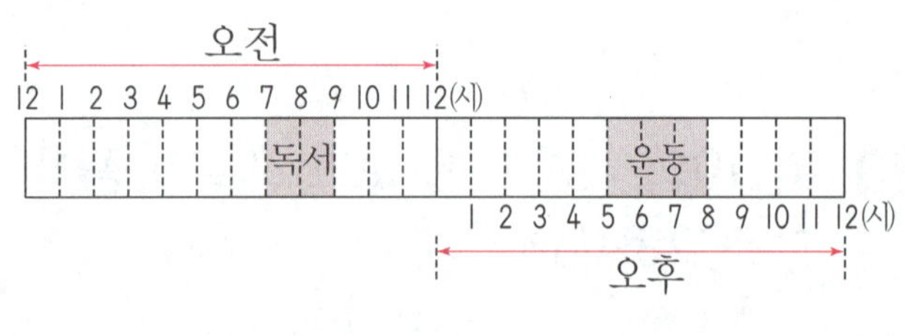

(독서 , 운동)

3 오전과 오후를 알맞게 쓰세요.

(1) 낮 3시 (　　　　　　　　)

(2) 새벽 1시 (　　　　　　　　)

(3) 아침 7시 (　　　　　　　　)

(4) 밤 10시 (　　　　　　　　)

4 시간 띠를 보고 ☐ 안에 오전, 오후 중 알맞은 말을 써넣으세요.

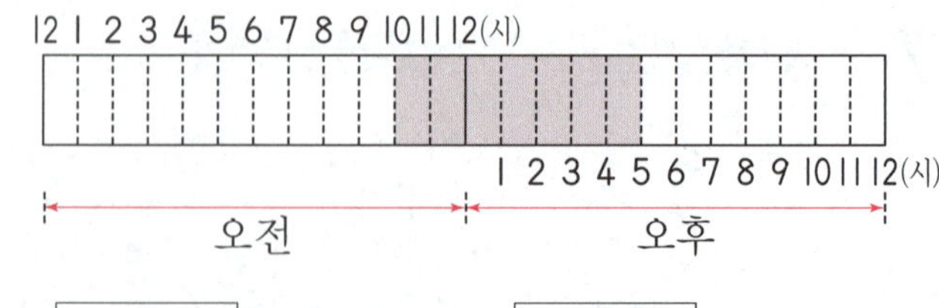

☐ 10시부터 ☐ 5시까지

5 □ 안에 알맞은 수를 써넣으세요.

(1) 48시간 = □ 일

(2) 1일 5시간 = □ 시간

(3) 26시간 = □ 일 □ 시간

[6~7] 민수의 일요일 생활 계획표입니다. 물음에 답하세요.

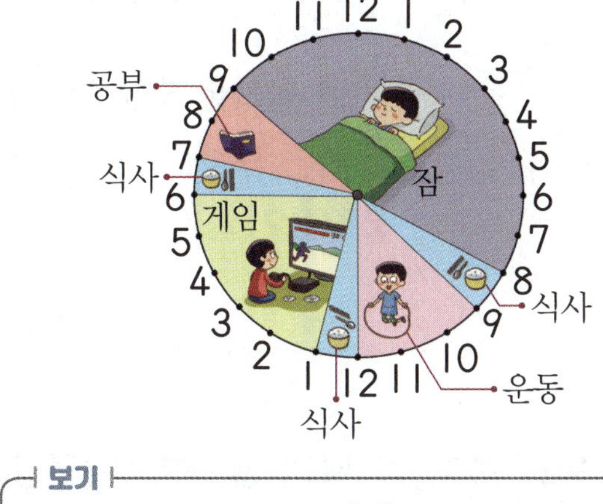

┌ 보기 ┐
운동　　게임　　공부

6 오전에 한 활동을 보기에서 찾아 쓰세요.

(　　　　　　)

7 오후에 한 활동을 보기에서 모두 찾아 쓰세요.

(　　　　　　)

[8~9] 혜미가 학교에 등교한 시각과 하교한 시각을 나타낸 것입니다. 물음에 답하세요.

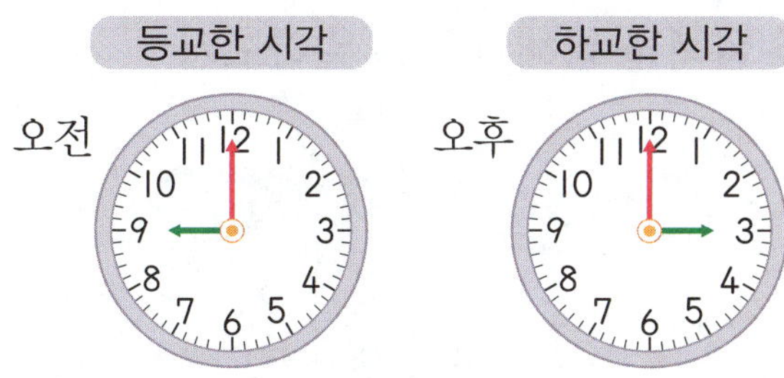

8 혜미가 학교에 있었던 시간을 시간 띠에 색칠해 보세요.

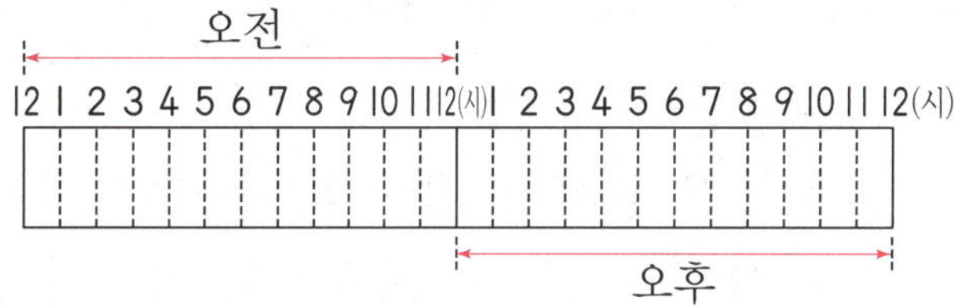

9 위 **8**의 시간 띠를 보고 혜미가 학교에 있었던 시간을 구하세요.

(　　　　　　)

10 연희네 가족이 여행을 떠난 시각과 같은 날 돌아온 시각입니다. 여행을 다녀오는 데 걸린 시간을 시간 띠에 색칠하고 구하세요.

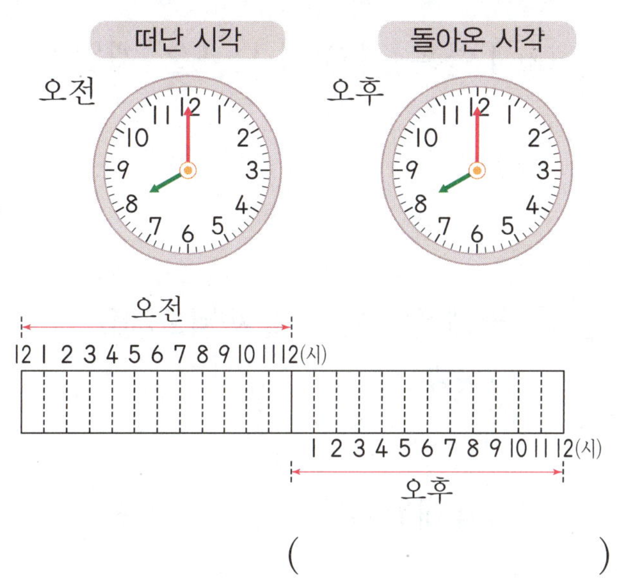

(　　　　　　)

4 단원

시각과 시간

개념의 힘

❶ 달력을 통해 1주일 알아보기

9월

요일 → 일	월	화	수	목	금	토
		1	2	3	4	5
6	7	8	9	10	11	12
13	14	15	16	17	18	19
20	21	22	23	24	25	26
27	28	29	30			

(오른쪽: +7일, +7일, +7일)

(1) 9월은 모두 30일입니다.

(2) 요일은 일요일, 월요일, 화요일, 수요일, 목요일, 금요일, 토요일이 있습니다.

(3) 이달의 화요일인 날을 찾으면 1일, 8일, 15일, 22일, 29일입니다.

(4) **같은 요일**은 **7일**마다 **반복**되고, 1주일은 **7일**입니다.

$$1주일 = 7일$$

❷ 1년 알아보기

(1) 1년은 1월부터 12월까지 있습니다.

$$1년 = 12개월$$

(2) 각 달의 날수 알아보기

→ 2월은 4년에 한 번씩 29일입니다.

월	1	2	3	4	5	6
날수(일)	31	28 (29)	31	30	31	30
월	7	8	9	10	11	12
날수(일)	31	31	30	31	30	31

☑ **참고** 각 월의 날수를 쉽게 알 수 있는 방법

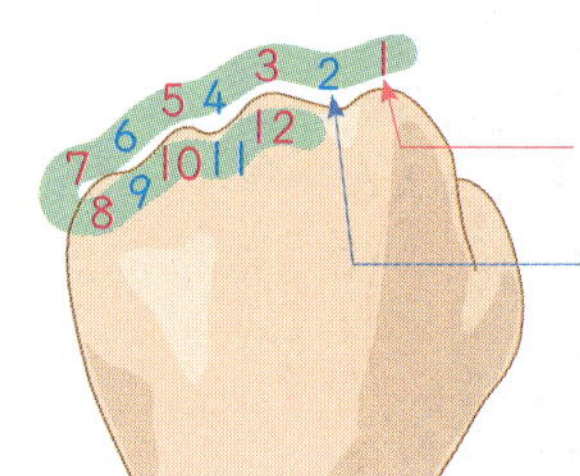

위로 올라온 부분: **31**일

내려간 부분: **30**일 또는 **28(29)**일

---

1 알맞은 수에 ○표 하세요.

(1) 1주일은 (6, 7, 8)일입니다.

(2) 1년은 (10, 11, 12)개월입니다.

2 □ 안에 알맞은 수를 써넣으세요.

(1) 15일 = □주일 □일

(2) 14개월 = □년 □개월

[3~4] 어느 해에 각 달의 날수를 쓴 것입니다. 물음에 답하세요.

월	1	2	3	4	5	6
날수(일)	31	28 (29)		30	31	
월	7	8	9	10	11	12
날수(일)	31	31	30		30	31

3 위의 빈칸에 알맞은 수를 써넣으세요.

4 날수가 30일인 월을 모두 찾아 쓰세요.

(   )

[5~8] 어느 해의 4월 달력을 보고 물음에 답하세요.

4월

일	월	화	수	목	금	토
				1	2	3
4	5 식목일	6	7	8	9	10
11	12	13	14	15	16	17
18	19	20	21	22	23	24
25	26	27	28	29	30	

5 4월 5일 식목일은 무슨 요일인가요?

(   )

6 목요일은 몇 번 있나요?

(   )

7 화요일은 며칠마다 반복되나요?

(   )

8 대화를 읽고 학예회를 하는 날짜는 몇 월 며칠인지 구하세요.

(   )

[9~11] 어느 해의 7월 달력을 보고 물음에 답하세요.

7월

일	월	화	수	목	금	토
	1	2	3	4	5	6
7	8	9	10	11	12 유라 생일	13
14	15	16	17	18	19	20
21	22	23	24	25	26	27
28	29	30	31			

9 12일로부터 5일 전은 며칠인가요?

(   )

10 태호의 생일은 유라 생일인 7월 12일로부터 2주일 후입니다. 태호의 생일은 몇 월 며칠인가요?

(   )

11 7월 8일부터 7월 21일까지 전시회를 열기로 했습니다. 전시회가 열리는 기간은 며칠인가요?

(   )

12 어느 해의 10월 달력입니다. 달력을 완성해 보세요.

10월

일	월	화	수	목	금	토
			1	2	3	4
5	6			9	10	11
		14	15	16		
	20	21	22		24	25

1 알맞은 말에 ◯표 하세요.

> 태우가 세수하기 시작한 (시각 , 시간)
> 은 8시 10분입니다.

2 두 시계를 보고 시간이 얼마나 흘렀는지
시간 띠에 색칠하고 구하세요.

9시 10분 20분 30분 40분 50분 10시 10분 20분 30분 40분 50분 11시

☐ 시간 ☐ 분

3 ☐ 안에 알맞은 수를 써넣으세요.

(1) 75시간 = ☐ 일 ☐ 시간

(2) 150분 = ☐ 시간 ☐ 분

4 같은 기간끼리 이어 보세요.

| 1주일 | • | • | 12개월 |
| 1년 | • | • | 7일 |

5 날수가 같은 달끼리 짝 지은 것을 찾아 ◯표
하세요.

| 2월, 9월 | 3월, 8월 | 1월, 11월 |

(   )   (   )   (   )

[6~8] 어느 해의 6월 달력을 보고 물음에 답하
세요.

6월

일	월	화	수	목	금	토
				1	2	3
4	5	6 현충일	7	8	9	10
11	12				16	17
18	19	20				24
25						

6 달력을 완성해 보세요.

7 6월 6일 현충일은 무슨 요일인가요?

(   )

8 6월 셋째 월요일은 원영이의 생일입니다.
원영이의 생일은 몇 월 며칠인가요?

(   )

9 바르게 말한 사람의 이름을 쓰세요.

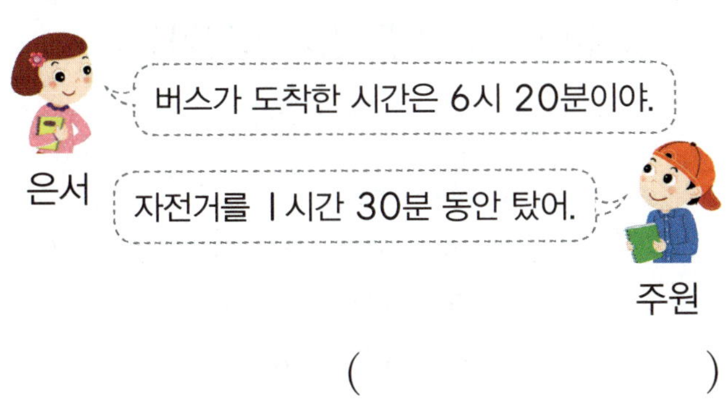

(   )

10 영미가 도서관에 들어간 시각과 나온 시각입니다. 영미가 도서관에 있었던 시간을 시간 띠에 색칠하고 구하세요.

도서관에 있었던 시간: ☐ 시간

11 하루는 낮과 밤으로 이루어져 있습니다. 어느 겨울날 밤의 길이가 13시간일 때 낮의 길이는 몇 시간인가요?

(   )

12 시계가 멈춰서 현재 시각으로 맞추려고 합니다. 긴바늘을 몇 바퀴만 돌리면 되는지 구하세요.

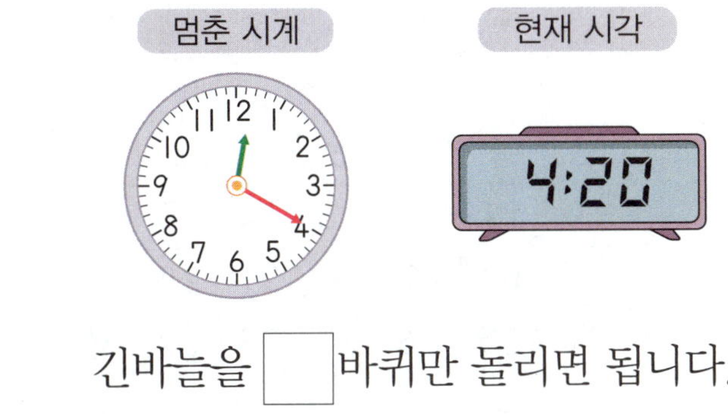

긴바늘을 ☐ 바퀴만 돌리면 됩니다.

13 서울역에서 출발하는 기차 시각표입니다. ☐ 안에 알맞은 수를 써넣어 서울역에서 부산역까지 기차를 타고 이동하는 데 걸린 시간은 몇 시간 몇 분인지 구하세요.

<기차 시각표>

도착역	출발 시각	도착 시각
대구역	8:00	9:45
부산역	9:10	11:50

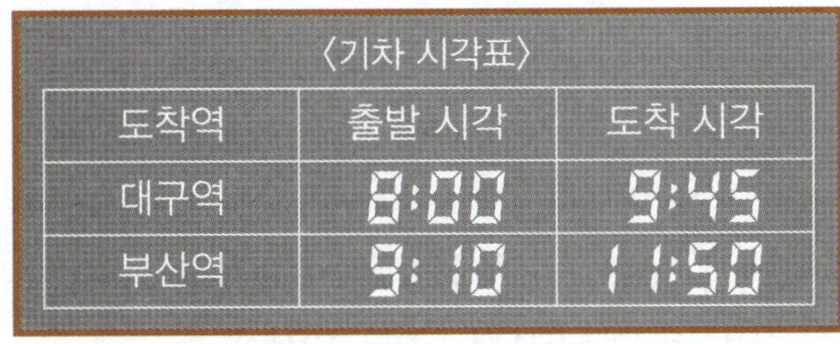

(   )

[14~16] 어느 해 ||월 달력과 유정이의 운동 계획입니다. 물음에 답하세요.

||월

일	월	화	수	목	금	토
					1	2
3	4	5	6	7	8	9
10	11	12	13	14	15	16
17	18	19	20	21	22	23
24	25	26	27	28	29	30

[유정이의 운동 계획]
- 매주 화요일과 목요일에 수영하기
- ||월 첫째 일요일부터 2주마다 등산하기

14 ||월에 유정이가 수영하기로 계획한 날은 모두 며칠인가요?

(   )

15 ||월에 유정이가 등산하기로 계획한 날은 몇 월 며칠인지 모두 쓰세요.

(,   )

16 |2월에 유정이가 처음으로 등산하게 되는 날은 몇 월 며칠인지 쓰세요.

(   )

17 어느 해 |2월의 달력입니다. 25일 성탄절로부터 |주일 전은 며칠인가요?

|2월

일	월	화	수	목	금	토
1	2	3	4	5	6	7
8	9	10	11	12	13	14
15	16	17	18	19	20	21
22	23	24	25 성탄절	26	27	28
29	30	31				

(   )

18 걸린 시간이 같은 체험끼리 이어 보세요.

지갑 만들기 1:20~2:40	케이크 만들기 3:00~3:50
떡 만들기 ||:00~|2:20	연 만들기 7:20~8:10

19 딱지치기를 70분 동안 했습니다. 딱지치기를 시작한 시각을 보고 끝난 시각을 시계에 나타내 보세요.

시작한 시각 · 끝난 시각

[20~21] 진호네 가족의 1박 2일 캠프 일정표를 보고 물음에 답하세요.

첫날

시간	일정
9:00~11:00	캠핑장으로 이동
11:00~1:00	텐트 치기
1:00~2:00	점심 식사
2:00~6:00	자유 시간
⋮	⋮

다음 날

시간	일정
7:00~8:00	아침 식사
8:00~9:00	등산하기
9:00~11:00	집으로 이동

의사소통

20 바르게 말한 사람의 이름을 쓰세요.

> • 시후: 첫날 오전에 자유 시간을 가졌어.
> • 혜리: 다음 날 오전에 집에 왔어.

(   )

문제 해결

21 진호네 가족이 캠프를 다녀오는 데 걸린 시간을 구하세요.

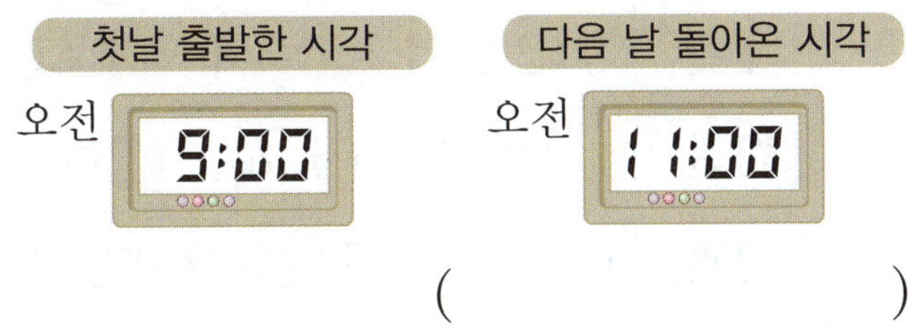

(   )

22 수현이는 친구들과 함께 1시간 동안 봉사 활동을 하기로 했습니다. 시계를 보고 몇 분 더 해야 하는지 구하세요.

(   )

23 호성이는 쉬지 않고 20분씩 3가지 전통 놀이를 체험했습니다. 걸린 시간을 구하고 전통 놀이 체험이 끝난 시각을 시계에 나타내 보세요.

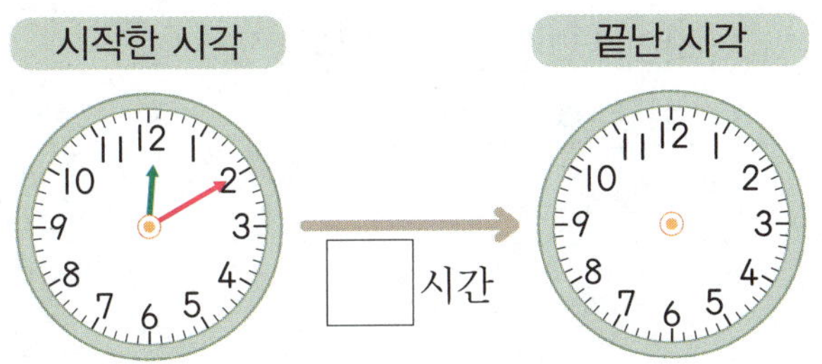

24 태수네 학교는 오전 9시에 1교시 수업을 시작하여 40분 동안 수업을 하고 10분 동안 쉽니다. 2교시 수업을 시작하는 시각은 몇 시 몇 분인가요?

(   )

응용 1  몇 분 전(후) 시각 읽기

예 2시 5분 전 / 2시 5분 후

5분 전 5분 후

2시 5분 전은 1시 55분,
2시 5분 후는 2시 5분입
니다.

1 오른쪽 시계가 나타내는 시각에서 20분 후는 몇 시 몇 분인가요?

(   )

2 오른쪽 시계가 나타내는 시각에서 25분 전은 몇 시 몇 분인가요?

(   )

3 학교에 더 먼저 도착한 사람의 이름을 쓰세요.

(   )

응용 2  가장 짧은(긴) 시간 찾기

예 2시간 20분과 150분의 비교
① 2시간 20분을 ■분으로 바꿔 나타냅니다.
→ 2시간 20분=60분+60분+20분
=140분
② 위 ①에서 바꿔 나타낸 시각과 150분을 비교
합니다.

4 가장 짧은 시간을 찾아 기호를 쓰세요.

㉠ 3시간 10분   ㉡ 150분
㉢ 200분

(   )

5 긴 시간부터 차례로 기호를 쓰세요.

㉠ 260분   ㉡ 3시간 40분
㉢ 4시간 10분

(   )

6 1관, 2관, 3관 중에서 상영 시간이 긴 곳부터 차례로 쓰세요.

상영관	상영 시간
1관	9:20~11:00(1시간 40분)
2관	9:40~11:40(120분)
3관	10:00~12:20(2시간 20분)

(   )

응용 3 긴바늘(짧은바늘)이 도는 횟수 구하기 

- 긴바늘이 **1**바퀴 돌면 **1**시간이 지납니다.
- 짧은바늘이 **1**바퀴 돌면 **12**시간이 지납니다.

7 오늘 오후에 다음과 같이 시간이 지나는 동안 시계의 긴바늘은 몇 바퀴 도나요?

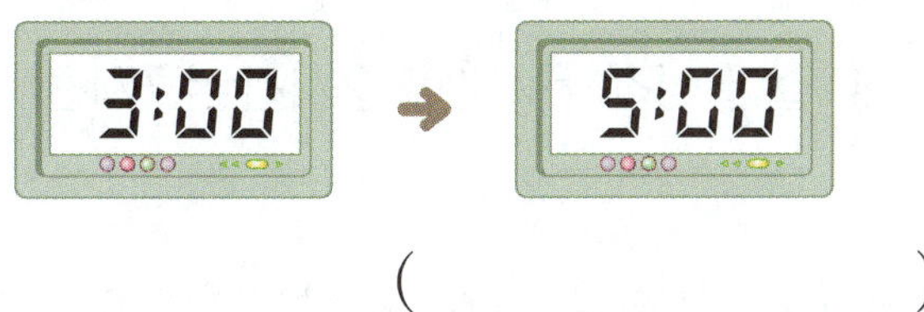

(　　　　　　　　　)

8 오늘 오후에 다음과 같이 시간이 지나는 동안 시계의 긴바늘은 몇 바퀴 도나요?

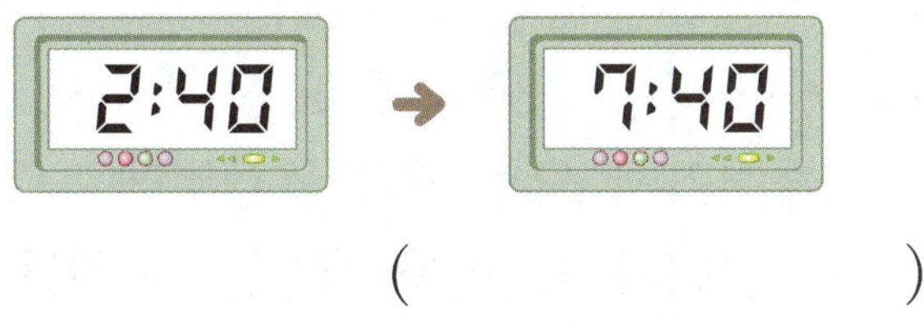

(　　　　　　　　　)

9 오늘 다음과 같이 시간이 지나는 동안 시계의 짧은바늘은 몇 바퀴 도나요?

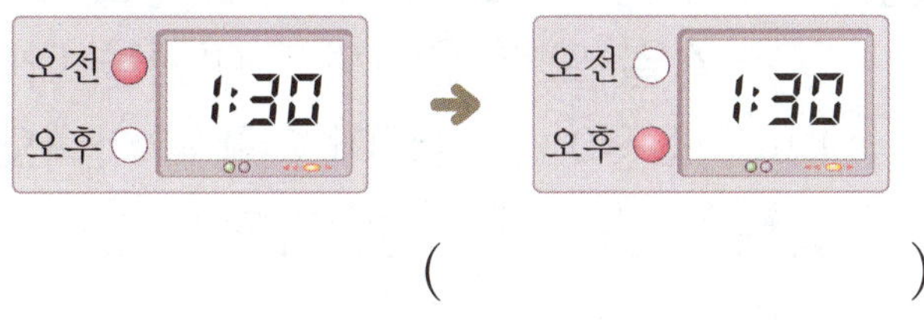

(　　　　　　　　　)

응용 4 거울에 비친 시계의 시각 구하기 

짧은바늘이 어떤 두 숫자 사이를 가리키는지, 긴바늘은 어떤 숫자를 가리키는지 알아봅니다.

10 다음은 거울에 비친 시계입니다. 이 시계가 나타내는 시각은 몇 시 몇 분인가요?

(　　　　　　　　　)

11 다음은 거울에 비친 시계입니다. 이 시계가 나타내는 시각은 몇 시 몇 분 전인가요?

(　　　　　　　　　)

12 재희가 거울에 비친 시계를 보았더니 짧은바늘은 2와 3 사이를 가리키고, 긴바늘은 7을 가리키고 있습니다. 재희가 본 시계의 시각은 몇 시 몇 분인가요?

(　　　　　　　　　)

4 단원

시각과 시간

응용 5 ■일 전(후) 구하기

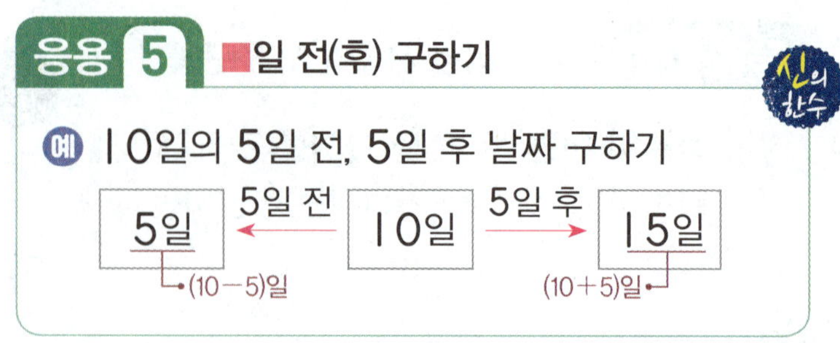

13 두 사람의 대화를 읽고 유나의 생일은 몇 월 며칠인지 구하세요.

> • 선호: 내 생일은 5월 마지막 날이야.
> • 유나: 나는 선호보다 7일 먼저 태어났어.

(   )

14 두 사람의 대화를 읽고 규태의 생일은 몇 월 며칠인지 구하세요.

> • 민정: 내 생일은 10월 마지막 날이야.
> • 규태: 나는 민정이보다 11일 먼저 태어났어.

(   )

15 두 사람의 대화를 읽고 소희의 생일은 몇 월 며칠인지 구하세요.

> • 기진: 내 생일은 1월 마지막 날이야.
> • 소희: 나는 기진이보다 9일 늦게 태어났어.

(   )

응용 6 오전과 오후 사이의 시간 구하기

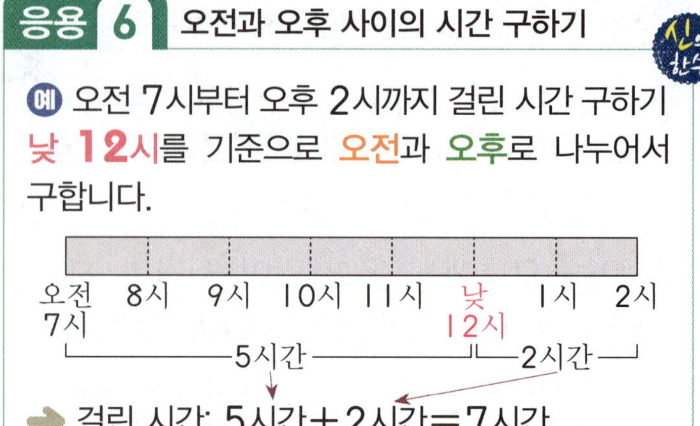

16 놀이공원은 오전 9시 30분에 문을 열고 오후 9시에 문을 닫습니다. 놀이공원에서 놀 수 있는 시간은 몇 시간 몇 분인가요?

(   )

17 승민이는 공연장에 오전 11시 20분에 들어가서 오후 3시 40분에 나왔습니다. 승민이가 공연장에 있었던 시간은 몇 시간 몇 분인가요?

(   )

18 소진이네 가족은 9월 3일 오전 9시부터 9월 4일 오후 2시까지 여행을 다녀왔습니다. 소진이네 가족이 여행을 다녀오는 데 걸린 시간은 몇 시간인가요?

(   )

응용 7　더 오래한 사람 구하기

걸린 시간이 **더 긴** 사람이 **더 오래 한** 사람입니다.

예 2시간 < 3시간 → 시작한 시각부터 끝낸 시각까지 걸린 시간을 구해 비교합니다.

19 다음은 두 사람이 문제집을 풀기 시작한 시각과 끝낸 시각을 나타낸 표입니다. 문제집을 더 오래 푼 사람의 이름을 쓰세요.

	시작한 시각	끝낸 시각
인혜	2시 10분	3시 40분
준호	2시 50분	4시 10분

(　　　　　　　)

20 다음은 두 사람이 컴퓨터를 하기 시작한 시각과 끝낸 시각입니다. 컴퓨터를 더 오래 한 사람의 이름을 쓰세요.

(　　　　　　　)

응용 8　찢어진 달력을 보고 요일 구하기

예 찢어진 달력을 보고 28일이 무슨 요일인지 구하기

2월

일	월	화	수	목	금	토
1	2	3	4	5	6	7

① 같은 요일이 **7**일마다 반복됩니다.
② 28일과 같은 요일을 구합니다.

28일　→ 7일 전 →　21일　→ 7일 전 →　14일　→ 7일 전 →　7일

토요일

21 어느 해 8월 달력의 일부분입니다. 다음 달 2일은 무슨 요일인가요?

8월

일	월	화	수	목	금	토
		1	2	3	4	5	6
7	8	9	10	11		

(　　　　　　　)

22 어느 해 6월 달력의 일부분입니다. 다음 달 3일은 무슨 요일인가요?

6월

일	월	화	수	목	금	토
					1	2	3
4	5	6				

(　　　　　　　)

4
단원

시각과 시간

서술형의 힘

대표 유형 1 ㅣ 시작한 시각 구하기

수혁이는 ㅣ시간 40분 동안 축구를 했습니다. 축구를 끝낸 시각이 3시 30분이었다면 축구를 시작한 시각은 몇 시 몇 분인가요?

해결 방법

❶ 3시 30분 —ㅣ시간 전→ ☐시 30분 —30분 전→ ☐시 —ㅣ0분 전→ ☐시 ☐분

❷ 축구를 시작한 시각: ☐시 ☐분

답 ______________________

유형 코칭 · ㅣ시간 40분 전 시각을 구할 때에는 ㅣ시간 전의 시각을 구한 뒤 40분 전의 시각을 구합니다.

✎ 위의 해결 방법을 따라 풀이를 쓰고 답을 구하세요.

1-1 현규는 ㅣ시간 20분 동안 피아노 연습을 했습니다. 피아노 연습을 끝낸 시각이 5시 ㅣ0분이었다면 피아노 연습을 시작한 시각은 몇 시 몇 분인가요?

풀이

답 ______________________

1-2 오른쪽 시계는 해은이가 할머니 집에 도착한 시각을 나타낸 것입니다. 해은이가 집에서 출발하여 할머니 집에 도착하는 데까지 2시간 30분이 걸렸다면 집에서 출발한 시각은 몇 시 몇 분인가요?

풀이

답 ______________________

대표 유형 **2** 　찢어진 달력을 보고 요일이 몇 번 있는지 구하기

어느 해 1월 달력의 일부분입니다. 유리가 매주 화요일과 목요일에 줄넘기 학원에 간다면 1월에는 줄넘기 학원을 모두 몇 번 가는지 구하세요.

1월

일	월	화	수	목	금	토
	1	2	3	4	5	6

해결 방법

1 1월의 화요일과 목요일인 날짜 모두 쓰기

- 화요일: 2일, ☐일, ☐일, ☐일, ☐일
- 목요일: 4일, ☐일, ☐일, ☐일

2 1월에는 줄넘기 학원을 모두 ☐번 갑니다.

답 _______________

유형 코칭　• 같은 요일은 **7일마다 반복**됩니다.

예　1일 월요일 ➡ 8일 월요일 ➡ 15일 월요일 ➡ 22일 월요일 ➡ 29일 월요일

　　　　+7일　　　　+7일　　　　+7일　　　　+7일

4 단원

시각과 시간

✎ 위의 해결 방법을 따라 풀이를 쓰고 답을 구하세요.

2-1　어느 해 3월 달력의 일부분입니다. 윤아가 매주 수요일과 목요일에 발레 학원에 간다면 3월에는 발레 학원을 모두 몇 번 가는지 구하세요.

3월

일	월	화	수	목	금	토
					1	2
3	4	5	6	7		

풀이

답 _______________

대표 유형 3 박람회가 열리는 기간 알아보기

로봇 박람회가 8월 5일부터 9월 20일까지 열립니다. 로봇 박람회가 열리는 기간은 모두 며칠인가요?

해결 방법

1 8월에 로봇 박람회가 열리는 기간: 5일부터 31일까지 ➡ ☐ 일

2 9월에 로봇 박람회가 열리는 기간: 1일부터 20일까지 ➡ ☐ 일

3 (로봇 박람회가 열리는 기간)=☐+☐=☐(일)
   8월   9월

답 ________________________

유형 코칭 · 8월 ■일부터 8월 ▲일까지의 기간: (▲-■+1)일
   예 8월 16일부터 8월 25일까지의 기간: 25-16+1=10(일)

✎ 위의 해결 방법을 따라 풀이를 쓰고 답을 구하세요.

3-1 여행 박람회가 9월 10일부터 10월 25일까지 열립니다. 여행 박람회가 열리는 기간은 모두 며칠인가요?

풀이

답 ________________________

3-2 통일 신라 유물 전시회가 30일 동안 열렸습니다. 호연이는 전시회의 마지막 날인 4월 26일에 갔다면 전시회가 시작한 날은 몇 월 며칠이었나요?

풀이

답 ________________________

대표 유형 **4**   빨라지는(느려지는) 시계가 가리키는 시각 알아보기

I시간에 2분씩 빨라지는 시계가 있습니다. 이 시계의 시각을 오전 9시에 정확하게 맞췄습니다. 이 날 오후 2시에 이 시계가 가리키는 시각은 오후 몇 시 몇 분인가요?

해결 방법

1 오전 9시부터 오후 2시까지는 ☐ 시간입니다.

2 한 시간에 2분씩 빨라지므로 5시간 동안 2 × ☐ = ☐ (분)이 빨라집니다.

3 오후 2시에 이 시계가 가리키는 시각은 오후 ☐ 시 ☐ 분입니다.

답 ________________

유형 코칭

• I시간에 2분씩 빨라지는 시계의 시각

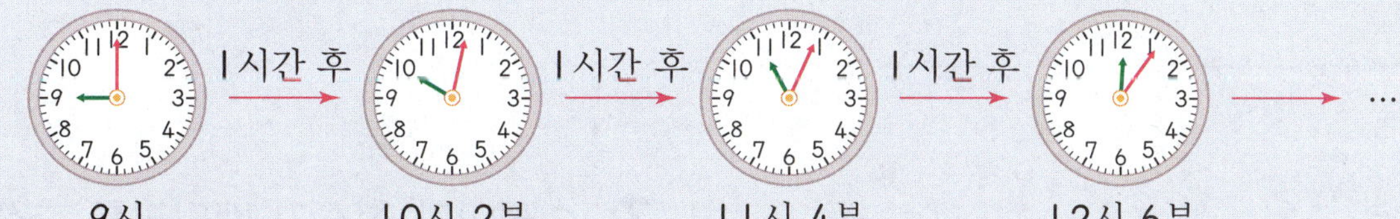

• I시간에 2분씩 느려지는 시계의 시각

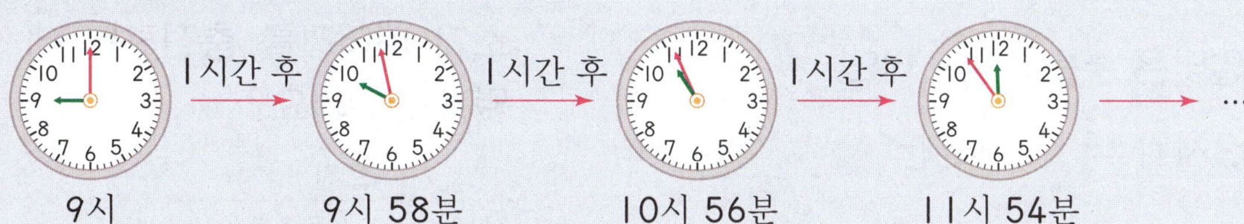

✎ 위의 해결 방법을 따라 풀이를 쓰고 답을 구하세요.

4-1   I시간에 2분씩 느려지는 시계가 있습니다. 이 시계의 시각을 오전 II시 50분에 정확하게 맞췄습니다. 이 날 오후 6시 50분에 이 시계가 가리키는 시각은 오후 몇 시 몇 분인가요?

풀이

답 ________________

1 알맞은 말에 ○표 하세요.

> 아침 10시는 (오전 , 오후)입니다.

2 빈칸에 각 달의 날수를 알맞게 써넣으세요.

월	1	2	3	4	5	6
날수(일)	31	28 (29)				
월	7	8	9	10	11	12
날수(일)						

3 □ 안에 알맞은 수를 써넣으세요.

(1) 2일 3시간 = □ 시간

(2) 60시간 = □ 일 □ 시간

4 시계를 보고 몇 시 몇 분인지 쓰세요.

( )

5 시계가 나타내는 시각을 몇 시 몇 분 전으로 나타내 보세요.

( )

6 3시 25분이 되도록 오른쪽 시계에 긴바늘을 그려 넣으세요.

7 수정이가 청소기 배터리를 충전하는 데 걸린 시간을 시간 띠에 나타낸 것입니다. 청소기 배터리를 충전하는 데 걸린 시간은 몇 시간인가요?

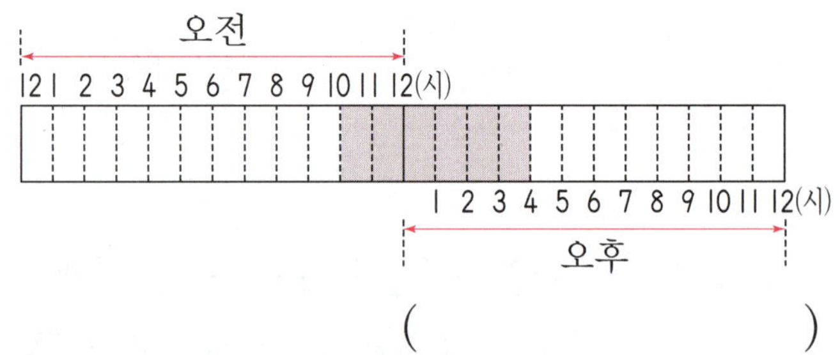

( )

8 3시 10분을 나타낸 시계의 기호를 쓰세요.

( )

[9~10] 어느 해 11월의 달력을 보고 물음에 답하세요.

11월

일	월	화	수	목	금	토
	1	2	3	4	5	6
7	8	9	10	11	12	13
14	15	16	17	18	19	20
21	22	23	24	25	26	27
28	29	30				

9 셋째 금요일은 며칠인가요?

(　　　　　　　　)

10 월요일이 몇 번 있나요?

(　　　　　　　　)

11 같은 시각을 나타내는 것끼리 이어 보세요.

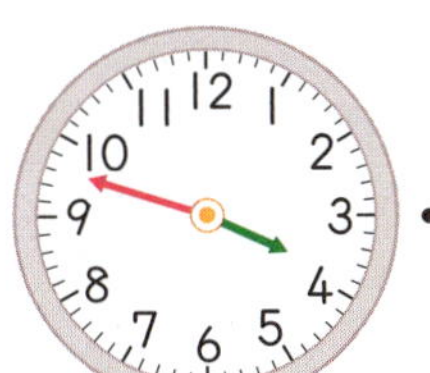

12 더 긴 시간의 기호를 쓰세요.

> ㉠ 2시간 45분　　㉡ 160분

(　　　　　　　　)

🔵 실생활 연결

13 지원이네 동네에서는 2시 50분부터 비가 내리기 시작하였습니다. 비가 내리기 시작한 시각은 몇 시 몇 분 전인가요?

(　　　　　　　　)

14 예솔이는 4시 30분에 친구들과 만나서 2시간 동안 놀고 헤어졌습니다. 친구들과 헤어진 시각은 몇 시 몇 분인가요?

(　　　　　　　　)

✏️ 문제 해결

15 지윤이가 잠든 시각과 다음 날 일어난 시각입니다. 지윤이가 잠을 잔 시간은 몇 시간인가요?

(　　　　　　　　)

16 글짓기 대회의 접수 기간은 모두 며칠인가요?

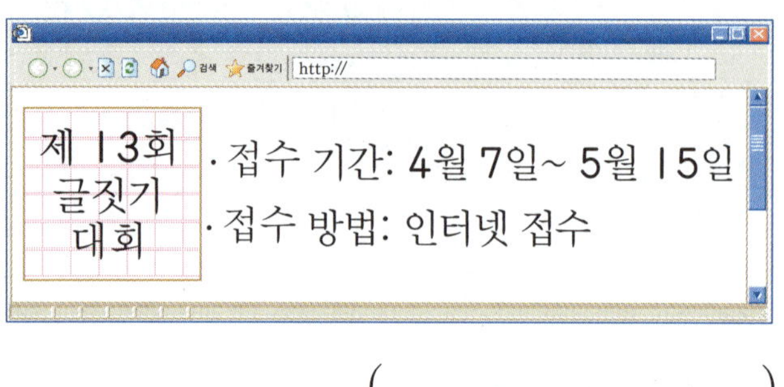

(　　　　　　　　　　)

추론

17 어느 해 5월 달력입니다. 6월 1일은 무슨 요일인지 구하세요.

5월

일	월	화	수	목	금	토
			1	2	3	4
5	6	7	8	9	10	11
12	13	14	15	16	17	18

(　　　　　　　　　　)

18 1시간에 1분씩 빨라지는 시계가 있습니다. 이 시계의 시각을 오늘 오전 10시 30분에 정확하게 맞췄습니다. 내일 오전 10시 30분에 이 시계가 가리키는 시각은 오전 몇 시 몇 분인가요?

(　　　　　　　　　　)

서술형

19 백설공주가 거울에 비친 시계를 보았습니다. 이 시계가 나타내는 시각은 몇 시 몇 분 전인지 풀이 과정을 쓰고 답을 구하세요.

풀이 ________________________

____

____

____

답 ________________________

서술형

20 두 사람의 대화를 읽고 은서의 생일은 몇 월 며칠인지 풀이 과정을 쓰고 답을 구하세요.

풀이 ________________________

____

____

답 ________________________

지도를 보고 도착 시각 구하기!

☆ 수민이는 동물원에 가서 다음과 같은 순서로 이동하며 여러 동물을 보았습니다. 각 지점까지 가는 데 걸린 시간을 쓴 동물원 지도를 보고 물음에 답하세요.

1 출발 지점에서 12시 10분에 출발했다면 앵무새가 있는 곳에 도착한 시각은 몇 시 몇 분인가요?

(   )

2 악어가 있는 곳에서 1시 30분에 출발했다면 호랑이가 있는 곳에 도착한 시각을 시계에 나타내 보세요.

5

표와 그래프

자료를 분류하여 표와 그래프로 나타내고, 표와 그래프로 나타냈을 때 편리한 점을 알아보자.
또한 표와 그래프에서 알 수 있는 내용을 찾아 문제를 해결해 보자.

이전에 배운 내용

2-1

분류하기
• 기준에 따라 분류하기
• 분류하고 세어 보기
• 분류한 결과 알아보기

이번에 배울 내용

1. 자료를 표로 나타내기
2. 그래프로 나타내기
3. 표와 그래프의 내용 알아보기
4. 표와 그래프로 나타내기

이후에 배울 내용

4-1

막대그래프
• 막대그래프 알아보기
• 막대그래프로 나타내기
• 막대그래프 해석하기

개념의 힘

1 자료를 분류하여 표로 나타내기

(1) 기준에 따라 분류하기

분류 기준	좋아하는 색깔

초록	파랑	빨강
준호, 미영	수현, 지영	현수

(2) 분류한 결과를 보고 표로 나타내기

좋아하는 색깔별 학생 수   전체 학생 수

색깔	초록	파랑	빨강	합계
학생 수(명)	2	2	1	5

2+2+1=5

2 자료를 조사하여 표로 나타내기

(1) 자료를 조사하는 방법 알아보기
- 조사하는 종류가 정해진 경우 →예) 혈액형 등
  - 손을 들어 그 수를 세는 방법
  - 붙임딱지를 붙이는 방법
- 조사하는 종류가 여러 가지인 경우
  예) 좋아하는 간식, 좋아하는 색깔 등
  - 한 사람씩 말하는 방법
  - 종이에 적어 모으는 방법

(2) 자료를 조사하여 표로 나타내기
무엇을 조사할지 정하기 ➡ 조사 방법 정하기 ➡ 자료를 조사하기 ➡ 표로 나타내기

☑참고 **분류**하면 좋아하는 색깔별 학생들을 쉽게 알 수 있고, **표**로 나타내면 좋아하는 색깔별 학생 수와 전체 학생 수를 한눈에 알아보기 편리합니다.

[1~3] 선미네 모둠 학생들이 좋아하는 과일을 조사하였습니다. 물음에 답하세요.

1 좋아하는 과일을 조사하는 방법으로 더 알맞은 것에 ◯표 하세요.

- 손을 들어 그 수를 세기······ (   )
- 종이에 적어 모으기 ············ (   )

2 기준에 따라 분류하여 학생들의 이름을 쓰세요.

분류 기준	좋아하는 과일

포도	사과	바나나
형진, 준우		

3 위 **2**에서 분류한 결과를 보고 표로 나타내보세요.

좋아하는 과일별 학생 수

과일	포도	사과	바나나	합계
학생 수(명)	2			8

[4~6] 민지네 반 학생들이 좋아하는 악기를 조사하였습니다. 물음에 답하세요.

4 선우가 좋아하는 악기는 무엇인가요?

(　　　　　　　　)

5 기준에 따라 분류하여 학생들의 이름을 쓰세요.

분류 기준	좋아하는 악기

피아노	탬버린	장구
민지, 현진, 경진, 현아, 민정		

6 위 **5**에서 분류한 결과를 보고 표로 나타내 보세요.

좋아하는 악기별 학생 수

악기	피아노	탬버린	장구	합계
학생 수(명)				12

[7~9] 지우네 반 학생들이 태어난 계절을 조사하려고 합니다. 물음에 답하세요.

7 지우가 말한 조사 방법이 적절하면 ○표, 적절하지 않으면 ×표 하세요.

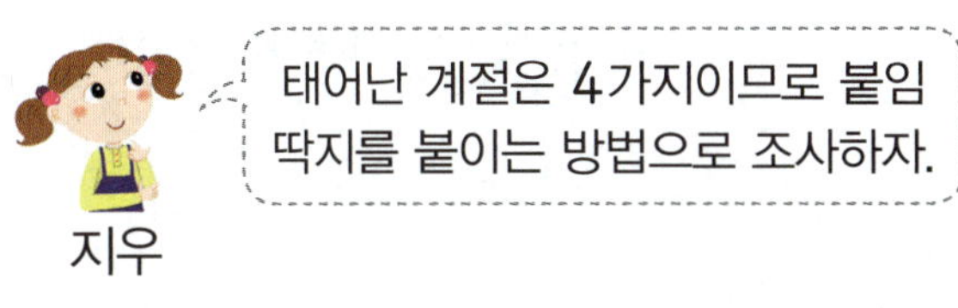

(　　　　　　　　)

8 지우네 반 학생들이 태어난 계절을 조사하였습니다. 자료를 보고 표로 나타내 보세요.

　　　　　　　별 학생 수

계절	봄	여름	가을	겨울	합계
학생 수(명)					

9 **8**의 자료와 표 중 태어난 계절별 학생 수를 한눈에 알아보기 편리한 것은 무엇인가요?

(　　　　　　　　)

개념의 힘

예 좋아하는 간식을 조사한 것을 보고 그래프로 나타내기

좋아하는 간식별 학생 수

간식	사탕	과자	젤리	합계
학생 수(명)	2	3	1	6

1 그래프로 나타내는 순서 알아보기

① 조사한 자료 살펴보기
② 가로와 세로에 각각 **무엇을 쓸지** 정하기
③ 가로와 세로를 각각 **몇 칸으로 할지** 정하기
④ 좋아하는 간식별 학생 수를 ○, ×, / 중 선택하여 표시하기

2 그래프로 나타내기

(1) 가로에 간식, 세로에 학생 수를 나타내기

좋아하는 간식별 학생 수

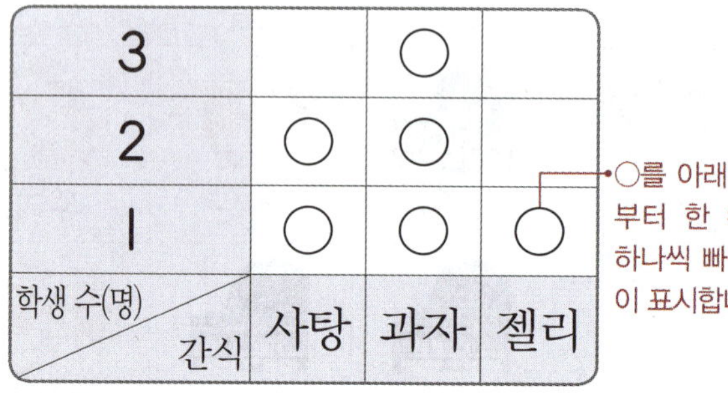

3		○	
2	○	○	
1	○	○	○
학생 수(명) / 간식	사탕	과자	젤리

○를 아래에서부터 한 칸에 하나씩 빠짐없이 표시합니다.

(2) 가로에 학생 수, 세로에 간식을 나타내기

좋아하는 간식별 학생 수

젤리	×		
과자	×	×	×
사탕	×	×	
간식 / 학생 수(명)	1	2	3

×를 왼쪽에서부터 한 칸에 하나씩 빠짐없이 표시합니다.

[1~2] 은하네 반 학생들이 좋아하는 생선을 조사하였습니다. 물음에 답하세요.

학생들이 좋아하는 생선

은하	갈치	서진	삼치	유나	삼치
승현	고등어	소라	삼치	재연	갈치
하준	삼치	소현	삼치	영훈	갈치

1 자료를 보고 표로 나타내 보세요.

좋아하는 생선별 학생 수

생선	갈치	고등어	삼치	합계
학생 수(명)	3			9

2 왼쪽 **1**의 표를 보고 ○를 이용하여 그래프로 나타내 보세요.

좋아하는 생선별 학생 수

5			
4			
3	○		
2	○		
1	○		
학생 수(명) / 생선	갈치	고등어	삼치

[3~5] 성빈이네 반 학생들이 좋아하는 악기를 조사하였습니다. 물음에 답하세요.

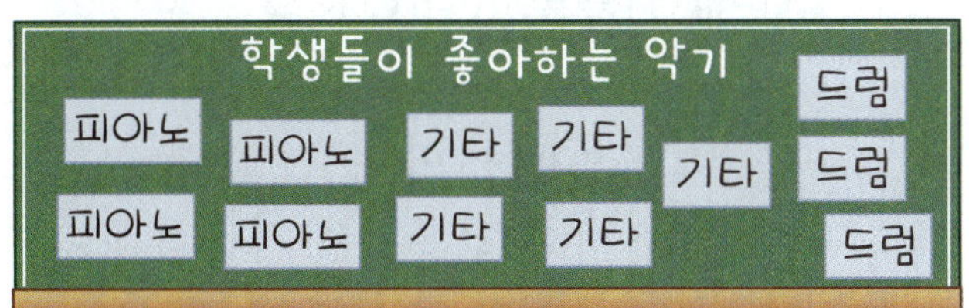

3 자료를 보고 표로 나타내 보세요.

좋아하는 악기별 학생 수

악기	피아노	기타	드럼	합계
학생 수(명)	4			

4 위 **3**의 표를 보고 그래프를 나타낼 때 세로에 학생 수를 나타낸다면 가로에는 무엇을 나타내야 하나요?

(   )

5 위 **3**의 표를 보고 ○를 이용하여 그래프로 나타내 보세요.

좋아하는 악기별 학생 수

5			
4	○		
3	○		
2	○		
1	○		
학생 수(명) / 악기	피아노	기타	드럼

[6~8] 형진이네 반 학생들이 가지고 온 재활용품을 조사하여 표로 나타냈습니다. 물음에 답하세요.

가지고 온 재활용품별 학생 수

재활용품	종이	캔	유리	페트병	합계
학생 수(명)	2	3	1	5	11

6 그래프의 가로 한 칸이 학생 한 명을 나타낸다면 가로는 적어도 몇 칸으로 정해야 하나요?

(   )

7 표를 보고 /을 이용하여 그래프로 나타내 보세요.

가지고 온 재활용품별 학생 수

페트병					
유리					
캔					
종이					
재활용품 / 학생 수(명)	1	2	3	4	5

8 표와 **7**의 그래프 중에서 가장 많은 학생들이 가지고 온 재활용품을 한눈에 알아보기 편리한 것은 무엇인가요?

(   )

[1~3] 가영이네 반 학생들이 좋아하는 곤충을 조사하였습니다. 물음에 답하세요.

좋아하는 곤충

가영	태석	제동	윤진	지나
철우	현주	은정	영민	광영

잠자리, 나비, 벌

1 지나가 좋아하는 곤충은 무엇인가요?

(   )

2 기준에 따라 분류하여 학생들의 이름을 쓰세요.

분류 기준	좋아하는 곤충

잠자리	나비	벌
가영,	태석, 지나,	

3 위 **2**에서 분류한 결과를 보고 표로 나타내 보세요.

좋아하는 곤충별 학생 수

곤충	잠자리	나비	벌	합계
학생 수(명)				10

4 자료를 조사하여 표로 나타내는 순서대로 □ 안에 기호를 써넣으세요.

> ㉠ 표로 나타내기
> ㉡ 자료를 조사하기
> ㉢ 무엇을 조사할지 정하기
> ㉣ 조사할 방법 정하기

□ → □ → □ → □

[5~6] 솔지네 모둠 학생들의 혈액형을 조사하려고 합니다. 물음에 답하세요.

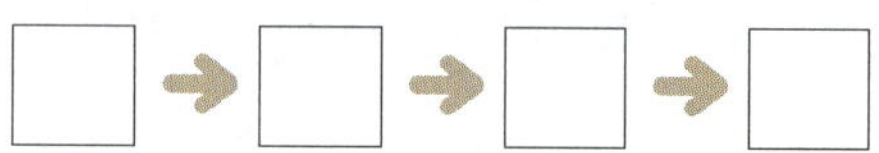

5 혈액형을 조사할 때 더 적절한 방법을 말한 사람의 이름을 쓰세요.

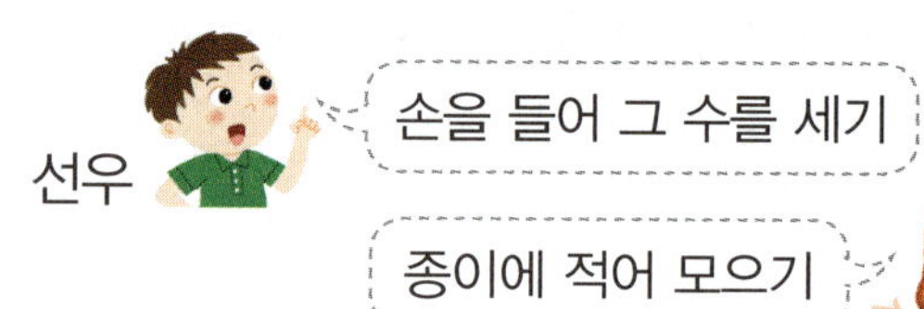

(   )

6 솔지네 모둠 학생들의 혈액형을 조사하였습니다. 자료를 보고 표로 나타내 보세요.

학생들의 혈액형

솔지	A형	서경	B형	준수	A형
다혜	B형	다은	A형	진수	AB형
민규	O형	우석	B형	나연	B형

혈액형별 학생 수

혈액형	A형	B형	AB형	O형	합계
학생 수(명)					9

[7~9] 영규네 모둠 학생들이 좋아하는 빵을 조사하였습니다. 물음에 답하세요.

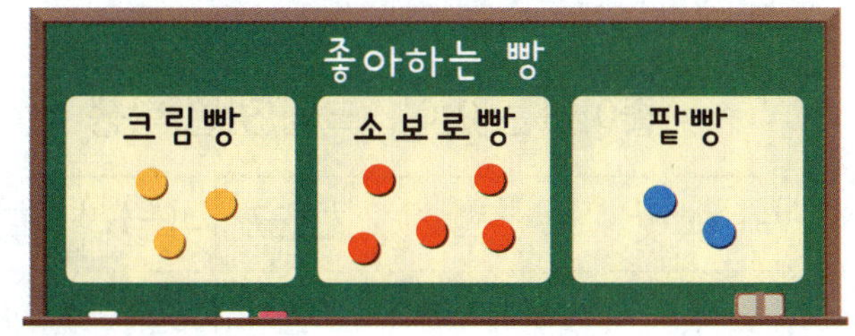

🔴 실생활 연결

7 자료를 보고 표로 나타내 보세요.

좋아하는 빵별 학생 수

빵	크림빵	소보로빵	팥빵	합계
학생 수(명)				

8 위 **7**의 표를 보고 ○를 이용하여 그래프로 나타내 보세요.

좋아하는 빵별 학생 수

팥빵					
소보로빵					
크림빵					
빵 〳 학생 수(명)	1	2	3	4	5

9 위 **8**의 그래프의 세로에 나타낸 것은 무엇인가요?

(　　　　　　　　　)

[10~11] 수지네 반 학생들이 기르는 반려동물을 조사하여 표로 나타냈습니다. 물음에 답하세요.

기르는 반려동물별 학생 수

반려동물	강아지	고양이	거북	햄스터	합계
학생 수(명)	4	3	1	5	13

10 표를 보고 ×를 이용하여 그래프로 나타내 보세요.

기르는 반려동물별 학생 수

5				
4				
3				
2				
1				
학생 수(명) 〳 반려동물	강아지	고양이	거북	햄스터

11 표를 보고 ╱을 이용하여 그래프로 나타내 보세요.

기르는 반려동물별 학생 수

햄스터					
거북					
고양이					
강아지					
반려동물 〳 학생 수(명)	1	2	3	4	5

[12~14] 붙임딱지를 사용하여 양 모양을 만들었습니다. 물음에 답하세요.

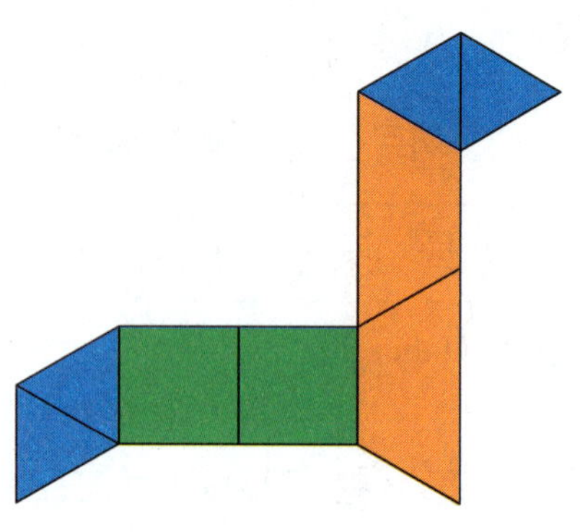

12 모양을 만드는 데 사용한 조각 수를 표로 나타내 보세요.

모양을 만드는 데 사용한 조각 수

조각	▲	■	⬯	합계
조각 수(개)				

13 모양을 만드는 데 사용한 조각은 모두 몇 개인가요?

(   )

14 가장 많이 사용한 조각을 찾아 ○표 하세요.

[15~16] 선경이네 반 학생들이 좋아하는 아이스크림 맛을 조사하여 표로 나타냈습니다. 물음에 답하세요.

좋아하는 아이스크림 맛별 학생 수

맛	딸기	초코	바닐라	합계
학생 수(명)	7	4	3	14

15 표를 보고 /을 이용하여 그래프로 나타내 보세요.

좋아하는 아이스크림 맛별 학생 수

바닐라							
초코							
딸기							
맛 \ 학생 수(명)	1	2	3	4	5	6	7

의사소통

16 아이스크림 가게 주인이 되어 선경이네 반 학생들에게 편지를 쓰려고 합니다. ☐ 안에 알맞은 말을 써넣으세요.

얘들아, 안녕?

그래프를 보니 선경이네 반 학생들은

[   ] 맛 아이스크림을 가장 좋아하

는구나. 좋아하는 아이스크림을 그래프로 나타

내니 [   ]

편리하구나.

9월 27일

아이스크림 가게 주인 씀.

17 친구의 이름에 있는 낱자의 개수를 세어 표로 나타내 보세요.

이름	낱자의 개수	이름	낱자의 개수
서지민	7	김도성	
박서우		김영석	

낱자의 개수별 학생 수

낱자의 개수(개)	7			합계
학생 수(명)				4

18 표를 보고 그래프로 나타내려고 합니다. 그래프를 완성할 수 <u>없는</u> 까닭을 쓰세요.

먹고 싶은 도시락별 학생 수

도시락	김밥	과일	초밥	합계
학생 수(명)	5	2	6	13

먹고 싶은 도시락별 학생 수

초밥					
과일	○	○			
김밥	○	○	○	○	○
도시락 / 학생 수(명)	1	2	3	4	5

까닭 ___________________

____

[19~21] 지우네 모둠 학생들이 가지고 있는 연결 모형입니다. 물음에 답하세요.

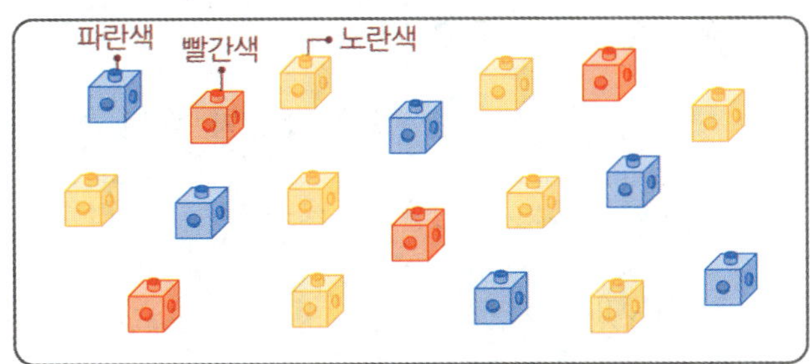

19 지우네 모둠이 가지고 있는 연결 모형의 색깔은 몇 가지인가요?

(　　　　　　)

20 연결 모형의 수를 표로 나타내 보세요.

색깔별 연결 모형의 수

색깔		합계
연결 모형 수(개)		

21 위 **20**의 표를 보고 대화를 완성해 보세요.

개념의 힘

1 표의 내용 알아보기

가 보고 싶은 나라별 학생 수

나라	미국	중국	일본	합계
학생 수(명)	3	1	2	6

(1) 가 보고 싶은 나라를 모두 쓰면 미국, 중국, 일본입니다.
(2) 미국에 가 보고 싶은 학생은 3명입니다.
(3) 중국에 가 보고 싶은 학생은 1명입니다.
(4) 일본에 가 보고 싶은 학생은 2명입니다.
(5) 조사한 학생은 모두 6명입니다.

☑참고 표로 나타내면 **자료별 수**와 **전체 수**를 알아보기 편리합니다.

2 그래프의 내용 알아보기

가 보고 싶은 나라별 학생 수

학생 수(명) \ 나라	미국	중국	일본
3	○		
2	○		○
1	○	○	○

(1) 가장 많은 학생들이 가 보고 싶은 나라는 미국입니다.
(2) 가장 적은 학생들이 가 보고 싶은 나라는 중국입니다.

☑참고 그래프로 나타내면 **가장 많은 것**과 **가장 적은 것**을 한눈에 알아보기 편리합니다.

[1~2] 주미네 반 학생들이 좋아하는 과일을 조사하여 표로 나타냈습니다. 물음에 답하세요.

좋아하는 과일별 학생 수

과일	사과	귤	배	포도	합계
학생 수(명)	2	4	8	3	17

1 귤을 좋아하는 학생은 몇 명인가요?

( )

2 주미네 반 학생은 모두 몇 명인가요?

( )

3 혜주네 모둠 학생들이 한 달 동안 읽은 책의 수를 조사하여 그래프로 나타냈습니다. 읽은 책 수가 가장 많은 학생은 누구인가요?

한 달 동안 읽은 책 수

책 수(권) \ 이름	혜주	현우	주영	희진
5			○	
4		○	○	
3		○	○	○
2	○	○	○	○
1	○	○	○	○

( )

[4~7] 민서네 반 학생들이 원하는 학급 티셔츠 색깔을 조사하여 표로 나타냈습니다. 물음에 답하세요.

원하는 티셔츠 색깔별 학생 수

색깔	빨강	노랑	파랑	보라	합계
학생 수(명)	4	7	5	4	20

4 학생들이 원하는 학급 티셔츠 색깔은 모두 몇 가지인가요?

(　　　　　　　)

5 민서네 반 학생은 모두 몇 명인가요?

(　　　　　　　)

6 가장 많은 학생들이 원하는 티셔츠 색깔은 무엇인가요?

(　　　　　　　)

7 민서가 표를 보고 쓴 알림장입니다. □ 안에 알맞은 말을 써넣으세요.

<알림장>

우리 반 티셔츠 색깔은 가장 많은 학생들이 원하는 □ 입니다.

[8~11] 수정이네 반 학생들의 취미 활동을 조사하여 그래프로 나타냈습니다. 물음에 답하세요.

취미 활동별 학생 수

학생 수(명) / 취미 활동	컴퓨터	운동	음악 감상	종이 접기
5		○		
4		○	○	
3	○	○	○	
2	○	○	○	
1	○	○	○	○

8 가장 적은 학생들이 하는 취미 활동은 무엇인가요?

(　　　　　　　)

9 가장 많은 학생들이 하는 취미 활동은 무엇인가요?

(　　　　　　　)

10 3명보다 많은 학생들이 하는 취미 활동을 모두 찾아 쓰세요.

(　　　　　　　)

11 알맞은 것에 ○표 하세요.

조사한 전체 학생 수를 알아보기 편리한 것은 (표 , 그래프)이고, 가장 많은 학생들이 좋아하는 취미 활동을 한눈에 알아보기 편리한 것은 (표 , 그래프)입니다.

개념의 **힘**

1 계획을 세워 조사하기

받고 싶은 생일 선물

은채	🧸	진호	📗	세형	🧸	선호	📗
호진	👟	예리	🧸	규민	📗	지연	📗

2 조사한 것을 표로 나타내기

받고 싶은 생일 선물별 학생 수

선물	인형	그림책	신발	합계
학생 수(명)	3	4	1	8

3 표를 보고 그래프로 나타내기

받고 싶은 생일 선물별 학생 수

학생 수(명) \ 선물	인형	그림책	신발
4		○	
3	○	○	
2	○	○	
1	○	○	○

4 표와 그래프를 보고 알게 된 내용 정리하기

(1) 조사한 학생은 모두 **8**명입니다.
(2) 가장 많은 학생들이 받고 싶은 생일 선물은 그림책입니다.

[1~3] 성주네 모둠 학생들이 좋아하는 운동을 조사하였습니다. 물음에 답하세요.

좋아하는 운동

야구		배구	농구	
⚾	⚾	🏐	🏀	🏐
성주	진우	유희	지석	효민
🏀	⚾	⚾	🏀	🏐
민지	리완	혜미	서진	재현

1 자료를 보고 표로 나타내 보세요.

좋아하는 운동별 학생 수

운동	야구	배구	농구	합계
학생 수(명)	4			

2 왼쪽 **1**의 표를 보고 ○를 이용하여 그래프로 나타내 보세요.

좋아하는 운동별 학생 수

운동 \ 학생 수(명)	1	2	3	4
농구				
배구				
야구	○	○	○	○

3 가장 많은 학생들이 좋아하는 운동은 무엇인가요?

( )

[4~5] 민주네 반 학생들이 주말에 가고 싶은 장소를 조사하여 분류하였습니다. 물음에 답하세요.

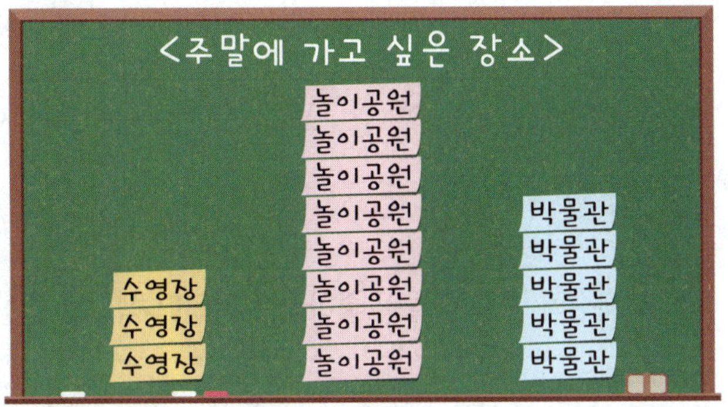

4 분류한 자료를 보고 표로 나타내 보세요.

주말에 가고 싶은 장소별 학생 수

장소	수영장	놀이공원	박물관	합계
학생 수(명)	3			

5 위 **4**의 표를 보고 ×를 이용하여 그래프로 나타내 보세요.

주말에 가고 싶은 장소별 학생 수

8			
7			
6			
5			
4			
3			
2			
1			
학생 수(명) \ 장소	수영장	놀이공원	박물관

[6~8] 한율이네 반 학생들이 좋아하는 교통수단을 조사하였습니다. 물음에 답하세요.

좋아하는 교통수단

배	자동차	기차	배
기차	자동차	기차	배
기차	자동차	자동차	자동차

6 자료를 보고 표로 나타내 보세요.

좋아하는 교통수단별 학생 수

교통수단	배	자동차	기차	합계
학생 수(명)				

7 위 **6**의 표를 보고 ○를 이용하여 그래프로 나타내 보세요.

좋아하는 교통수단별 학생 수

기차					
자동차					
배					
교통수단 \ 학생 수(명)	1	2	3	4	5

8 한율이가 **7**의 그래프를 보고 쓴 일기입니다. □ 안에 알맞은 말을 써넣으세요.

제목: 좋아하는 교통수단 조사하는 날

날짜: 12월 20일   날씨: ❄❄

우리 반 학생들이 좋아하는 교통수단을 조사했다. 가장 많은 학생들이 좋아하는 교통수단은 [   ]였다. 재미있는 조사 활동이었다.

[1~2] 소라네 반 학생들이 기르고 싶은 반려동물을 조사하였습니다. 물음에 답하세요.

기르고 싶은 반려동물

사슴벌레	거북		앵무새
소라	현빈	소영	동원
동건	보검	태준	미현 (햄스터)
지영	연주	하린	효린

1 자료를 보고 표로 나타내 보세요.

기르고 싶은 반려동물별 학생 수

반려동물	사슴벌레	거북	앵무새	햄스터	합계
학생 수(명)					

2 위 **1**의 표를 보고 /을 이용하여 그래프로 나타내 보세요.

6				
5				
4				
3				
2				
1				
학생 수(명) / 반려동물	사슴벌레	거북	앵무새	햄스터

[3~5] 좋아하는 학급 머리띠의 색깔을 조사하여 표로 나타냈습니다. 물음에 답하세요.

진우네 반 학생들이 좋아하는 머리띠 색깔별 학생 수

색깔	빨강	노랑	파랑	보라	합계
학생 수(명)	5	3	9	6	23

지수네 반 학생들이 좋아하는 머리띠 색깔별 학생 수

색깔	빨강	노랑	파랑	보라	합계
학생 수(명)	8	5	4	2	19

3 진우네 반 학생들이 가장 좋아하는 색깔은 무엇인가요?

( )

4 지수네 반 학생들 중 몇 명이 빨간색을 좋아하나요?

( )

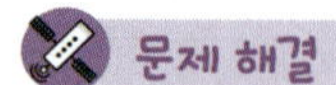

5 진우네 반과 지수네 반의 학급 머리띠의 색깔을 각각 정해 보고 그렇게 정한 까닭을 쓰세요.

진우네 반 ______________

지수네 반 ______________

까닭 ______________

6 민지가 사 온 과일을 조사하여 표와 그래프로 나타냈습니다. 가장 많이 사 온 과일이 무엇인지 한눈에 알아보기 편리한 것에 ○표 하세요.

민지가 사 온 과일 수

과일	수(개)
배	2
사과	1
참외	3
합계	6

3			○
2	○		○
1	○	○	○
수(개) / 과일	배	사과	참외

(표 , 그래프)

7 그래프를 보고 알 수 있는 내용을 모두 찾아 기호를 쓰세요.

2반 학생들이 기르는 채소별 학생 수

5		×		
4		×		
3		×	×	
2	×	×	×	
1	×	×	×	×
학생 수(명) / 채소	가지	당근	오이	고추

㉠ 2반 학생들이 기르는 채소의 종류를 알 수 있습니다.
㉡ 2반 학생인 지호가 어떤 채소를 기르는지 알 수 있습니다.
㉢ 가장 많은 학생들이 기르는 채소가 무엇인지 알 수 있습니다.

(   )

8 희수네 모둠 학생들이 지난달 읽은 책 수를 조사하여 그래프로 나타냈습니다. 책을 가장 많이 읽은 학생과 가장 적게 읽은 학생이 읽은 책은 모두 몇 권인가요?

지난달 학생별 읽은 책 수

5				/
4		/		/
3	/	/	/	/
2	/	/	/	/
1	/	/	/	/
책 수(권) / 이름	희수	수지	정연	아린

(   )

9 4반 학생들이 좋아하는 채소를 조사하여 표로 나타냈습니다. 표의 빈칸에 알맞은 수를 쓰고, 영양사 선생님께 쓸 편지를 완성해 보세요.

4반 학생들이 좋아하는 채소별 학생 수

채소	오이	피망	시금치	당근	합계
학생 수(명)	12	7	9		34

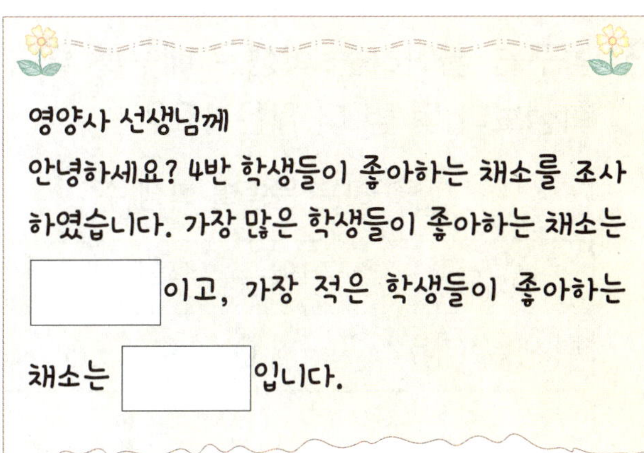

응용 1 자료의 수의 합(차) 구하기 

자료의 수를 각각 찾아 합 또는 차를 구합니다.

1 완두콩을 좋아하는 학생과 강낭콩을 좋아하는 학생은 모두 몇 명인가요?

좋아하는 콩별 학생 수

콩	검은콩	완두콩	강낭콩	합계
학생 수(명)	5	4	7	16

( )

2 장래 희망이 선생님인 학생과 경찰관인 학생은 모두 몇 명인가요?

장래 희망별 학생 수

장래 희망	선생님	가수	경찰관	합계
학생 수(명)	9	4	8	21

( )

3 농구를 좋아하는 학생은 배구를 좋아하는 학생보다 몇 명 더 많은가요?

좋아하는 운동별 학생 수

운동	축구	농구	수영	배구	합계
학생 수(명)	7	10	9	6	32

( )

응용 2 표와 그래프 완성하기 

표의 수를 보고 그래프를 완성하고, 그래프의 ○, ×, /의 수를 세어 표를 완성합니다.

4 지호가 시장에 내놓은 물건을 조사한 표와 그래프입니다. 표와 그래프를 완성해 보세요.

내놓은 물건별 수

물건	윗옷	가방	치마	합계
물건 수(개)	4		3	13

내놓은 물건별 수

치마						
가방	○	○	○	○	○	○
윗옷						
물건 \ 물건 수(개)	1	2	3	4	5	6

5 냉장고에 있는 과일을 조사한 표와 그래프입니다. 표와 그래프를 완성해 보세요.

냉장고에 있는 과일별 수

과일	포도	복숭아	자두	합계
과일 수(개)	3		7	

냉장고에 있는 과일별 수

자두							
복숭아	○	○	○	○			
포도							
과일 \ 과일 수(개)	1	2	3	4	5	6	7

응용 3 기준이 되는 수보다 더 많은(적은) 것 찾기

에 **2**명보다 **더 많은** 학생이 좋아하는 색깔

좋아하는 색깔별 학생 수

학생 수(명) \ 색깔	빨강	파랑	주황
3		○	
2		○	
1	○	○	○

기준선

2명을 기준으로 **기준선을 그어** 그 위 칸에 ○를 표시한 색깔을 찾습니다. ➡ 파랑

6 취미 활동을 조사하여 그래프로 나타냈습니다. **2**명보다 많은 학생이 하는 취미 활동을 모두 찾아 쓰세요.

취미 활동별 학생 수

학생 수(명) \ 취미 활동	악기 연주	독서	컴퓨터	운동
4				×
3		×		×
2		×	×	×
1	×	×	×	×

(　　　　　　　　)

7 위 **6**의 그래프를 보고 **3**명보다 적은 학생이 하는 취미 활동을 모두 찾아 쓰세요.

(　　　　　　　　)

응용 4 자료에서 빠진 것 알아보기

자료에서 빠진 것을 제외하고 분류하여 세어 본후 주어진 표의 수와 비교합니다.

8 민선이네 모둠 학생들이 좋아하는 꽃을 조사한 자료와 표입니다. 선주가 좋아하는 꽃은 무엇인가요?

좋아하는 꽃

민선	개나리	준희	튤립	주영	진달래
희정	개나리	아린	진달래	선주	

좋아하는 꽃별 학생 수

꽃	개나리	튤립	진달래	합계
학생 수(명)	2	1	3	6

(　　　　　　　　)

9 선화네 모둠 학생들이 좋아하는 김밥을 조사한 자료와 표입니다. 미희가 좋아하는 김밥은 무엇인가요?

좋아하는 김밥

선화	참치	규철	김치	정아	유부
지훈	김치	지원		민우	유부
호동	김치	미희		광석	김치

좋아하는 김밥별 학생 수

종류	참치	김치	유부	합계
학생 수(명)	3	4	2	9

(　　　　　　　　)

5
단원

표와 그래프

응용 5 빈칸이 두 개 있는 표 완성하기

예 포도가 사과보다 **1개 더 많을 때** 귤의 수 구하기

과일	귤	사과	포도	합계
과일 수(개)		2		7

(포도 수)=(사과 수)+**1**=2+**1**=3(개)

➡ (**귤 수**)=(합계)−(사과 수)−(포도 수)
=7−2−3=2(개)

---

10 경혜네 반 학생들이 좋아하는 놀이기구를 조사하여 표로 나타냈습니다. 범퍼카를 좋아하는 학생이 바이킹을 좋아하는 학생보다 4명 더 많을 때 회전 목마를 좋아하는 학생은 몇 명인지 구하세요.

좋아하는 놀이기구별 학생 수

놀이기구	범퍼카	바이킹	회전 목마	합계
학생 수(명)		4		24

( )

11 현우네 반 학생들이 태어난 계절을 조사하여 표로 나타냈습니다. 여름에 태어난 학생이 겨울에 태어난 학생보다 4명 더 적을 때 봄에 태어난 학생은 몇 명인지 구하세요.

태어난 계절별 학생 수

계절	봄	여름	가을	겨울	합계
학생 수(명)			6	12	30

( )

응용 6 조건에 맞게 그래프 완성하기

구하고자 하는 두 자료의 수가 같다면 같은 두 수를 더해서 나오는 수를 이용합니다.

예 2+2=4, 3+3=6, 4+4=8

12 13명의 학생들이 턱걸이를 한 횟수를 조사하여 그래프로 나타냈습니다. 턱걸이를 1번 한 학생 수와 4번 한 학생 수가 같다면 1번 한 학생은 몇 명인가요?

턱걸이를 한 횟수별 학생 수

학생 수(명) \ 횟수	1번	2번	3번	4번
4			○	
3		○	○	
2		○	○	
1		○	○	

( )

13 10명의 학생들이 가 보고 싶은 섬을 조사하여 그래프로 나타냈습니다. 울릉도에 가 보고 싶은 학생 수와 완도에 가 보고 싶은 학생 수가 같을 때 그래프를 완성해 보세요.

가 보고 싶은 섬별 학생 수

학생 수(명) \ 섬	울릉도	제주도	홍도	완도
4			○	
3			○	
2		○	○	
1		○	○	

응용 7 표와 그래프에서 모르는 수 구하기

그래프를 보고 표의 빈칸에 자료의 수를 써넣고 표의 합계를 이용해 표의 남은 빈칸을 채워 표를 완성합니다.

14 창고에 있는 간식을 조사하여 표와 그래프로 나타냈습니다. 떡은 몇 개인가요?

창고에 있는 종류별 간식 수

종류	과자	빵	떡	합계
간식 수(개)		4		17

창고에 있는 종류별 간식 수

띡							
빵							
과자	○	○	○	○	○	○	○
종류 \ 간식 수(개)	1	2	3	4	5	6	7

(   )

15 동물원에 있는 동물을 조사하여 표와 그래프로 나타냈습니다. 기린은 몇 마리인가요?

동물원에 있는 종류별 동물 수

종류	사자	기린	곰	합계
동물 수(마리)	7			19

동물원에 있는 종류별 동물 수

곰	○	○	○	○	○		
기린							
사자							
종류 \ 동물 수(마리)	1	2	3	4	5	6	7

(   )

응용 8 조건을 이용하여 자료의 수 구하기

문제에 주어진 조건을 이용하여 자료의 수를 구합니다.

16 10문제씩 풀어서 맞힌 문제와 틀린 문제 수를 조사하여 각각 표로 나타냈습니다. 문제를 가장 많이 맞힌 사람은 누구인가요?

학생별 맞힌 문제와 틀린 문제 수

이름	수혁	세형	윤아	합계
맞힌 문제 수(개)	5			19
틀린 문제 수(개)		4		11

(   )

17 10문제씩 풀어서 맞힌 문제와 틀린 문제 수를 조사하여 각각 표로 나타냈습니다. 문제를 가장 많이 맞힌 사람은 누구인가요?

학생별 맞힌 문제와 틀린 문제 수

이름	윤서	현수	재민	소희	합계
맞힌 문제 수(개)	4				16
틀린 문제 수(개)		3		8	24

(   )

대표 유형 1 빈칸이 있는 표 완성하기

유라가 한 달 동안 읽은 책을 조사하여 표로 나타냈습니다. 유라가 가장 많이 읽은 책의 종류는 가장 적게 읽은 책의 종류보다 몇 권 더 읽었나요?

한 달 동안 읽은 책 수

종류	동화책	과학책	위인전	만화책	역사책	합계
책 수(권)	5	7	3		4	20

해결 방법

1 (만화책 수)=20−5−7−3−4=☐(권)

2 가장 많이 읽은 책의 종류는 ☐, 가장 적게 읽은 책의 종류는 ☐ 입니다.

➜ ☐−☐=☐(권)

답 ______________

유형 코칭 합계에서 나머지 자료의 수들을 빼서 모르는 자료의 수를 구합니다.

✎ 위의 해결 방법을 따라 풀이를 쓰고 답을 구하세요.

1-1 시후네 반 학생들의 성씨를 조사하여 표로 나타냈습니다. 가장 많은 성씨의 학생 수는 가장 적은 성씨의 학생 수보다 몇 명 더 많나요?

성씨별 학생 수

성씨	김씨	이씨	최씨	정씨	조씨	합계
학생 수(명)		6	4	2	3	25

풀이

답 ______________

대표 유형 2 그래프를 보고 가장 적은 것 찾기

20명의 학생들이 좋아하는 찌개를 조사하여 그래프로 나타냈습니다. 가장 적은 학생들이 좋아하는 찌개는 무엇인가요?

좋아하는 찌개별 학생 수

된장찌개								
부대찌개	/	/	/	/	/			
김치찌개	/	/	/	/	/	/	/	/
찌개 / 학생 수(명)	1	2	3	4	5	6	7	8

해결 방법

1 (된장찌개를 좋아하는 학생 수)$=20-\boxed{}-5=\boxed{}$(명)

2 $\boxed{}>\boxed{}>5$이므로 가장 적은 학생들이 좋아하는 찌개는 $\boxed{}$입니다.

답 ____________

유형 코칭 조사한 전체 수에서 그래프의 각 자료의 수를 빼서 모르는 자료의 수를 구합니다.

✎ 위의 해결 방법을 따라 풀이를 쓰고 답을 구하세요.

2-1 12명의 학생들이 좋아하는 주스를 조사하여 그래프로 나타냈습니다. 가장 적은 학생들이 좋아하는 주스는 무엇인가요?

좋아하는 주스별 학생 수

포도 주스	/	/	/	/	
망고 주스					
사과 주스	/	/	/	/	/
주스 / 학생 수(명)	1	2	3	4	5

풀이

답 ____________

대표 유형 3 두 그래프에서 가장 많은 항목 구하기

1반과 2반 학생들이 동물원에서 보고 싶은 동물을 조사하여 그래프로 나타냈습니다. 두 반의 가장 많은 학생들이 보고 싶어 하는 동물은 무엇인가요?

1반 학생들이 보고 싶은 동물별 학생 수

동물 \ 학생 수(명)	1	2	3	4	5	6	7
코끼리	×	×	×	×			
호랑이	×	×	×	×	×	×	×
판다	×	×	×	×	×		

2반 학생들이 보고 싶은 동물별 학생 수

동물 \ 학생 수(명)	1	2	3	4	5	6	7
코끼리	×	×					
호랑이	×	×	×	×			
판다	×	×	×	×	×	×	×

해결 방법

1 두 반의 학생들이 보고 싶어 하는 동물별 학생 수

· 판다: ☐ 명 · 호랑이: ☐ 명 · 코끼리: ☐ 명

2 가장 많은 학생들이 보고 싶어 하는 동물: ☐   답 ____________

유형 코칭 두 그래프에서 같은 동물별 학생 수를 더하여 학생 수가 가장 많은 동물을 찾습니다.

위의 해결 방법을 따라 풀이를 쓰고 답을 구하세요.

3-1 유나네 반과 영후네 반 학생들이 배우고 싶은 악기를 조사하여 그래프로 나타냈습니다. 두 반의 가장 많은 학생들이 배우고 싶은 악기는 무엇인가요?

유나네 반 학생들이 배우고 싶은 악기별 학생 수

악기 \ 학생 수(명)	1	2	3	4	5	6
첼로	○	○	○	○		
플루트	○	○	○	○	○	
드럼	○	○	○	○	○	○

영후네 반 학생들이 배우고 싶은 악기별 학생 수

악기 \ 학생 수(명)	1	2	3	4	5	6
첼로	○	○	○	○	○	○
플루트	○	○	○	○		
드럼	○	○	○	○	○	

풀이

답 ____________

대표 유형 **4**　표를 보고 조건을 만족하는 학생 수 구하기

정주네 반 학생들이 좋아하는 음식을 조사하여 표로 나타냈습니다. 치킨을 좋아하는 학생은 햄버거를 좋아하는 학생보다 5명 더 많습니다. 치킨을 좋아하는 학생은 몇 명인가요?

좋아하는 음식별 학생 수

음식	치킨	피자	햄버거	합계
학생 수(명)		10		23

해결 방법

1 햄버거를 좋아하는 학생 수를 ■명이라 하면

치킨을 좋아하는 학생 수는 (■+☐)명입니다.

2 ■+5+10+■=☐, ■+■=☐, ■=☐

3 (치킨을 좋아하는 학생 수)=☐+5=☐(명)

답 __________________

유형 코칭　·■보다 5명 **더 많음** ➜ ■**+5**　　·■보다 5명 **더 적음** ➜ ■**−5**

✐ 위의 해결 방법을 따라 풀이를 쓰고 답을 구하세요.

4-1　현우가 저금통에 있는 동전을 조사하여 표로 나타냈습니다. 500원짜리 동전은 100원짜리 동전보다 2개 더 많습니다. 500원짜리 동전은 몇 개인가요?

저금통에 있는 금액별 동전 수

금액	10원	100원	500원	합계
동전 수(개)	8			22

풀이

답 __________________

[1~5] 수호네 모둠 학생들이 좋아하는 채소를 조사하려고 합니다. 물음에 답하세요.

1 좋아하는 채소를 조사하는 방법으로 더 알 맞은 것에 ○표 하세요.

- 붙임딱지 붙이기 ·················· (   )
- 종이에 적어 모으기 ············ (   )

2 수호네 모둠 학생들이 좋아하는 채소를 조사한 자료를 보고 표로 나타내 보세요.

좋아하는 채소

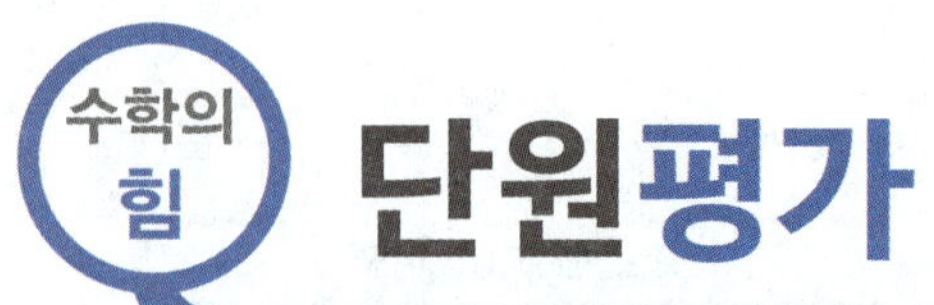

좋아하는 채소별 학생 수

채소	오이	토마토	당근	합계
학생 수(명)				

3 위 **2**의 자료와 표 중에서 수호가 좋아하는 채소를 알 수 있는 것은 무엇인가요?

(   )

4 위 **2**의 표를 보고 조사한 학생은 모두 몇 명인지 구하세요.

(   )

5 위 **2**의 자료와 표 중에서 조사한 학생 수를 한눈에 알아보기 편리한 것은 무엇인가요?

(   )

[6~8] 민희네 반 학생들이 좋아하는 색깔을 조사하였습니다. 물음에 답하세요.

학생들이 좋아하는 색깔

이름	색깔	이름	색깔	이름	색깔
민희	주황	주경	분홍	기호	분홍
재민	노랑	태호	보라	상훈	보라
선예	분홍	아름	주황	정옥	분홍

6 자료를 보고 표로 나타내 보세요.

좋아하는 색깔별 학생 수

색깔	주황	노랑	분홍	보라	합계
학생 수(명)					

7 위 **6**의 표를 보고 ○를 이용하여 그래프로 나타내 보세요.

좋아하는 색깔별 학생 수

4				
3				
2				
1				
학생 수(명) \ 색깔	주황	노랑	분홍	보라

8 가장 적은 학생이 좋아하는 색깔은 무엇인가요?

(   )

9 오른쪽 모양을 만드는 데 사용한 조각 수를 표로 나타내 보세요.

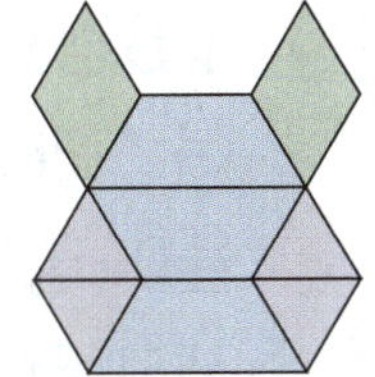

모양을 만드는 데 사용한 조각 수

조각	△	◇	▱	합계
조각 수(개)				

[10~12] 재우네 반 학생들이 가 보고 싶은 산을 조사하여 표로 나타냈습니다. 물음에 답하세요.

가 보고 싶은 산별 학생 수

산	금강산	백두산	한라산	지리산	합계
학생 수(명)	4	1	5		12

10 위의 표를 완성해 보세요.

11 위 **10**에서 완성한 표를 보고 ╱을 이용하여 그래프로 나타내 보세요.

가 보고 싶은 산별 학생 수

지리산					
한라산					
백두산					
금강산					
산 ＼ 학생 수(명)	1	2	3	4	5

12 가장 많은 학생들이 가 보고 싶은 산은 어디인가요?

(　　　　　　　　)

[13~15] 운동장에 놀이터를 만들려고 합니다. 2학년 학생들이 원하는 놀이기구를 조사하여 그래프로 나타냈습니다. 물음에 답하세요.

원하는 놀이기구별 학생 수

학생 수(명) ＼ 놀이기구	미끄럼틀	그네	시소	철봉
6		×		
5		×		×
4		×		×
3	×	×		×
2	×	×	×	×
1	×	×	×	×

13 그래프의 세로에 나타낸 것은 무엇인가요?

(　　　　　　　　)

14 3명보다 많은 학생들이 원하는 놀이기구를 모두 찾아 쓰세요.

(　　　　　　　　)

🗨 의사소통

15 그래프를 보고 2학년 학생들의 의견을 선생님께 전해 보세요.

16 안경을 쓴 학생 | 0명의 반을 조사하여 그 래프로 나타냈습니다. 그래프를 완성해 보세요.

반별 안경을 쓴 학생 수

4				
3	×			
2	×		×	
		×	×	×	
학생 수(명) / 반	|반	2반	3반	4반

[17~18] 지율이네 반 학생들이 사는 마을을 조사하여 표로 나타냈습니다. 우정 마을에 사는 학생은 사랑 마을에 사는 학생보다 4명 더 많다고 합니다. 물음에 답하세요.

사는 마을별 학생 수

마을	사랑	우정	기쁨	합계
학생 수(명)			5	21

🖊 문제 해결

17 우정 마을에 사는 학생은 모두 몇 명인가요?

(　　　　　　　)

18 사는 학생이 가장 많은 마을과 가장 적은 마을의 학생 수의 차는 몇 명인가요?

(　　　　　　　)

🖊 서술형

19 | 5명의 학생들이 좋아하는 새를 조사하여 그래프로 나타냈습니다. 가장 적은 학생들이 좋아하는 새는 무엇인지 풀이 과정을 쓰고 답을 구하세요.

좋아하는 새별 학생 수

비둘기						
앵무새	○	○	○	○		
까치	○	○	○	○	○	
새 / 학생 수(명)			2	3	4	5	6

풀이 ______________________

답 ______________________

🖊 서술형

20 민규네 반 학생들의 취미를 조사하여 표로 나타냈습니다. 독서가 취미인 학생 수와 컴퓨터가 취미인 학생 수가 같을 때 독서가 취미인 학생은 몇 명인지 풀이 과정을 쓰고 답을 구하세요.

취미별 학생 수

취미	운동	독서	컴퓨터	합계
학생 수(명)	4			20

풀이 ______________________

답 ______________________

원준이가 골라야 할 기호는?

☆ 민지네 반 학생들이 생일에 받고 싶은 선물을 조사한 자료와 표입니다. 원준이가 생일에 받고 싶은 선물을 받으려면 가, 나, 다 중 어느 것을 골라야 하나요?

생일에 받고 싶은 선물

민지	수정	현주	주호	경혜
→스마트폰	→인형		→자전거	→게임기
유라	지연	원준	윤서	성수

생일에 받고 싶은 선물별 학생 수

선물	스마트폰	인형	자전거	게임기	합계
학생 수(명)	4	1	3	2	10

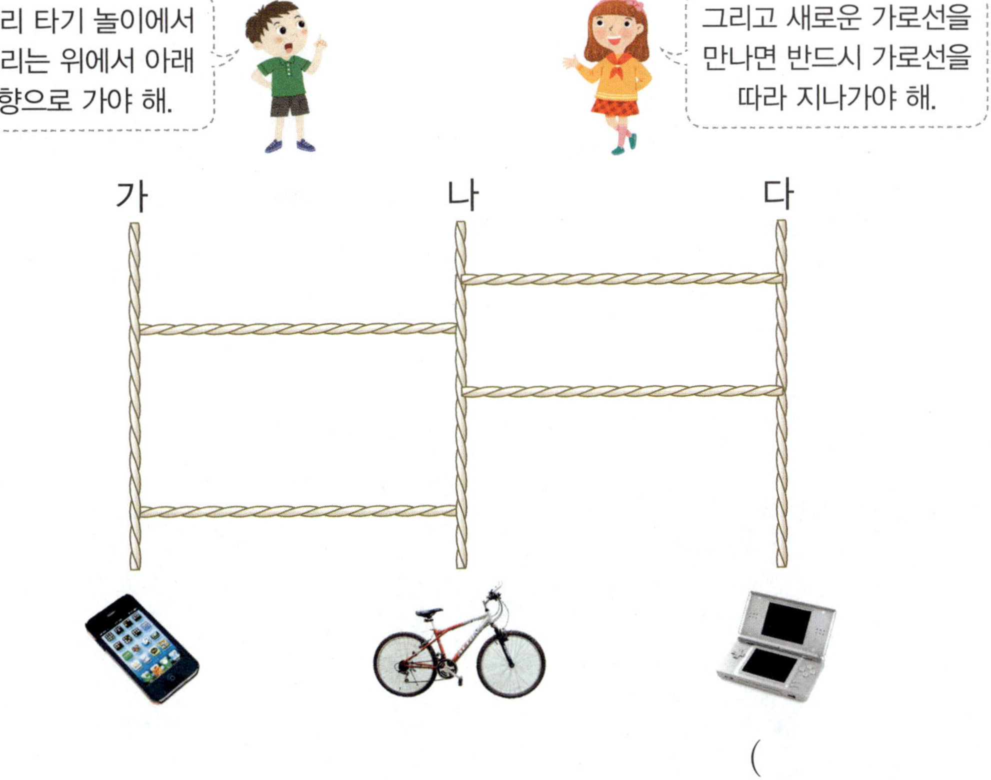

6

규칙 찾기

무늬의 모양과 색깔, 쌓기나무, 수 등의 배열에서 일정한 규칙을 찾아 문제를 해결해 보자.
그리고 일상생활에서 볼 수 있는 다양한 규칙을 찾고 만들어 보며 문제를 해결해 보자.

이전에 배운 내용

1-2

규칙 찾기
- 규칙 찾기 / 규칙 만들기
- 수 배열, 수 배열표에서 규칙 찾기
- 규칙을 여러 가지 방법으로 나타내기

이번에 배울 내용

1. 무늬에서 규칙 찾기
2. 쌓은 모양에서 규칙 찾기
3. 덧셈표에서 규칙 찾기
4. 곱셈표에서 규칙 찾기
5. 생활에서 규칙 찾기

이후에 배울 내용

4-1

규칙 찾기
- 규칙을 찾아 설명하기
- 규칙을 수나 식으로 나타내기
- 계산식의 배열에서 계산 결과 규칙 찾기

개념의 힘

1 색깔이 반복되는 규칙 찾기

규칙 노란색, 초록색, 주황색이 반복됩니다.

2 모양과 색깔이 반복되는 규칙 찾기

규칙 □, ○, △이 반복되고, → 방향으로 빨간색과 파란색이 반복됩니다.

3 무늬를 숫자로 바꾸어 규칙 찾기

☀는 1, ☁은 2, 🌙은 3으로 바꾸어 나타내 봅니다.

| 1 | 2 | 3 | 1 | 2 |
| 3 | 1 | 2 | 3 | 1 |

규칙 1, 2, 3이 반복됩니다.

4 돌아가는 무늬의 규칙 찾기

(1) 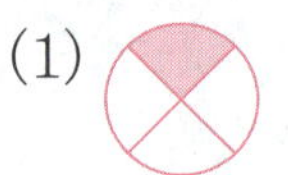    

규칙 분홍색으로 색칠되어 있는 부분이 시계 방향으로 돌아가고 있습니다.

(2) 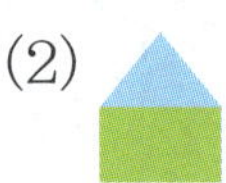    

규칙 집 모양이 시계 반대 방향으로 돌아가고 있습니다.

5 수가 늘어나는 무늬의 규칙 찾기

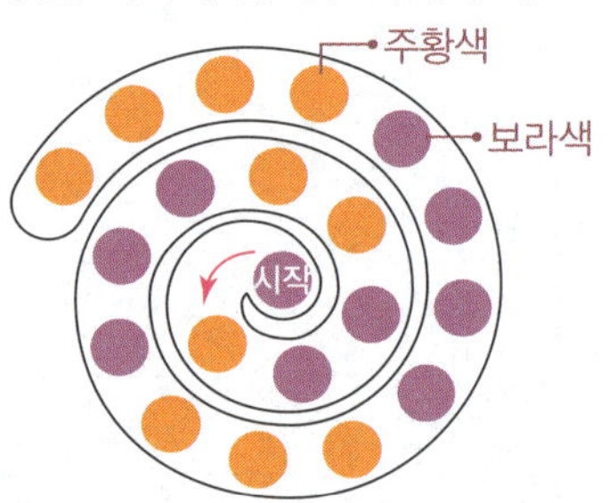

규칙 보라색과 주황색이 각각 1개씩 늘어나며 반복되고 있습니다.

[1~2] 그림을 보고 물음에 답하세요.

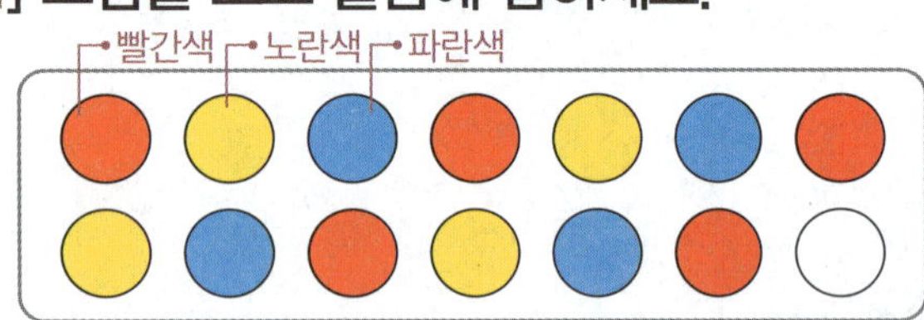

1 규칙을 찾아 □ 안에 알맞은 말을 써넣으세요.

규칙 빨간색, [ ]색, [ ]색이 반복됩니다.

2 위 **1**의 규칙을 보고 위 그림의 빈 곳에 알맞게 색칠해 보세요.

[3~4] 그림을 보고 물음에 답하세요.

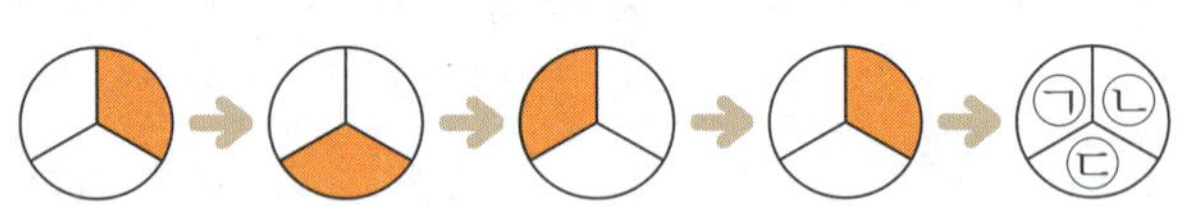

3 규칙을 찾아 알맞은 말에 ○표 하세요.

> 주황색으로 색칠되어 있는 부분이 (시계 방향 , 시계 반대 방향)으로 돌아가고 있습니다.

4 위 **3**의 규칙을 보고 마지막 그림에 색을 칠해야 하는 곳을 찾아 기호를 쓰세요.

( )

5 무늬에서 규칙을 찾아 □ 안에 알맞은 수를 써넣으세요.

☆	○	☆	○	○	☆	○	○
○	☆	○	○	○	○	☆	○

규칙 ☆과 ○이 반복되고, ○이 □ 개씩 늘어납니다.

[6~7] 그림을 보고 물음에 답하세요.

6 위 그림에서 🌸은 I, ⭐은 2로 바꾸어 나타내 보세요.

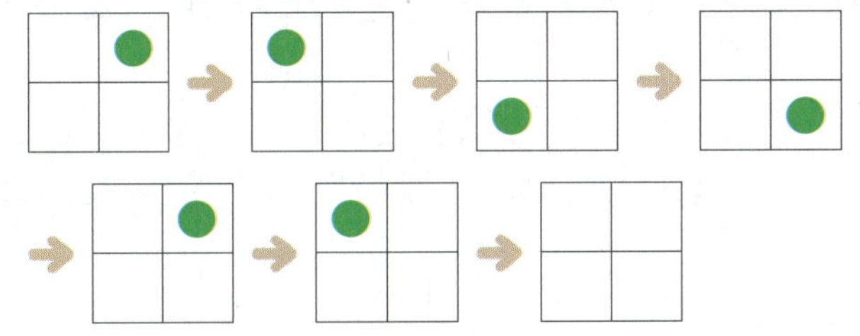

I	2	I	I	2	I	I
2	I					

7 위 **6**을 보고 규칙을 바르게 말한 사람의 이름을 쓰세요.

(　　　　　)

8 규칙을 찾아 ●을 알맞게 그려 넣으세요.

9 규칙에 따라 단추를 늘어놓았습니다. 단추가 놓여 있는 규칙을 바르게 설명한 것의 기호를 쓰세요.

> ㉠ 원, 사각형 모양이 반복되고 빨간색과 초록색이 반복됩니다.
> ㉡ 원, 사각형, 사각형 모양이 반복되고 빨간색과 초록색이 반복됩니다.

(　　　　　)

10 규칙에 따라 구슬을 꿰고 있습니다. 규칙을 찾아 빈 곳에 알맞게 색칠해 보세요.

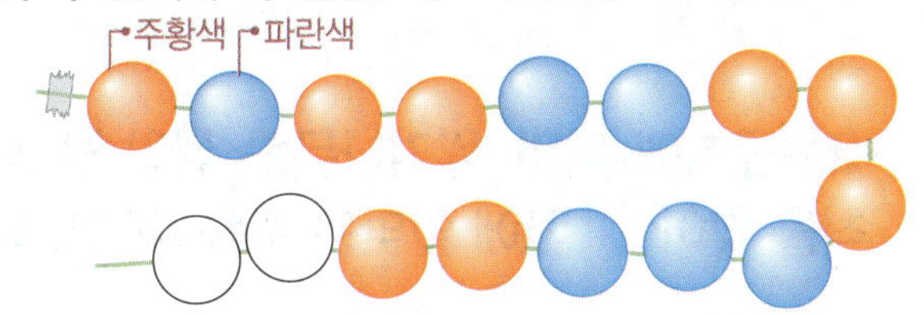

11 포장지에 규칙적으로 모양이 그려져 있습니다. 포장지의 찢어진 부분으로 알맞은 것의 기호를 쓰세요.

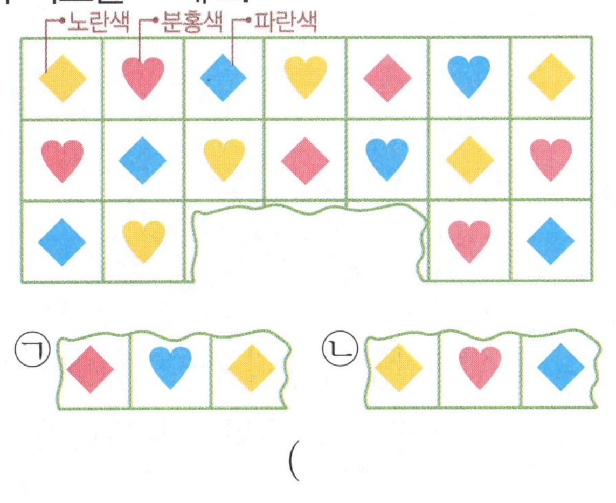

(　　　　　)

② 쌓은 모양에서 규칙 찾기

개념의 힘

① 쌓기나무가 쌓인 모양에서 규칙 찾기

(1)
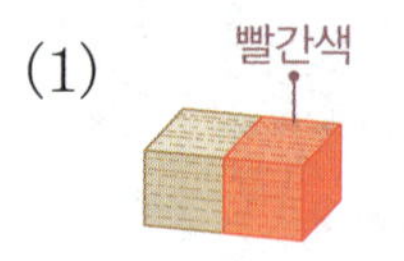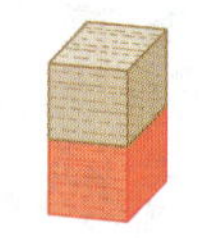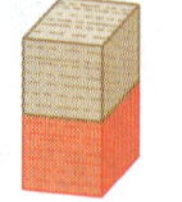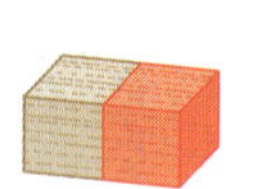

규칙 빨간색 쌓기나무가 있고 쌓기나무 1개가 왼쪽, 위쪽으로 번갈아 가며 나타나고 있습니다.

(2)
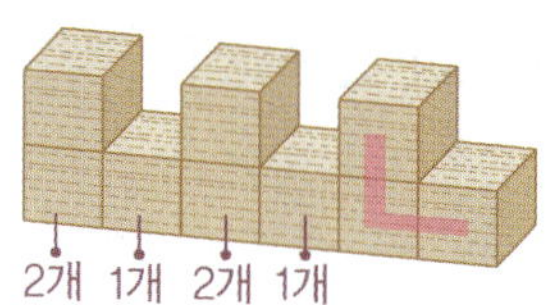

2개 1개 2개 1개

규칙1 쌓기나무의 수가 왼쪽에서 오른쪽으로 2개, 1개씩 반복됩니다.

규칙2  을 반복되게 쌓았습니다.

② 쌓기나무를 쌓은 규칙 찾기

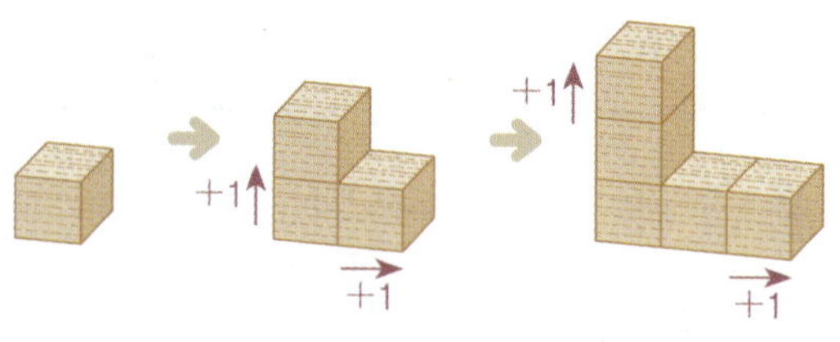

규칙 쌓기나무가 위쪽과 오른쪽으로 1개씩 늘어나고 있습니다.

➡ 다음에 이어질 모양:

쌓은 모양에서 규칙을 찾을 때에는 어느 방향으로 몇 개씩 늘어나는지, 줄어드는지 살펴봐.

[1~2] 규칙에 따라 쌓기나무를 쌓았습니다. 규칙을 찾아 □ 안에 알맞은 수를 써넣으세요.

1
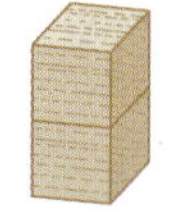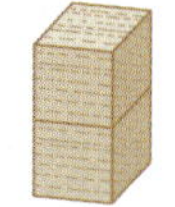

규칙 쌓기나무가 2층, □ 층으로 반복됩니다.

2
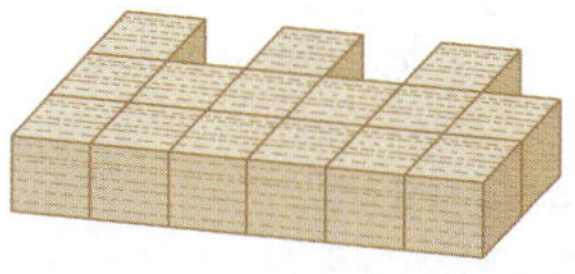

규칙 쌓기나무의 수가 왼쪽에서 오른쪽으로 □ 개, □ 개씩 반복됩니다.

3 쌓기나무가 쌓인 모양을 보고 규칙을 찾아 알맞은 것에 ◯표 하세요.

초록색 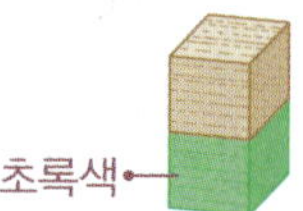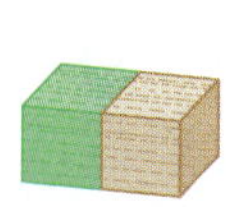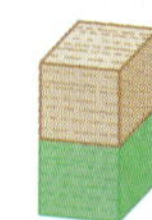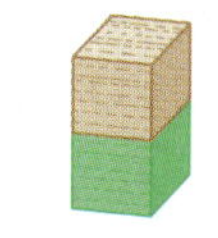

초록색 쌓기나무가 있고 쌓기나무 (1 , 2)개가 위쪽과 (오른 , 왼)쪽으로 번갈아 가며 나타나고 있습니다.

4 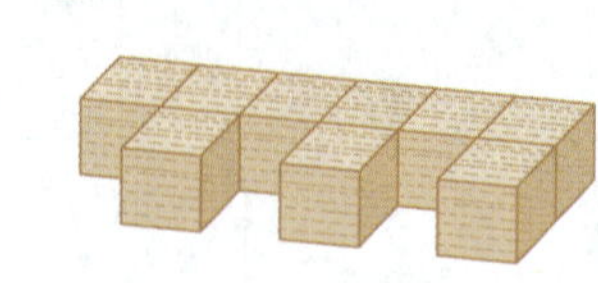 을 반복하여 쌓은 모양에 ◯표 하세요.

(   )   (   )

5 규칙에 따라 쌓기나무를 쌓을 때 다음에 이어질 모양에 쌓을 쌓기나무의 기호를 쓰세요.

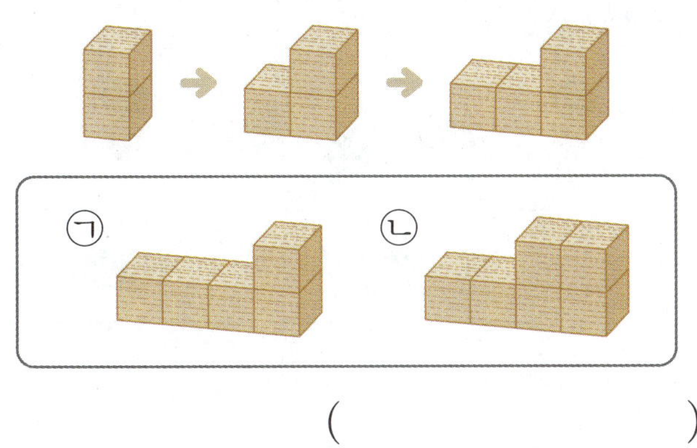

ㄱ　　　　　　　ㄴ

(　　　　　　　　)

[6~7] 규칙에 따라 쌓기나무를 쌓았습니다. 물음에 답하세요.

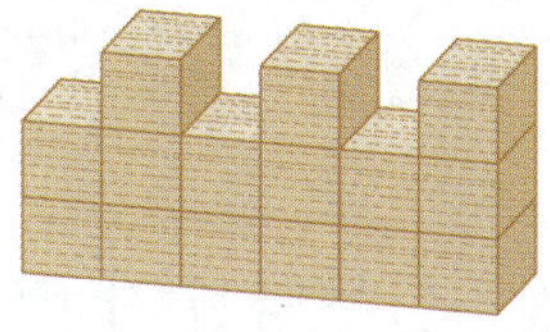

6 주원이가 쌓기나무를 쌓은 규칙을 바르게 말했으면 ○표, 아니면 ×표 하세요.

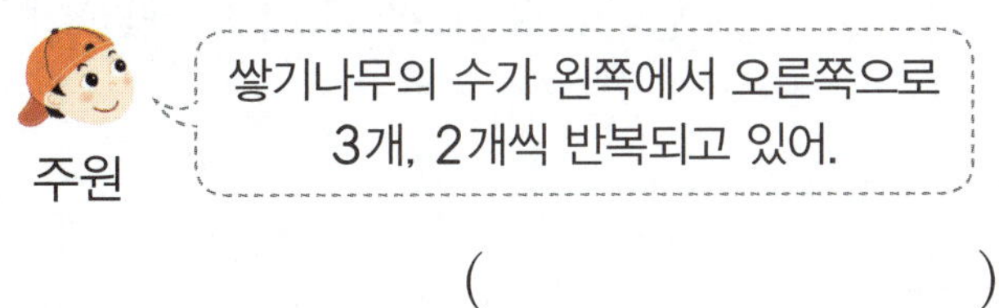

(　　　　　　　　)

7 반복되는 모양으로 알맞은 것에 ○표 하세요.

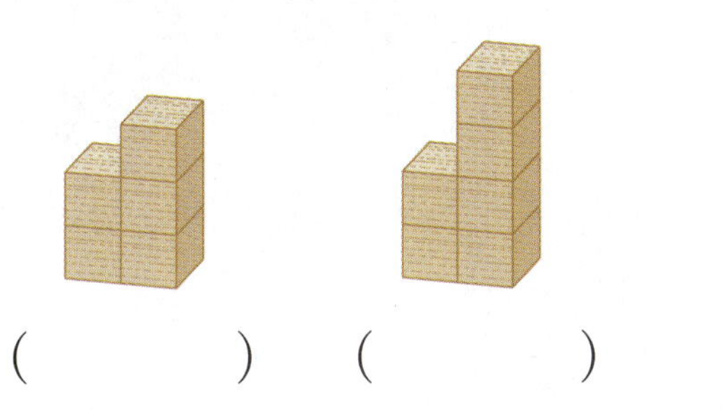

(　　　　) (　　　　)

[8~10] 규칙에 따라 쌓기나무를 쌓았습니다. 물음에 답하세요.

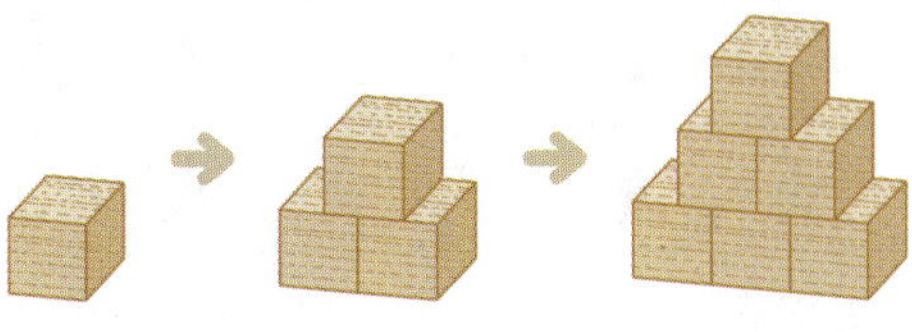

8 쌓기나무를 2층으로 쌓은 모양에서 쌓기나무는 몇 개인가요?

(　　　　　　　　)

9 쌓기나무를 3층으로 쌓은 모양에서 쌓기나무는 몇 개인가요?

(　　　　　　　　)

10 규칙에 맞게 쌓기나무를 4층으로 쌓으려면 쌓기나무는 모두 몇 개 필요한가요?

(　　　　　　　　)

11 규칙에 따라 쌓기나무를 쌓았습니다. 다음에 이어질 모양에 쌓을 쌓기나무는 모두 몇 개인가요?

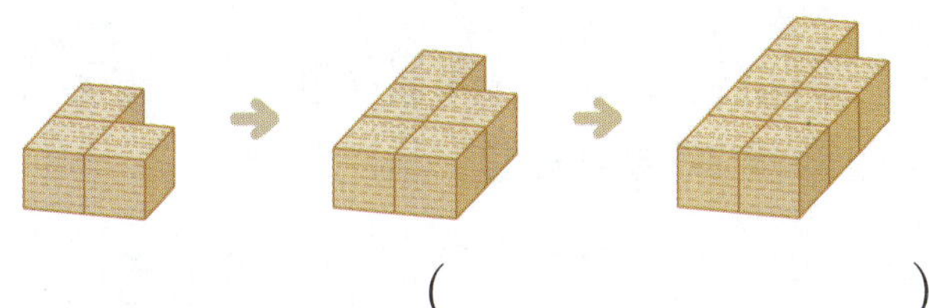

(　　　　　　　　)

1 반복되는 규칙을 찾아 ◯표 하세요.

(   )   (   )

[**2~4**] 그림을 보고 물음에 답하세요.

2 규칙을 찾아 위의 빈칸에 알맞은 모양을 그려 보세요.

3 위 그림에서 ★ 은 1, ◆ 은 2, ♥ 는 3 으로 바꾸어 나타내 보세요.

4 위 **3**을 보고 규칙을 찾아 ☐ 안에 알맞은 수를 써넣으세요.

[규칙] 1, ☐, ☐ 이/가 반복됩니다.

---

5 규칙을 찾아 ☐ 안에 알맞은 모양의 기호를 쓰세요.

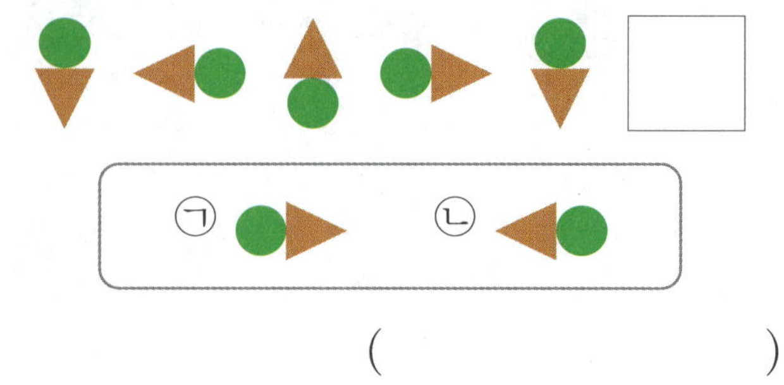

ㄱ   ㄴ

(   )

6 규칙에 따라 쌓기나무를 쌓았습니다. 규칙을 바르게 말한 사람은 누구인가요?

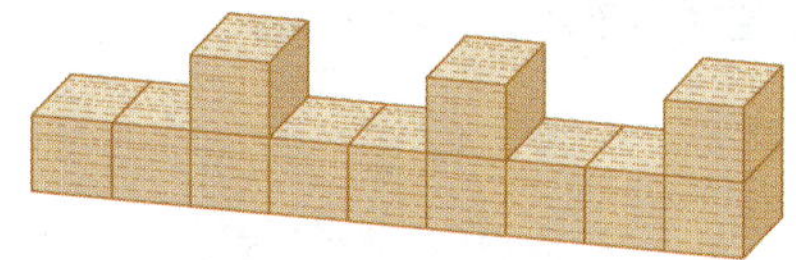

연우: 쌓기나무의 수가 왼쪽에서 오른쪽으로 1개, 2개, 1개씩 반복됩니다.
하민: 쌓기나무의 수가 왼쪽에서 오른쪽으로 1개, 1개, 2개씩 반복됩니다.

(   )

[서술형]

7 쌓기나무를 쌓은 규칙을 찾아 쓰세요.

[규칙] 한 층씩 올라갈수록 쌓기나무의 수가

____

8 규칙을 찾아 □ 안에 알맞은 모양을 그리고, 색칠해 보세요.

9 규칙에 따라 쌓기나무를 쌓을 때 다음에 이어질 모양에 쌓을 쌓기나무의 기호를 쓰세요.

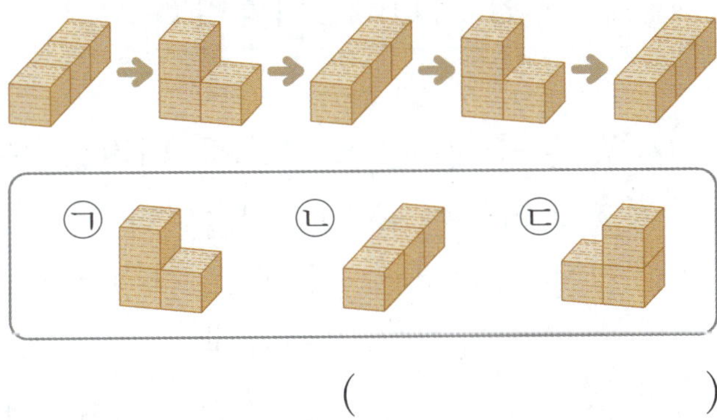

(　　　　　　　)

10 규칙을 찾아 빈 곳에 알맞게 색칠해 보세요.

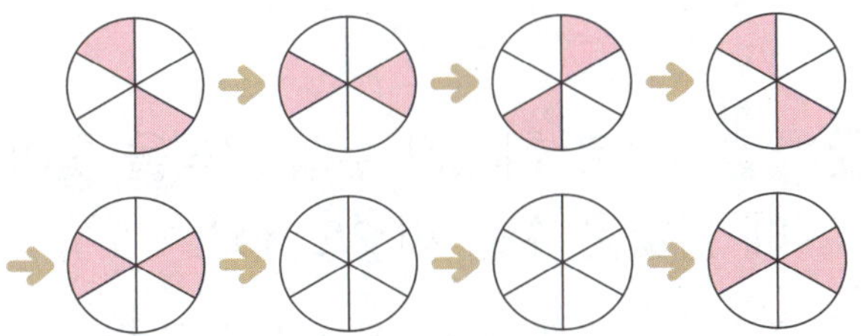

11 규칙에 따라 쌓기나무를 쌓았습니다. 다음에 이어질 모양에 쌓을 쌓기나무는 모두 몇 개인가요?

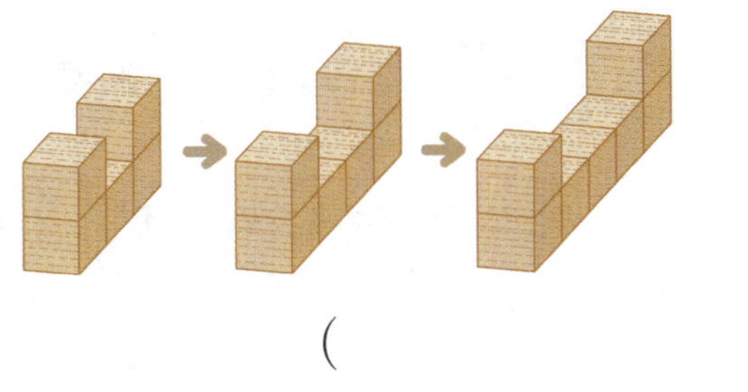

(　　　　　　　)

12 팔찌의 규칙을 찾아 알맞게 색칠해 보세요.

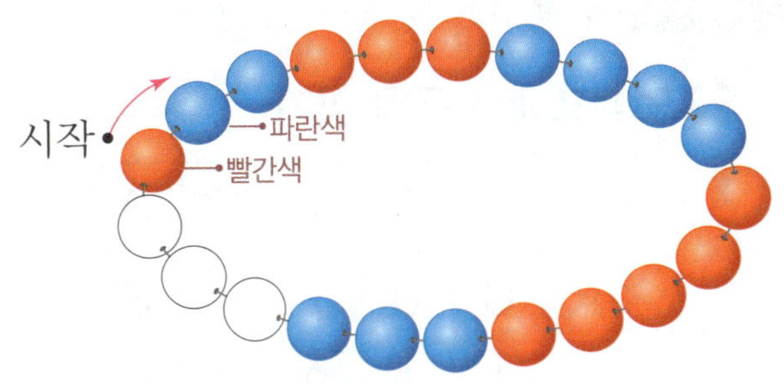

13 규칙에 따라 쌓기나무를 쌓았습니다. 쌓기나무를 **4**층으로 쌓으려면 쌓기나무는 모두 몇 개 필요한가요?

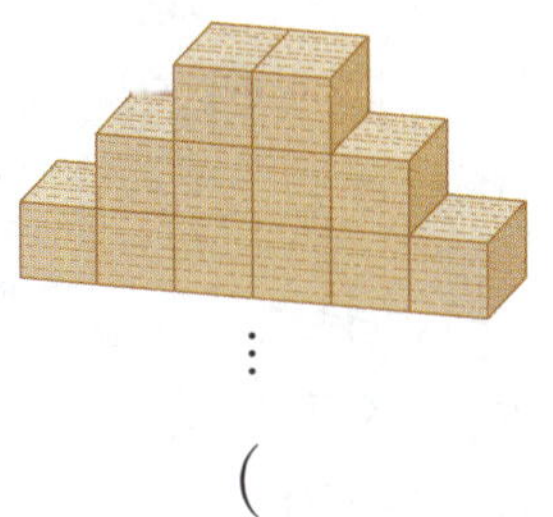

(　　　　　　　)

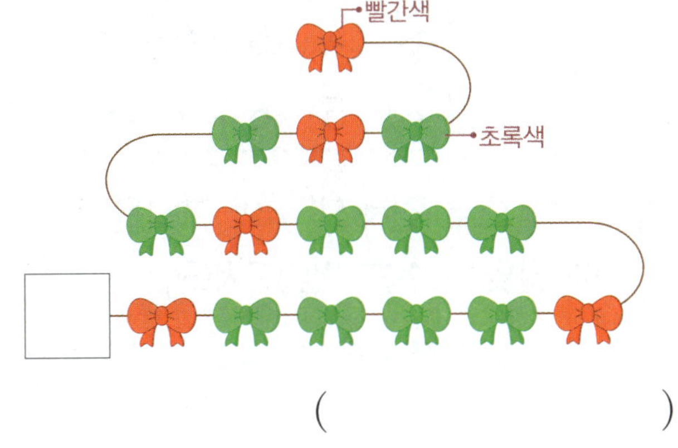
실생활 연결

14 위에서부터 줄을 따라 빨간색 리본과 초록색 리본을 규칙적으로 붙여 크리스마스 장식을 만들려고 합니다. 규칙을 찾아 □ 안에 들어갈 리본은 무슨 색인지 구하세요.

(　　　　　　　)

개념의 힘

❶ 덧셈표에서 규칙 찾기

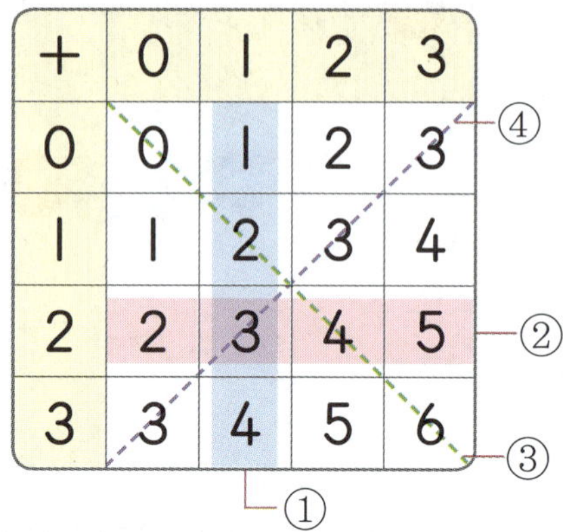

+	0	1	2	3
0	0	1	2	3
1	1	2	3	4
2	2	3	4	5
3	3	4	5	6

① 같은 줄에서 아래쪽으로 내려갈수록 1씩 커지는 규칙이 있습니다.

② 같은 줄에서 오른쪽으로 갈수록 1씩 커지는 규칙이 있습니다.

③ ↘ 방향으로 갈수록 2씩 커지는 규칙이 있습니다.

④ ↗ 방향으로 같은 수들이 있는 규칙이 있습니다.

❷ 다른 덧셈표에서 규칙 찾기

+	2	4	6	8
2	4	6	8	10
4	6	8	10	12	
6	8	10	12	14
8	10	12	14	16

① 같은 줄에서 아래쪽으로 내려갈수록 2씩 커지는 규칙이 있습니다.

② 같은 줄에서 오른쪽으로 갈수록 2씩 커지는 규칙이 있습니다.

③ 덧셈표에 있는 수는 모두 짝수입니다.

> 어느 방향으로 몇씩 커지는지, 작아지는지 확인하여 다른 규칙을 더 찾을 수 있어.

[1~3] 덧셈표를 보고 물음에 답하세요.

+	1	2	3	4
1	2	3	4	5
2	3	4	5	6
3	4	5	6	7
4	5	6	7	8

1 ▨ 으로 칠해진 수의 규칙을 찾아 ☐ 안에 알맞은 수를 써넣으세요.

규칙 오른쪽으로 갈수록 ☐씩 커집니다.

2 ▨ 으로 칠해진 수의 규칙을 찾아 ☐ 안에 알맞은 수를 써넣으세요.

규칙 아래쪽으로 내려갈수록 ☐씩 커집니다.

3 ----에 놓인 수의 규칙을 바르게 말한 사람은 누구인가요?

(   )

[4~6] 덧셈표를 보고 물음에 답하세요.

+	1	3	5	7
3	4	6	8	10
5	6	8	10	㉠
7	8	10	12	14
9	10	12	㉡	16

4 ▨으로 칠해진 수는 아래쪽으로 내려갈수록 몇씩 커지나요?

(   )

5 ㉠과 ㉡에 알맞은 수를 각각 구하세요.

㉠ (   )

㉡ (   )

6 알맞은 말에 ○표 하세요.

> ------에 놓인 수는 모두
> (같습니다 , 다릅니다).

7 빈칸에 알맞은 수를 써넣어 덧셈표를 완성해 보세요.

+	3	5	7	9
5	8		12	14
6	9	11	13	
7	10	12	14	16
8	11	13		

8 덧셈표를 보고 규칙을 <u>잘못</u> 설명한 것을 찾아 기호를 쓰세요.

+	0	2	4	6
2	2	4	6	8
4	4	6	8	10
6	6	8	10	12
8	8	10	12	14

> ㉠ 같은 줄에서 아래쪽으로 내려갈수록 2씩 커집니다.
> ㉡ ↗ 방향으로 같은 수들이 있습니다.
> ㉢ ↘ 방향으로 갈수록 2씩 커집니다.

(   )

9 ●에 알맞은 수를 구하세요.

+	3	4	5
1	4		
●			8
5		9	10

(   )

10 덧셈표에서 규칙을 찾아 빈칸에 알맞은 수를 써넣으세요.

+	1	2	3	4
1	2	3	4	5
2	3	4	5	6
3	4	5	6	
4	5	6		

3	4	5	6
4	5	6	
5	6		

개념의 힘

1 곱셈표에서 규칙 찾기

×	1	2	3	4
1	1	2	3	4
2	2	4	6	8 |②
3	3	6	9	12
4	4	8	12	16 |③
		①		

① ▨ 으로 칠해진 수는 3단 곱셈구구 이므로 **아래쪽**으로 내려갈수록 **3**씩 **커지는 규칙**이 있습니다.

② ▨ 으로 칠해진 수는 2단 곱셈구구 이므로 **오른쪽**으로 갈수록 **2씩 커지는 규칙**이 있습니다.

③ 초록색 점선을 따라 접었을 때 **만나는 수는 서로 같습니다**.

2 다른 곱셈표에서 규칙 찾기

×	1	3	5	7
1	1	3	5	7
3	3	9	15	21 |②
5	5	15	25	35
7	7	21	35	49
		②		

① 같은 줄에서 아래쪽으로 내려갈수록 일 정한 수만큼 커지는 규칙이 있습니다.

예 첫 번째 세로줄은 2씩 커집니다.

$$1 \xrightarrow{+2} 3 \xrightarrow{+2} 5 \xrightarrow{+2} 7$$

② ▨ 으로 칠해진 곳은 ▨ 으로 칠 해진 줄과 규칙이 같습니다.

③ **곱셈표에 있는 수**는 모두 **홀수**입니다.

[1~3] 곱셈표를 보고 물음에 답하세요.

×	4	5	6	7
4	16	20	24	28
5	20	25	30	35
6	24	30	36	42
7	28	35	42	49

1 ▨ 으로 칠해진 수의 규칙을 찾아 □ 안 에 알맞은 수를 써넣으세요.

규칙 오른쪽으로 갈수록 □ 씩 커집니다.

2 ▨ 으로 칠해진 수의 규칙을 바르게 말한 사람은 누구인가요?

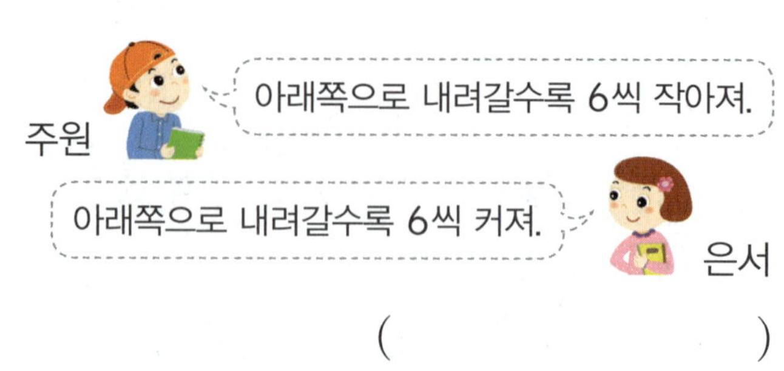

(   )

3 알맞은 말에 ○표 하세요.

곱셈표를 초록색 점선을 따라 접었을 때 만나는 수는 서로 (같습니다 , 다릅니다).

[4~6] 곱셈표를 보고 물음에 답하세요.

×	2	4	6	8
2	4	8	12	16
4	8	16	24	32
6	12	24	36	
8	16	32		64

4 빈칸에 공통으로 들어갈 수를 쓰세요.

(   )

5 ▢으로 칠해진 곳과 규칙이 같은 줄을 찾아 색칠해 보세요.

6 곱셈표를 보고 규칙을 잘못 말한 사람의 이름을 쓰세요.

> 나은: ▢으로 칠해진 수는 오른쪽으로 갈수록 **8**씩 커져.
> 세호: 곱셈표에 있는 수들은 모두 홀수야.

(   )

7 규칙을 찾아 빈 곳에 알맞은 수를 써넣으세요.

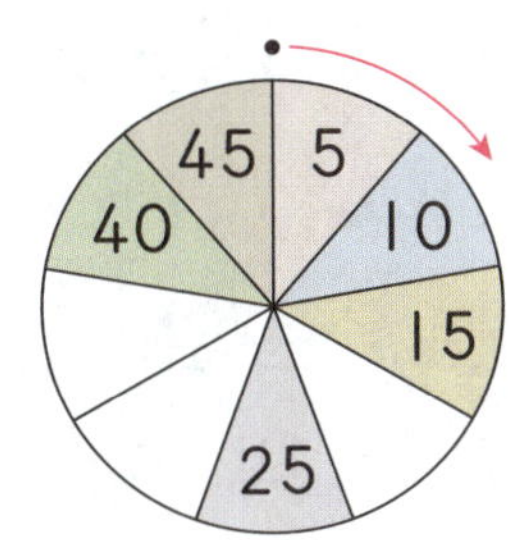

[8~10] 곱셈표에서 규칙을 찾아 물음에 답하세요.

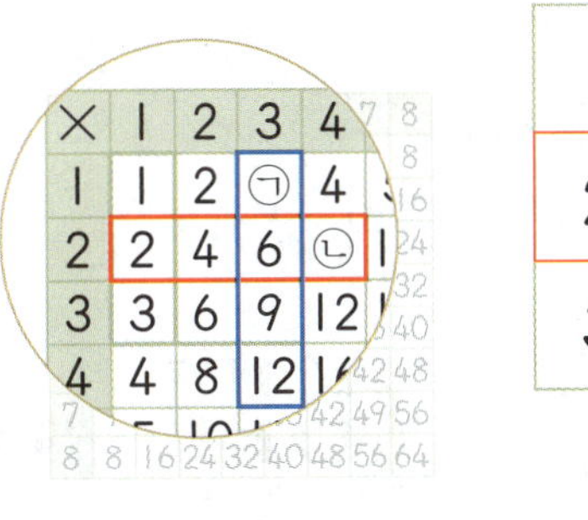

×	1	2	3	4
1	1	2	㉠	4
2	2	4	6	㉡
3	3	6	9	12
4	4	8	12	

	1		㉠	
	2	4	6	㉡
	3	6	9	
			12	

8 빨간색 선 안에 있는 수는 오른쪽으로 갈수록 몇씩 커지나요?

(   )

9 파란색 선 안에 있는 수는 위쪽으로 올라 갈수록 몇씩 작아지나요?

(   )

10 ㉠과 ㉡에 알맞은 수를 각각 구하세요.

㉠ (   )
㉡ (   )

11 빈칸에 알맞은 수를 써넣어 곱셈표를 완성해 보세요.

×	1	3		7
2	2	6	10	14
4	4	12		28
		6	18	30
8	8	24	40	56

규칙 찾기

6 단원

개념의 힘

1 무늬에서 규칙 찾기

(1) 바닥 무늬에서 규칙 찾기

규칙1 사각형이 **3**개씩 가로, 세로로 반복됩니다.

규칙2 ↘ 방향으로 똑같은 모양이 반복됩니다.

(2) 옷 무늬에서 규칙 찾기

규칙 **3**가지 줄무늬 색이 반복됩니다.

2 달력에서 규칙 찾기

규칙1 모든 요일은 **7일마다 반복**되는 규칙이 있습니다.

규칙2 같은 줄에서 오른쪽으로 갈수록 **1**씩 커지는 규칙이 있습니다.

3 전화기 버튼의 수에서 규칙 찾기

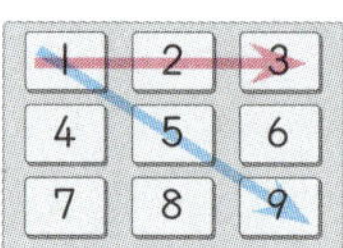

규칙1 → : **1**씩 커집니다.

규칙2 ↘ : **4**씩 커집니다.

---

1 오른쪽 모자의 무늬에서 규칙을 찾아 □ 안에 알맞은 말을 써넣으세요.

규칙 빨간색과 [   ]색이 반복됩니다.

2 무늬의 규칙을 찾아 반복되는 모양에 ○표 하세요.

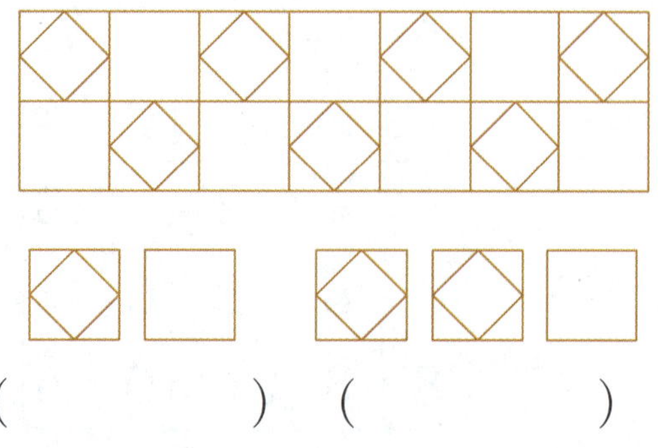

(   ) (   )

[3~4] 어느 해의 3월 달력을 보고 □ 안에 알맞은 수를 써넣으세요.

3월

일	월	화	수	목	금	토
		1	2	3	4	5	6
7	8	9	10	11	12	13
14	15	16	17	18	19	20
21	22	23	24	25	26	27
28	29	30	31			

3 달력에 있는 수는 같은 줄에서 오른쪽으로 갈수록 [   ]씩 커지는 규칙이 있습니다.

4 달력에 있는 수는 같은 줄에서 아래쪽으로 내려갈수록 [   ]씩 커지는 규칙이 있습니다.

5 리모컨 버튼을 보고 ↙ 방향으로 놓인 수는 몇씩 커지는지 구하세요.

(　　　　　　　　)

6 어느 해의 6월 달력입니다. 달력을 보고 바르게 설명한 것의 기호를 쓰세요.

6월

일	월	화	수	목	금	토
					1	2	3
4	5	6	7	8	9	10
11	12	13	14	15	16	17
18	19	20	21	22	23	24
25	26	27	28	29	30	

> ㉠ 화요일은 7일마다 반복됩니다.
> ㉡ ↙ 방향의 수는 8씩 커집니다.

(　　　　　　　　)

7 승강기 버튼에서 규칙을 찾아 빈 곳에 알맞은 수를 써넣으세요.

[8~9] 버스 출발 시각을 나타낸 표입니다. 물음에 답하세요.

서울 → 춘천		
	평일	주말
출발 시각	7시	7시
	7시 30분	7시 40분
	8시	8시 20분
	8시 30분	9시

8 표에서 규칙을 찾아 □ 안에 알맞은 수를 써넣으세요.

규칙 버스가 평일에는 [　　] 분마다 출발합니다.

9 버스가 주말에는 몇 분마다 출발하는 규칙이 있나요?

(　　　　　　　　)

🖋 서술형

10 사물함 번호에 있는 규칙을 찾아 □ 안에 알맞은 수를 써넣고, 규칙을 쓰세요.

1	2	3	4
5	6	[　]	8
9	[　]	11	12
13	14	15	16

규칙 같은 줄에서 아래쪽으로 내려갈수록

[1~3] 덧셈표를 보고 물음에 답하세요.

+	2	4	6	8
2	4		8	10
4	6	8	10	12
6	8		12	14
8	10	12		16

1 빈칸에 알맞은 수를 써넣으세요.

2 알맞은 말에 ○표 하세요.

> 덧셈표에 있는 수는 모두
> (짝수 , 홀수)입니다.

3 ▨으로 칠해진 수는 아래쪽으로 내려갈 수록 몇씩 커지나요?

(   )

4 바닥 무늬에서 규칙을 찾아 빈칸에 알맞은 무늬를 차례로 놓은 것의 기호를 쓰세요.

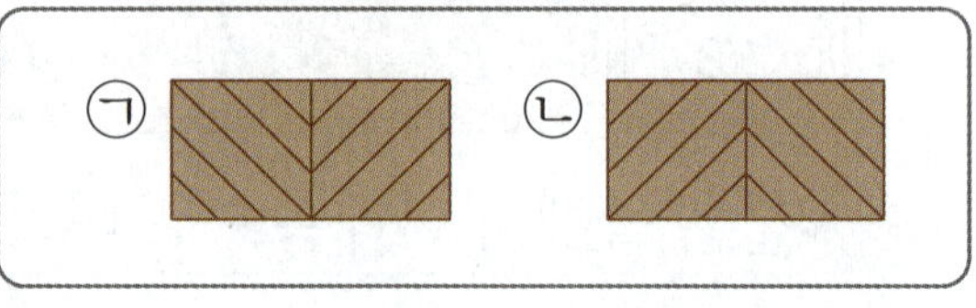

(   )

5 신발장 번호에 있는 규칙을 찾아 □ 안에 알맞은 수를 써넣으세요.

1	2	3	4	5	6
7	8	9	10	11	12
13	14	15	16	17	18
19	20	21	22	23	24

같은 줄에서 아래쪽으로 내려갈수록

□씩 커지는 규칙이 있습니다.

[6~8] 곱셈표를 보고 물음에 답하세요.

×	3	4	5	6
3	9	12	15	18
4	12	16	㉠	24
5	㉡	20	25	30
6	18	24	30	36

6 □ 안에 알맞은 수를 써넣고, 알맞은 말에 ○표 하세요.

> ▨으로 칠해진 수는 아래쪽으로 내려
> 갈수록 □씩 (커집니다 , 작아집니다).

7 ▨으로 칠해진 곳과 규칙이 같은 줄을 찾아 색칠해 보세요.

8 ㉠과 ㉡ 중 더 큰 수의 기호를 쓰세요.

(   )

9 어느 해의 9월 달력입니다. 수지의 생일은 며칠인가요?

9월

일	월	화	수	목	금	토
1	2	3	4	5	6	7
8	9	10		수지 생일		
15	16					

(　　　　　　　　)

10 전화기 버튼을 보고 규칙을 바르게 말한 사람은 누구인가요?

(　　　　　　　　)

11 곱셈표를 완성하고 알맞은 말에 ◯표 하세요.

×	5	7	9
5	25	35	45
7	35	49	
9		63	

➡ 곱셈표에 있는 수들은 모두 (짝수 , 홀수)입니다.

12 곱셈표에서 ▲에 알맞은 수를 구하세요.

×	4	▲	8
2			16
3			24
4		24	32

(　　　　　　　　)

13 덧셈표에서 ◆에 알맞은 수를 구하세요.

+	4	6		10
5	9	11	13	15
			◆	17
9			17	
11			19	

(　　　　　　　　)

14 엘리베이터 버튼에서 규칙을 찾아 몇 층을 누른 것인지 구하세요.

(　　　　　　　　)

2 STEP 응용의 힘

응용 1 규칙을 찾아 알맞은 모양 구하기

모양이나 색깔이 반복되는 규칙 또는 모양이 시계 방향이나 시계 반대 방향으로 돌아가는 규칙을 찾습니다.

[1~2] 규칙을 찾아 □ 안에 알맞은 모양을 그려 보세요.

1 

2 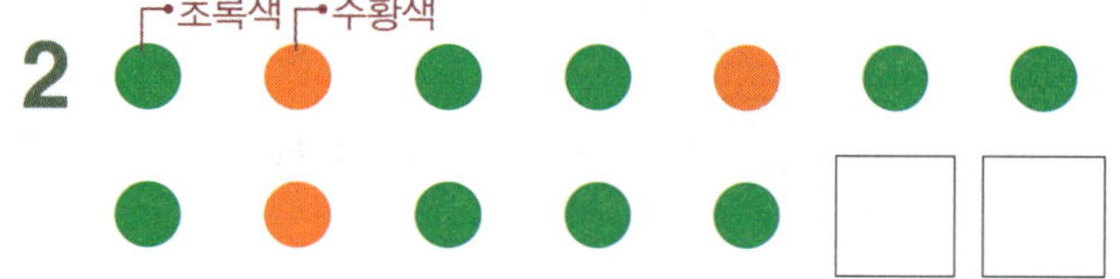

[3~4] 규칙을 찾아 □ 안에 알맞은 모양의 기호를 쓰세요.

3 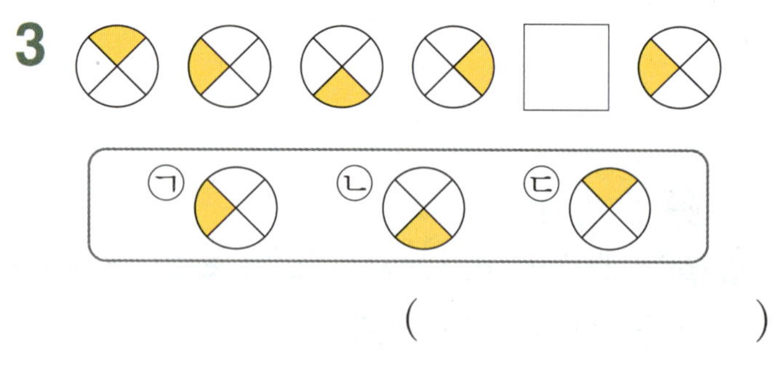

( )

4 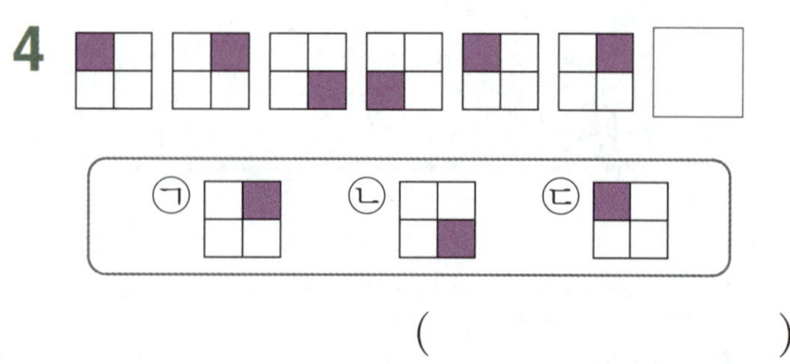

( )

응용 2 규칙에 따라 쌓은 모양 찾기

쌓기나무를 쌓은 모양의 규칙을 각각 알아보고 주어진 규칙과 같은 모양을 찾습니다.

[5~6] 규칙에 따라 쌓은 쌓기나무에 ○표 하세요.

5 규칙 쌓기나무의 수가 왼쪽에서 오른쪽으로 1개, 2개, 1개씩 반복됩니다.

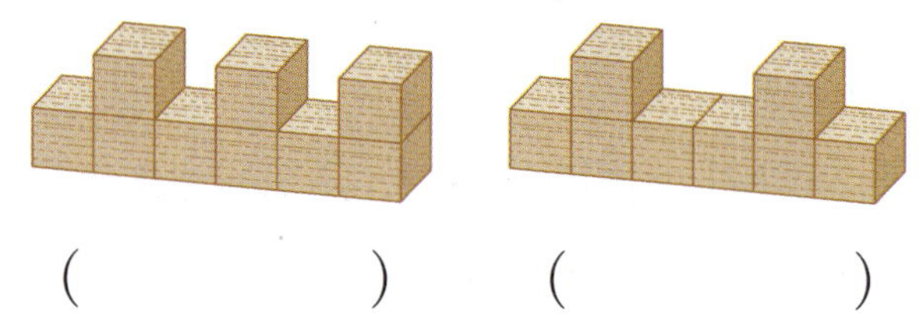

( ) ( )

6 규칙 한 층씩 내려갈수록 쌓기나무가 2개씩 늘어납니다.

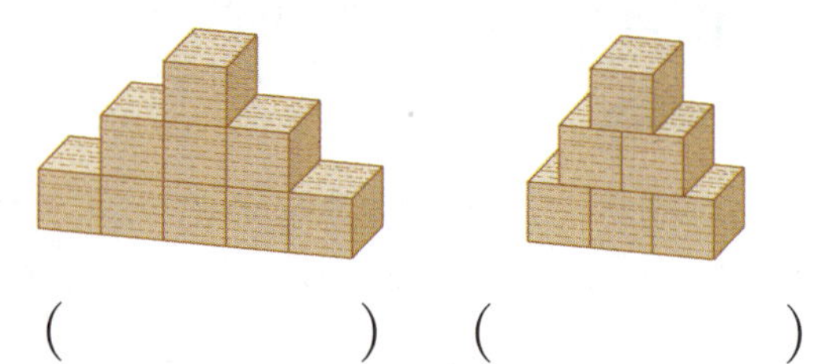

( ) ( )

7 규칙에 따라 쌓은 쌓기나무의 기호를 쓰세요.

규칙 1층의 쌓기나무가 오른쪽으로 1개씩 늘어납니다.

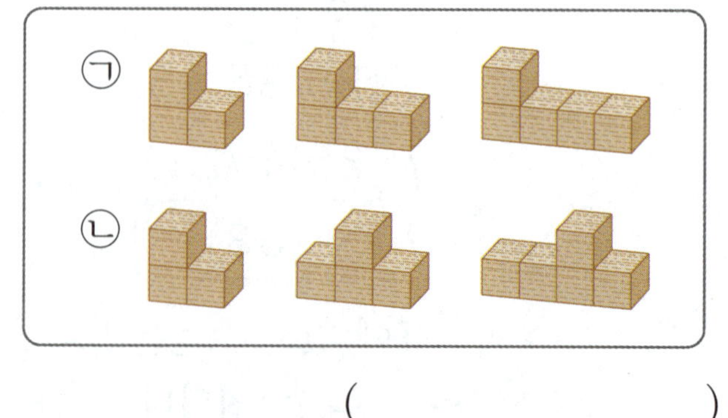

( )

응용 3 도형이 쌓이는 규칙 찾기

도형이 **어느 방향으로 몇 개씩 늘어나는지** 알아 봅니다.

예

오른쪽으로 | 개씩 늘어나는 규칙 | 위쪽으로 | 개씩 늘어나는 규칙

8 삼각형이 쌓여 있는 그림을 보고 규칙을 찾아 □ 안에 알맞은 모양을 그려 보세요.

9 사각형이 쌓여 있는 그림을 보고 규칙을 찾아 □ 안에 알맞은 모양을 그려 보세요.

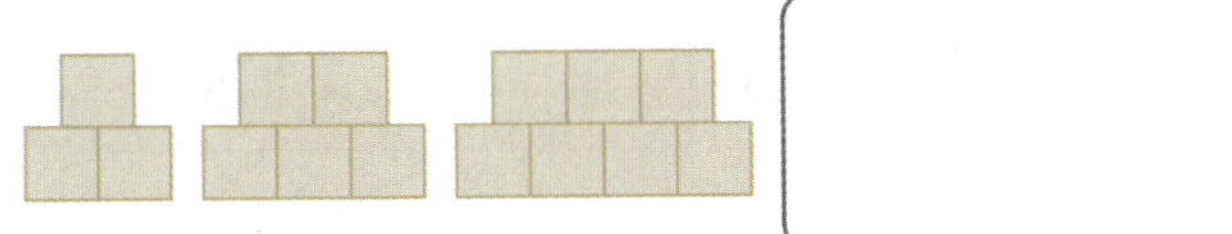

10 원이 쌓여 있는 그림을 보고 규칙을 찾아 5번째에 올 모양의 기호를 쓰세요.

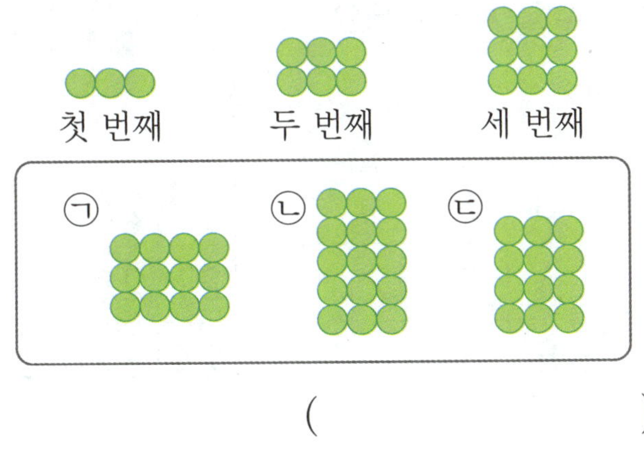

(   )

응용 4 □ 안에 알맞은 도형 찾기

모양과 색깔로 나누어 도형을 그린 규칙을 알아 봅니다.

11 규칙적으로 도형을 그린 것입니다. 규칙을 찾아 □ 안에 알맞은 도형의 기호를 쓰세요.

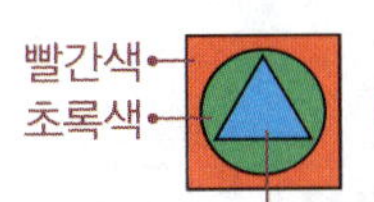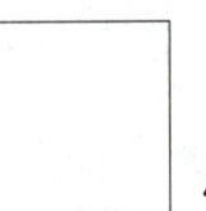

(   )

12 규칙적으로 도형을 그린 것입니다. 규칙을 찾아 □ 안에 알맞은 도형의 기호를 쓰세요.

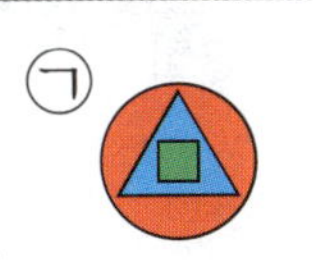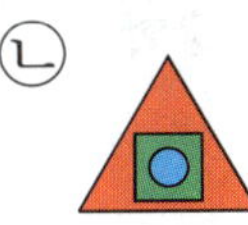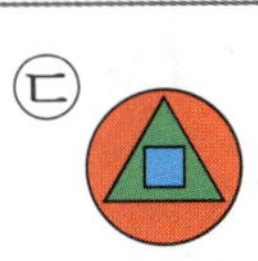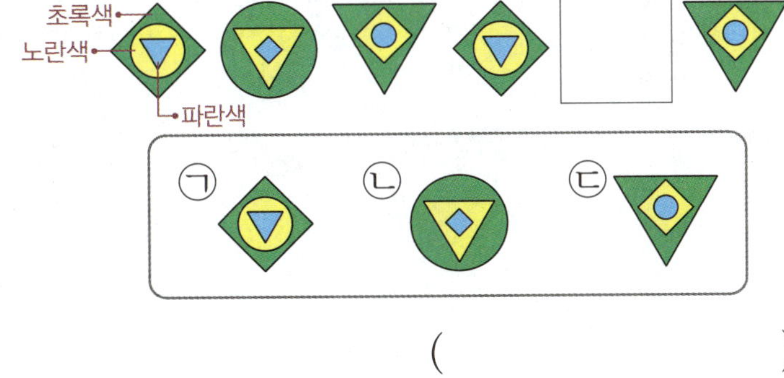

(   )

13 규칙적으로 도형을 그린 것입니다. 규칙을 찾아 □ 안에 알맞은 도형을 그리고, 색칠 해 보세요.

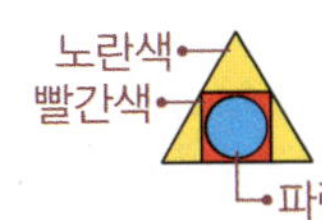

2 STEP 응용의 힘

응용 5 규칙을 찾아 시각 구하기

신의 한수

시계의 시각이 **몇 분 또는 몇 시간씩 지나는지** 알아봅니다.

14 공연 시작 시각을 시계에 나타낸 것입니다. 규칙을 찾아 5회 공연 시작 시각은 몇 시 몇 분인지 구하세요.

(　　　　　　　　　　　)

15 연극 시작 시각을 시계에 나타낸 것입니다. 규칙을 찾아 5회 연극 시작 시각은 몇 시 몇 분인지 구하세요.

(　　　　　　　　　　　)

16 규칙을 찾아 마지막 시계에 시곗바늘을 알맞게 그려 넣으세요.

응용 6 덧셈표(곱셈표)의 빈칸 채우기

신의 한수

덧셈표와 곱셈표에 있는 수의 규칙을 이용합니다.

• 덧셈표

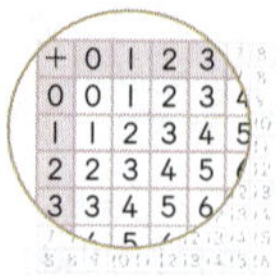

→ 같은 줄에서 오른쪽으로 갈수록, 아래쪽으로 내려갈수록 1씩 커집니다.

• 곱셈표

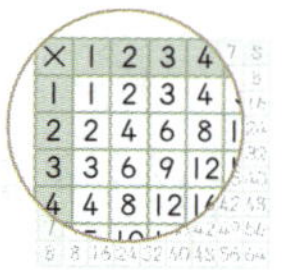

→ 같은 줄에서 오른쪽으로 갈수록, 아래쪽으로 내려갈수록 각 단의 수만큼 커집니다.

17 오른쪽 덧셈표에서 규칙을 찾아 빈칸에 알맞은 수를 써넣으세요.

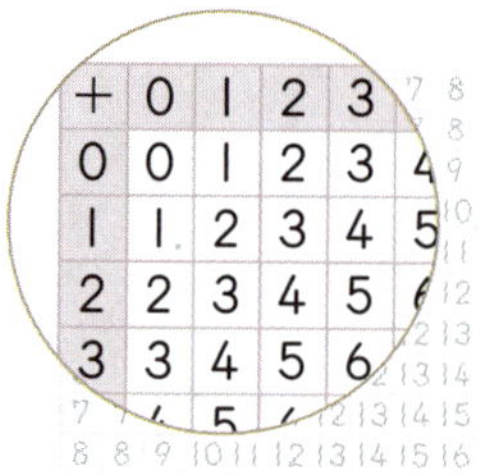

4			
5	6		8
	7	8	

10			
11	12		14
	13		

18 오른쪽 곱셈표에서 규칙을 찾아 빈칸에 알맞은 수를 써넣으세요.

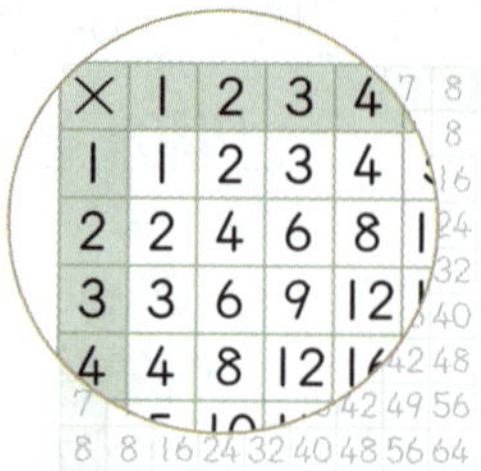

3	6		
4	8	12	
5	10		

	24		
21	28		
24	32	40	

응용 7 곱셈표에서 합과 차 구하기

곱셈표에서 **점선을 따라 접었을 때 만나는 수는 서로 같음**을 이용합니다.

×	3	4	5
3	9	12	15
4	12	16	20
5	15	20	25

19 곱셈표에서 초록색 점선을 따라 접었을 때 ㉠, ㉡과 만나는 두 수의 합을 구하세요.

×	2	4	6
2			㉠
4			
6		㉡	

(   )

20 곱셈표에서 초록색 점선을 따라 접었을 때 ㉠, ㉡과 만나는 두 수의 차를 구하세요.

×	6	7	8	9
6				㉠
7	㉡			
8				
9				

(   )

응용 8 □번째에 나오는 수 구하기

늘어놓은 수 중 반복되는 수를 구하여 규칙을 찾습니다.

예 1, 2, 3, 1, 2, 3, 1, 2, 3,....
└ 반복되는 수

21 규칙에 따라 수를 늘어놓았습니다. 12번째에는 어떤 수가 놓이는지 구하세요.

2, 7, 4, 2, 7, 4, 2, 7, 4,...

(   )

22 규칙에 따라 수를 늘어놓았습니다. 13번째에는 어떤 수가 놓이는지 구하세요.

3, 5, 1, 3, 5, 1, 3, 5, 1,...

(   )

23 규칙에 따라 수를 늘어놓았습니다. 16번째 수와 17번째 수의 합을 구하세요.

6, 1, 4, 2, 6, 1, 4, 2, 6, 1, 4, 2,...

(   )

6 단원

규칙 찾기

3 STEP 서술형의 힘

연습 1 재우가 규칙에 따라 파란색 타일과 노란색 타일을 붙이고 있습니다. 빈 곳에 붙여야 할 타일은 무슨 색인가요?

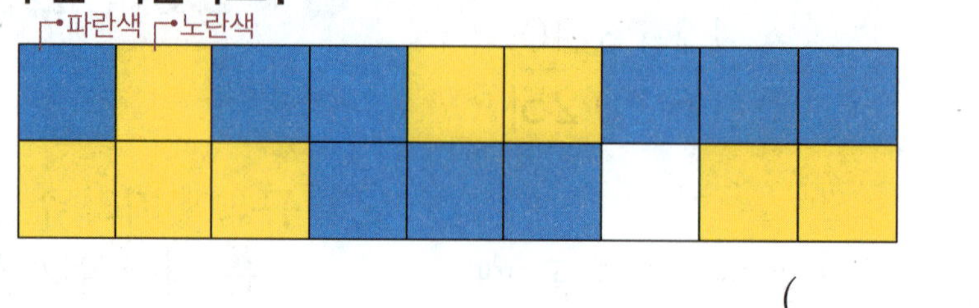

(   )

연습 2 규칙에 따라 색칠하려고 합니다. 마지막 그림에 색을 칠해야 하는 곳을 모두 찾아 기호를 쓰세요.

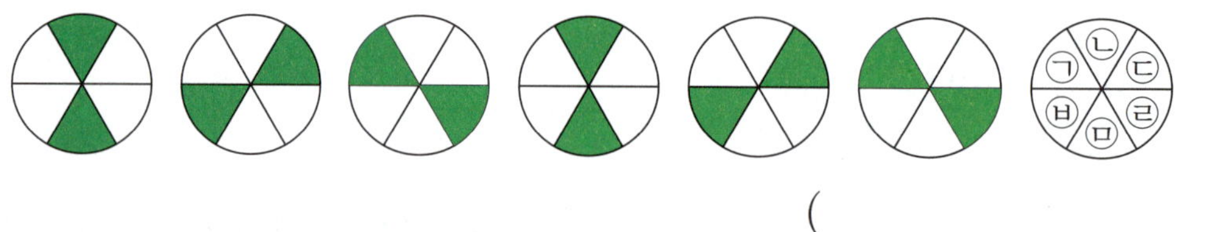

(   )

연습 3 오른쪽은 어느 해의 11월 달력입니다. ↖ 방향에 놓인 날짜의 수는 몇씩 작아지는지 구하세요.

11월

일	월	화	수	목	금	토
		1	2	3	4	5
6	7	8	9	10	11	12
13	14	15	16	17	18	19
20	21	22	23	24	25	26
27	28	29	30			

(   )

연습 4 오른쪽과 같은 규칙으로 상자를 쌓으려고 합니다. 상자를 5층으로 쌓으려면 상자는 모두 몇 개 필요한가요?

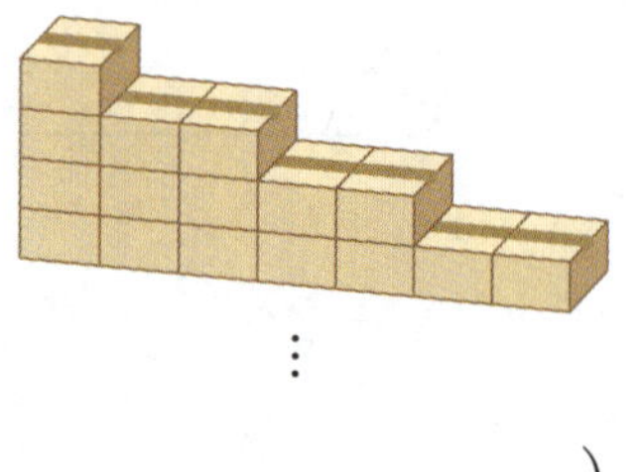

(   )

대표 유형 1   □번째에 놓일 바둑돌의 색 알아보기

규칙에 따라 바둑돌을 늘어놓은 것입니다. ㅣㅣ번째에 놓일 바둑돌은 무슨 색인가요?

● ○ ● ○ ○ ● ○ ○ ○ …

해결 방법

1 바둑돌이 놓인 규칙 찾기: 검은색 바둑돌과 흰색 바둑돌이 반복되고,

흰색 바둑돌이 [ ]개씩 늘어납니다.

2 위 **1**에서 찾은 규칙에 따라 ㅣ0번째와 ㅣㅣ번째 바둑돌 그리기:

10번째   11번째
● ○ ● ○ ○ ● ○ ○ ○ [ ] [ ]

→ ㅣㅣ번째에 놓일 바둑돌은 [   ]색입니다.   답 ______________

유형 코칭   바둑돌이 어떻게 놓여지는지 **바둑돌의 색과 개수**를 살펴보고 규칙을 찾습니다.

↗ 위의 해결 방법을 따라 풀이를 쓰고 답을 구하세요.

1-1   규칙에 따라 바둑돌을 늘어놓은 것입니다. ㅣ4번째에 놓일 바둑돌은 무슨 색인가요?

○ ● ● ○ ○ ● ● ○ ○ ○ ● ● ● …

풀이

답 ______________

1-2   규칙에 따라 바둑돌 ㅣ6개를 늘어놓으려고 합니다. 검은색 바둑돌은 모두 몇 개 놓이나요?

● ○ ● ● ● ○ ● ● ● ● ● ○ …

풀이

답 ______________

규칙 찾기

6 단원

대표 유형 2 · 앉을 의자의 번호 구하기

오른쪽은 어느 뮤지컬 공연장의 자리를 나타낸 그림입니다. 슬기의 자리가 다열 여덟째 자리라면 슬기가 앉을 의자의 번호는 몇 번인가요?

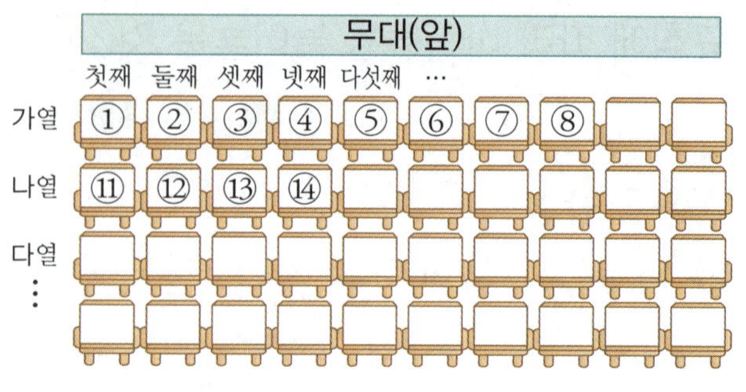

해결 방법

1 의자 번호의 규칙 찾기: 아래쪽으로 내려갈수록 ☐씩 커지고,

오른쪽으로 갈수록 ☐씩 커집니다.

2 다열 첫 번째 자리의 번호: $11 + ☐ = ☐$ (번)

3 슬기가 앉을 의자의 번호: ☐번

답 ______________________

유형 코칭 · 주어진 자리의 번호에서 여러 규칙을 찾아봅니다.

예

	첫째	둘째	셋째	넷째
가열	1	2	3	4
나열	5	6	7	8
다열	9	10	11	12

• 번호는 **오른쪽으로 갈수록 1**씩 커집니다.
• 번호는 **아래쪽으로 내려갈수록 4**씩 커집니다.

2-1 오른쪽은 연주네 반 사물함을 나타낸 그림입니다. 연주의 사물함 자리가 라열 여섯째 칸이라면 연주의 사물함 번호는 몇 번인가요?

위의 해결 방법을 따라 풀이를 쓰고 답을 구하세요.

풀이

답 ______________________

대표 유형 **3**　쌓기나무를 쌓은 규칙 찾기

오른쪽과 같이 규칙에 따라 쌓기나무를 쌓고 있습니다. 쌓기나무 **9**개로 쌓아 만든 모양은 몇 번째에 놓이나요?

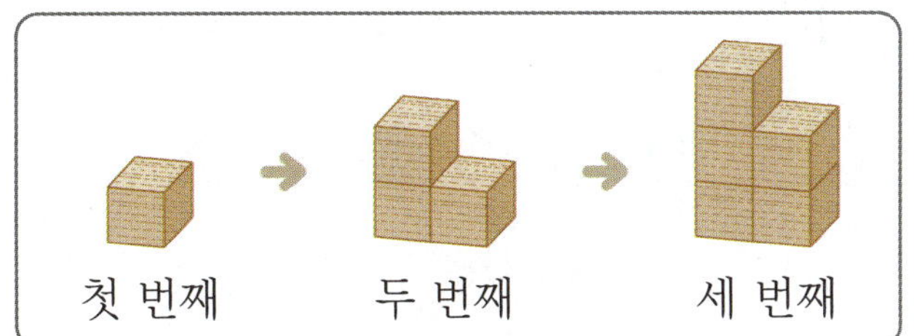

해결 방법

1 쌓기나무를 쌓은 규칙 찾기:

쌓기나무의 개수를 세어 보면 첫 번째 **1**개, 두 번째 **3**개, 세 번째 ☐개로

쌓기나무가 ☐개씩 늘어납니다.

2 네 번째에 쌓은 쌓기나무 수: $5+$ ☐ $=$ ☐ (개)

다섯 번째에 쌓은 쌓기나무 수: $7+$ ☐ $=$ ☐ (개)

➡ 쌓기나무 **9**개로 쌓아 만든 모양은 ☐ 번째에 놓입니다.

답 ________________

유형 코칭　쌓기나무의 개수가 몇 개씩 늘어나는지 살펴봅니다.

3-1　오른쪽과 같이 규칙에 따라 쌓기나무를 쌓고 있습니다. 쌓기나무 **16**개로 쌓아 만든 모양은 몇 번째에 놓이나요?

✎ 위의 해결 방법을 따라 풀이를 쓰고 답을 구하세요.

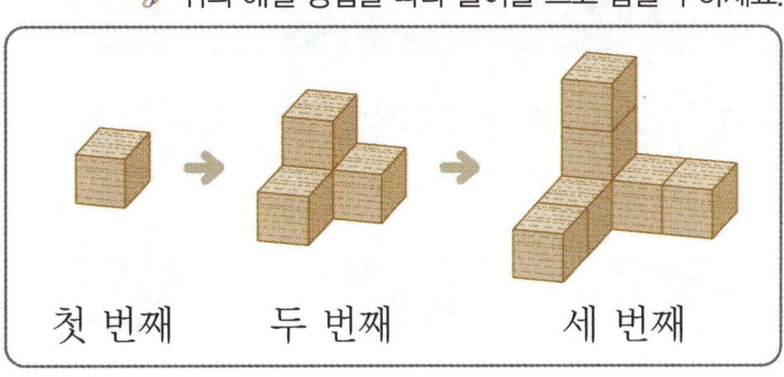

풀이

답 ________________

1 규칙을 찾아 □ 안에 알맞은 모양에 ○표 하세요.

(▲ , ■ , ●)

2 규칙에 따라 쌓기나무를 쌓았습니다. □ 안에 알맞은 수를 써넣으세요.

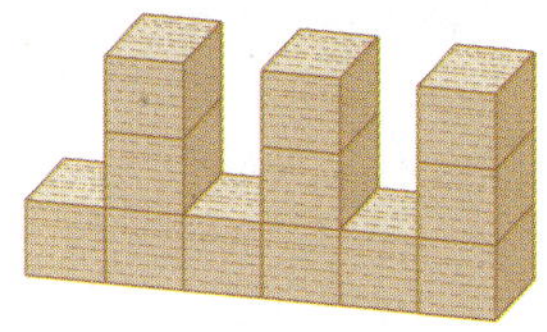

쌓기나무의 수가 왼쪽에서 오른쪽으로 □ 개, □ 개씩 반복됩니다.

[3~4] 그림을 보고 물음에 답하세요.

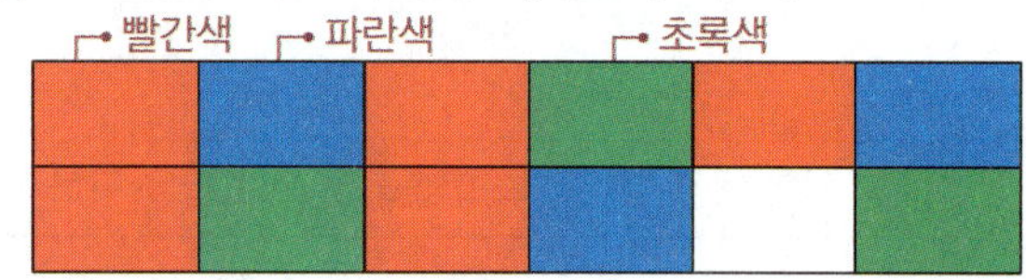

3 규칙을 찾아 빈칸에 알맞은 색에 ○표 하세요.

(   ) (   ) (   )

4 위 그림에서 빨간색은 1, 파란색은 2, 초록색은 3으로 바꾸어 나타내 보세요.

1	2	1	3	1	2
1	3				

[5~6] 덧셈표를 보고 물음에 답하세요.

+	5	6	7	8
5	10	11	12	
6	11	12		14
7	12	13	14	15
8			15	16

5 빈칸에 알맞은 수를 써넣으세요.

6 -----에 놓인 수는 ↘ 방향으로 갈수록 몇씩 커지나요?

(   )

7 규칙을 찾아 빈 곳에 알맞은 수를 써넣으세요.

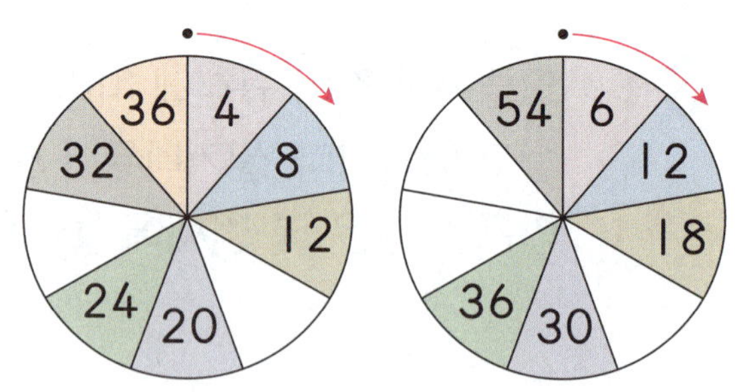

8 규칙을 찾아 •을 알맞게 그려 넣으세요.

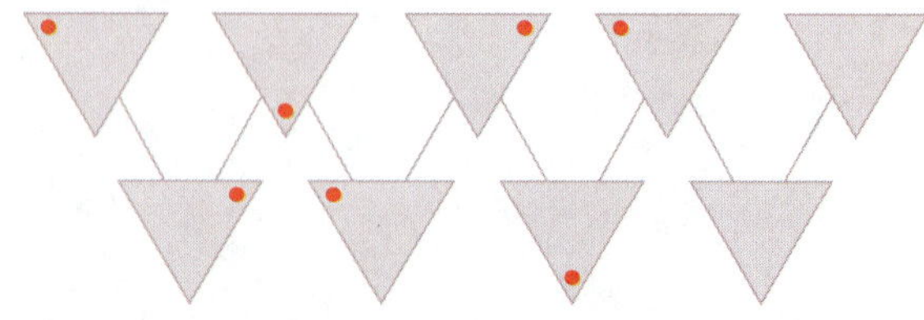

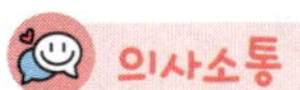

9 그림을 보고 규칙을 바르게 설명한 사람의 이름을 쓰세요.

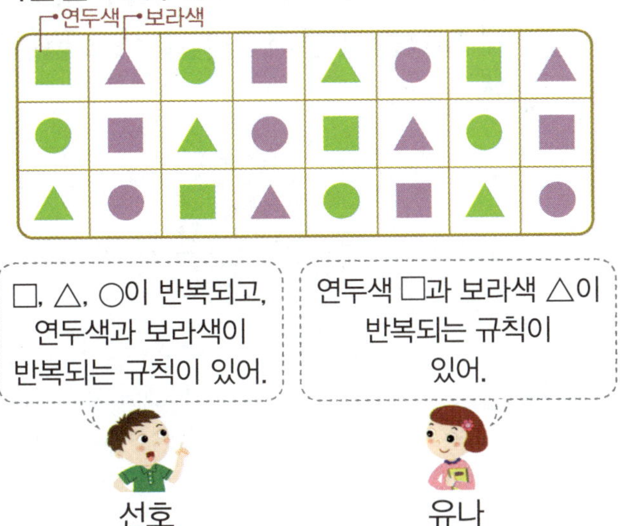

(　　　　　)

[10~11] 규칙에 따라 쌓기나무를 쌓은 것입니다. 물음에 답하세요.

10 쌓기나무가 몇 개씩 늘어나는 규칙인가요?

(　　　　　)

11 다음에 이어질 모양에 쌓을 쌓기나무는 모두 몇 개인가요?

(　　　　　)

12 규칙에 따라 각 칸을 색칠했습니다. 규칙을 찾아 빈칸에 알맞은 색은 무슨 색인지 쓰세요.

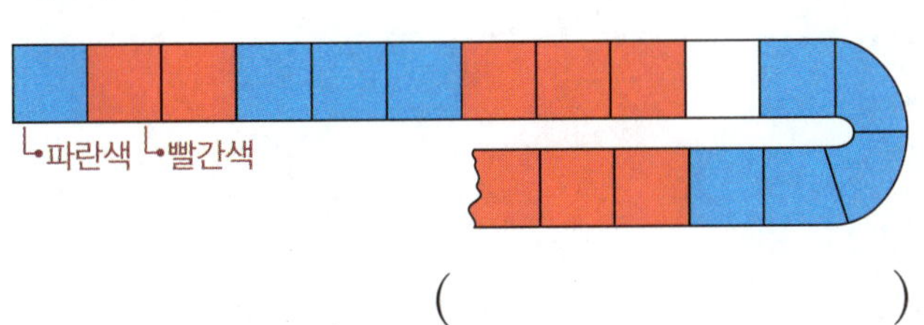

(　　　　　)

13 오른쪽 컴퓨터 숫자 자판에서 찾을 수 있는 규칙입니다. ㉠과 ㉡에 알맞은 수를 각각 구하세요.

7	8	9
4	5	6
1	2	3

> 아래쪽으로 갈수록 ㉠씩 작아지고, 오른쪽으로 갈수록 ㉡씩 커집니다.

㉠ (　　　　　)
㉡ (　　　　　)

14 빈칸에 알맞은 수를 써넣어 덧셈표를 완성해 보세요.

+	2		6
2	4	6	8
4	6	8	10
	8	10	

15 효빈이네 반의 사물함을 나타낸 그림입니다. 효빈이의 사물함 번호는 몇 번인가요?

1번	2번	3번	4번	
7번	8번	9번		
13번				효빈

(　　　　　)

16 버스 출발 시각을 나타낸 표입니다. 대전행 버스와 부산행 버스는 각각 몇 분마다 출발하나요?

버스 출발 시각

대전행	부산행
7시 30분	6시
8시	6시 15분
8시 30분	6시 30분
9시	6시 45분

대전행 (　　　　　　)

부산행 (　　　　　　)

17 곱셈표에서 규칙을 찾아 빈칸에 알맞은 수를 써넣으세요.

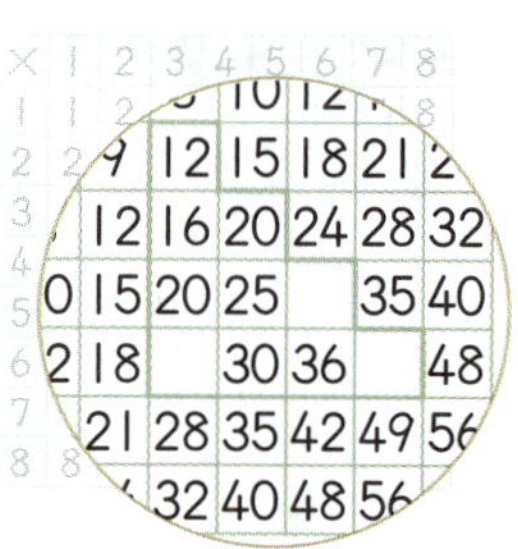

12	
16	20
20	25
	30	36

18 규칙적으로 도형을 그린 것입니다. 규칙을 찾아 □ 안에 알맞은 도형을 그리고, 색칠해 보세요.

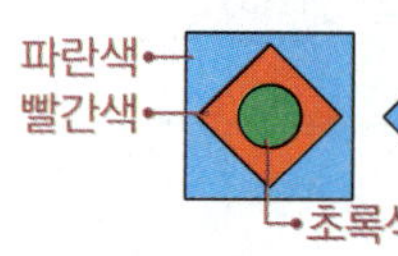

19  서술형

규칙에 따라 쌓기나무를 쌓았습니다. 쌓기나무를 4층으로 쌓으려면 쌓기나무는 모두 몇 개 필요한지 풀이 과정을 쓰고 답을 구하세요.

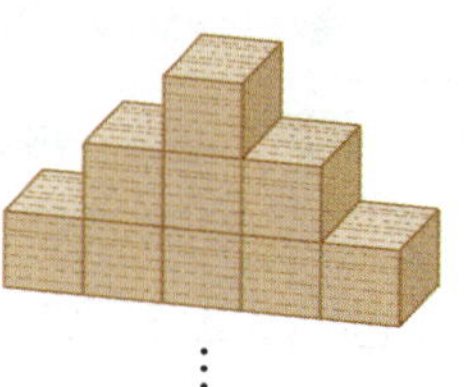

풀이

답 _______________

20  서술형

규칙에 따라 바둑돌을 늘어놓은 것입니다. 12번째에 놓일 바둑돌은 무슨 색인지 풀이 과정을 쓰고 답을 구하세요.

풀이

답 _______________

개구리가 앉을 연잎 찾기

☆ 개구리가 일정한 규칙으로 연잎에 앉아 있습니다. 개구리의 움직임에서 규칙을 찾아 아홉 번째에 개구리가 앉을 연잎을 찾으려고 합니다. 알맞은 것에 ○표 하고, □ 안에 알맞은 번호를 써넣으세요.

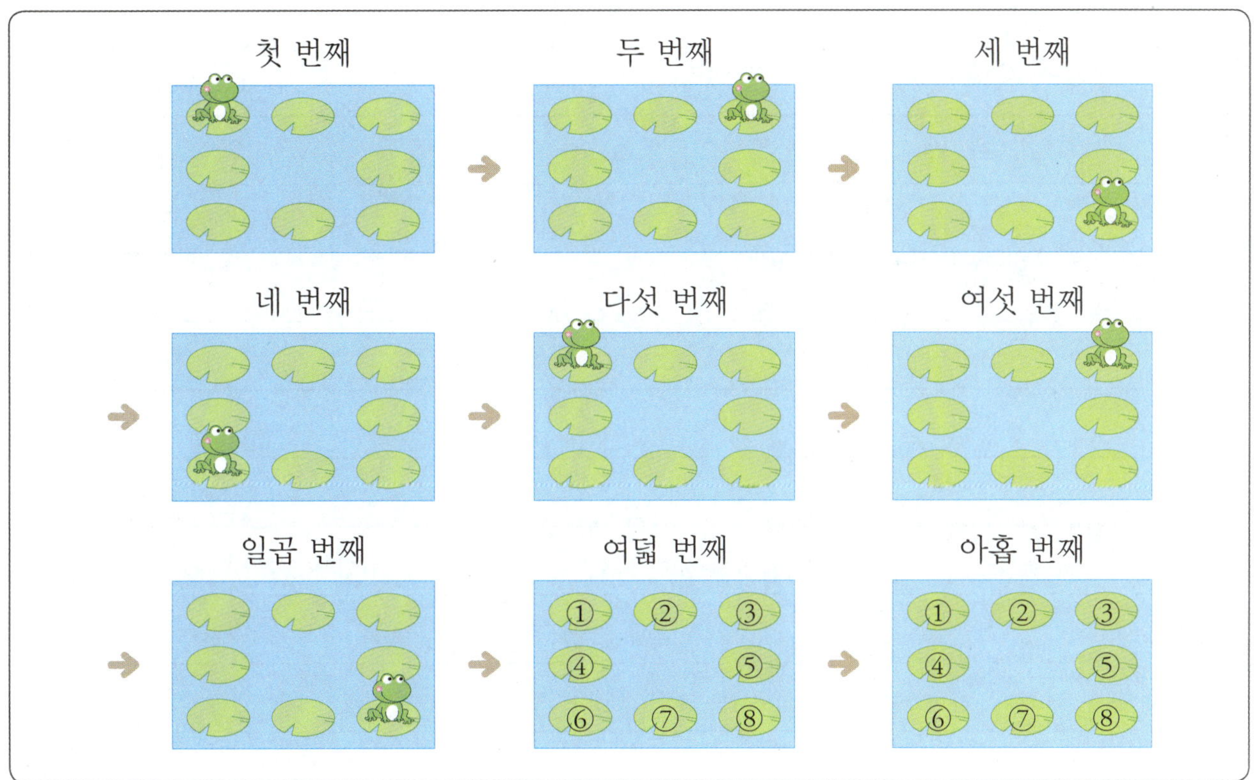

유준

수민

유준

MEMO

言 말씀 / 언
行 다닐 / 행
一 하나 / 일
致 이를 / 치

'언행일치'는 '말과 행동이 같아야 한다'는 뜻을 가진 단어에요.
이것은 곧 말한 대로 지키는 것이
중요하다는 걸 의미하기도 해요.
오늘부터 부모님, 선생님, 친구와의 약속과
내가 세운 공부 계획부터 꼭 지켜보는 건 어떨까요?

해당 콘텐츠는 천재교육 '똑똑한 하루 독해'를 참고하여 제작되었습니다.
모든 공부의 기초가 되는 어휘력+독해력을 키우고 싶을 땐,
똑똑한 하루 독해&어휘를 풀어보세요!

정답 및 풀이
포인트 3가지

▶ 혼자서도 이해할 수 있는 친절한 문제 풀이 제시

▶ 문제 해결에 필요한 핵심 내용 또는
  틀리기 쉬운 내용을 담은 참고 및 주의 사항 수록

▶ 예시 답안 및 단계별 채점 기준과 배점 제시로
  실전 서술형 문항 완벽 대비

言 行 一 致

말씀 다닐 하나 이를

언 행 일 치

'언행일치'는 '말과 행동이 같아야 한다'는 뜻을 가진 단어에요.
이것은 곧 말한 대로 지키는 것이
중요하다는 걸 의미하기도 해요.
오늘부터 부모님, 선생님, 친구와의 약속과
내가 세운 공부 계획부터 꼭 지켜보는 건 어떨까요?

#차원이_다른_클라쓰
#강의전문교재
#초등교재

수학교재

●수학리더 시리즈
- 수학리더 [연산]   예비초~6학년/A·B단계
- 수학리더 [개념]   1~6학년/학기별
- 수학리더 [기본]   1~6학년/학기별
- 수학리더 [유형]   1~6학년/학기별
- 수학리더 [기본+응용]   1~6학년/학기별
- 수학리더 [응용·심화]   1~6학년/학기별
- (신간) 수학리더 [최상위]   3~6학년/학기별

●독해가 힘이다 시리즈 *문제해결력
- 수학도 독해가 힘이다   1~6학년/학기별
- (신간) 초등 문해력 독해가 힘이다 문장제 수학편   1~6학년/단계별

●수학의 힘 시리즈
- (신간) 수학의 힘   1~2학년/학기별
- 수학의 힘 알파[실력]   3~6학년/학기별
- 수학의 힘 베타[유형]   3~6학년/학기별

●Go! 매쓰 시리즈
- Go! 매쓰(Start) *교과서 개념   1~6학년/학기별
- Go! 매쓰(Run A/B/C) *교과서+사고력   1~6학년/학기별
- Go! 매쓰(Jump) *유형 사고력   1~6학년/학기별

●계산박사   1~12단계

●수학 더 익힘   1~6학년/학기별

월간교재

●NEW 해법수학   1~6학년

●해법수학 단원평가 마스터   1~6학년/학기별

●월간 우등생평가   1~6학년

전과목교재

●리더 시리즈
- 국어   1~6학년/학기별
- 사회   3~6학년/학기별
- 과학   3~6학년/학기별

천재교육
수학의 힘
쉽닥믿멋풀이
2·2
기본 실력서
★ 개념+기본+응용+서술형 문제

정답 및 풀이 포인트 **3**가지

▶ 혼자서도 이해할 수 있는 친절한 문제 풀이 제시

▶ 문제 해결에 필요한 핵심 내용 또는
틀리기 쉬운 내용을 담은 참고 및 주의 사항 수록

▶ 예시 답안 및 단계별 채점 기준과 배점 제시로
실전 서술형 문항 완벽 대비

정답 및 풀이

1 단원 네 자리 수

6~7쪽 Power 개념의 힘 ❶

1 10, 천　　　2 1000　　　3 1000
4 1000　　　5 980　　　　6 500원
7 200　　　　8 400원
9 　　　　　10 1000송이

8 100이 10개이면 1000이므로 100원짜리 동전 10개를 묶으면 100원짜리 동전 4개가 남습니다. 따라서 남은 돈은 400원입니다.

8~9쪽 Power 개념의 힘 ❷

1 4000, 사천　　　　　2 (1) 칠천 (2) 팔천
3 (1) 2000 (2) 9000　　4 6, 6000
5 3000, 삼천　　　　　6 5000, 오천
7 7000　　　　　　　　8
9 8000원　　　　　　　10 ㉡
11 6000개　　　　　　　12 9000

12 천 모형이 모두 8+1=9(개) 있으므로 9000입니다.

10~11쪽 Power 개념의 힘 ❸

1 8, 4628　　　　2 오천백구십칠에 ○표
3 8401　　　　　4 8274
5 7219　　　　　6 1375
7 하은, 구천이십육　8 6860에 색칠
9 예

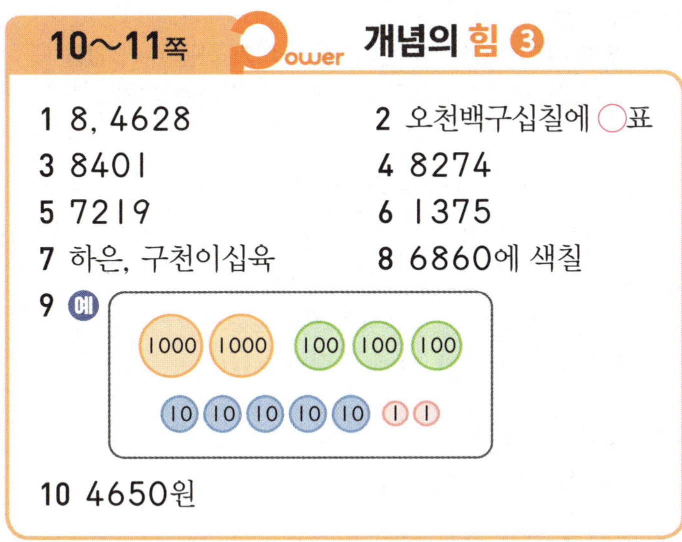

10 4650원

10 1000이 4개, 100이 6개, 10이 5개이면 4650이므로 가희가 낸 금액은 4650원입니다.

12~13쪽 1 STEP 기본의 힘

12쪽　1 (1) 1 (2) 10　　2 9, 9000
3 7000, 칠천　　　　4 2580, 이천오백팔십
5 4칸　　　　　　　　6 1000
7 3174
13쪽　8 500원　　　　9 3000원
10 ㉢　　　　　　　11 (1) 1000 (2) 5000
12 은서
13 예

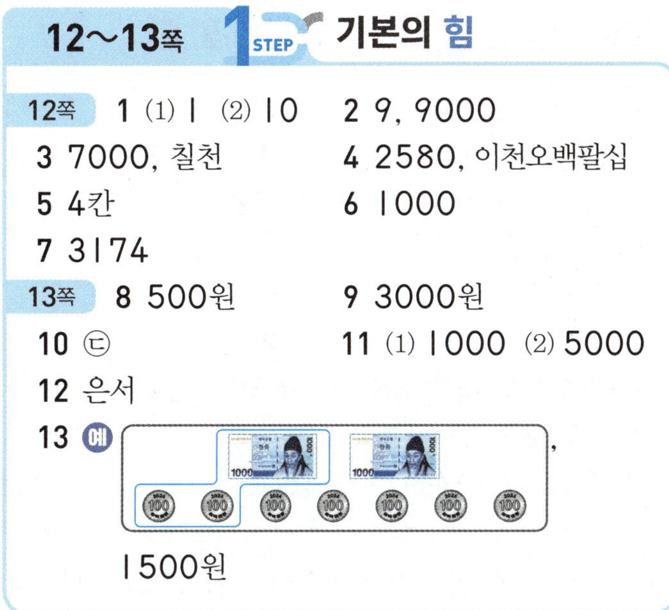

12 백 모형이 22개이면 천 모형 2개, 백 모형 2개와 같으므로 은서는 갖고 있는 모형을 이용해 네 자리 수를 만들 수 있습니다.

13 1000원짜리 지폐 1장과 100원짜리 동전 2개를 묶으면 주스 한 개의 가격이고, 묶이지 않은 돈 1500원은 우유의 가격입니다.

14~15쪽 Power 개념의 힘 ❹

1 4000, 300, 20　　2 7, 2, 6, 4
3 천　　　　　　　　4 (1) 8000 (2) 80
5 (　)(○)(　)　　　6 4958
7 5376에 ○표　　　8 ⑤
9

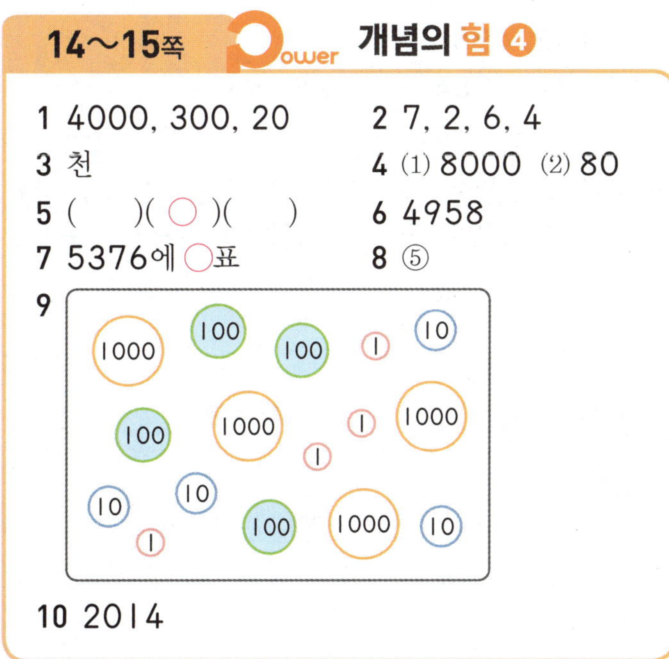

10 2014

10 주의
백의 자리 숫자는 0임에 주의해서 유희 언니가 태어난 연도를 써야 합니다.

16~17쪽 **개념의 힘 ❺**

1 2000, 5000, 6000, 7000
2 8730, 8740, 8760, 8780, 8790
3 9992, 9993, 9996, 9998
4 백, 100
5 (위에서부터) 6400, 9200
6 100씩, 1000씩　　　7 2938
8 6747, 6647, 6547, 6447, 6347
9 ⑴ 7183　⑵ 4187
10 3450원, 4450원, 5450원

10 한 달에 1000원씩 빠짐없이 저금하므로 7월부터
　9월까지 1000씩 뛰어 셉니다.

18~19쪽 **개념의 힘 ❻**

1 ⑴ 3400 / 4100　⑵ 4100
2 ⑴ 작은에 ◯표　⑵ <
3 (　)(◯)　　　　4 (◯)
　　　　　　　　　　　(　)
5 <　　　　　　　　6 경은
7 (위에서부터) 4, 9, 8, 6 / 5, 1, 5, 2 /
　5152, 4986
8 2031, 1354　　　9 삼치

9 더 적은 것을 찾는 문제이므로 더 작은 수를 찾습니다.
　➡ 3126>2947이므로 삼치가 더 적게 팔렸습니다.
　　└3>2┘

20~21쪽 **개념의 힘 ❹~❻**

20쪽 1

2

3
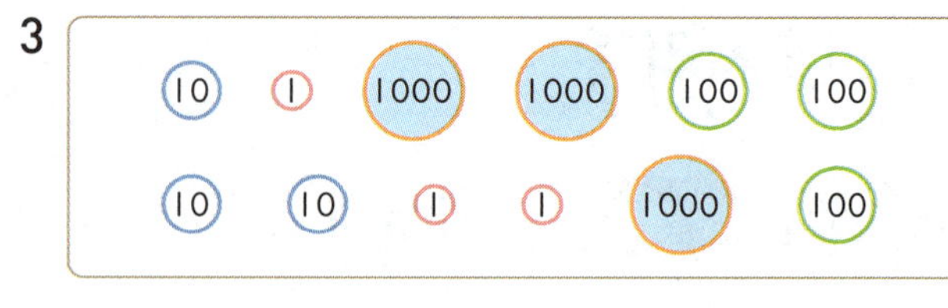

4 7413, 7416　　　　　5 9023, 9123
6 6411, 6391, 6381
21쪽 7 (◯)(　　)(◯)(　　)
8 (　　)(◯)(◯)(◯)
9 (위에서부터) 3561, 3607, 3607
10 (위에서부터) 8815, 9231, 9231
11 (위에서부터) 5526, 2868, 5526
12 (위에서부터) 6349, 6350, 6350

22~23쪽 **1 STEP 기본의 힘**

22쪽 1 2　　　　　　　　2 >
3 100씩　　4 4000　　5 지우
6 3000, 700, 50, 2
7 100씩, 90씩
23쪽 8 9346에 ◯표, 4529에 △표
9 은서　　　10 가 공장　　11 6990
12 감　　　13 3950
14 5044, 육천구에 색칠

11 **비법**
6590부터 100씩 커지는 수를 찾다가 다음 수가 없을 때
그 없는 수가 뒤집어진 카드에 쓰여 있는 수입니다.

12 천의 자리 숫자가 모두 같으므로 백의 자리 숫자를
비교하면 배의 수가 가장 많고, 사과와 감의 수에서
천, 백, 십의 자리 숫자가 각각 같으므로 일의 자리
숫자를 비교하면 9>4로 감의 수가 가장 적습니다.
따라서 감을 가장 적게 수확했습니다.

13 4000에서 출발하여 십의 자리 숫자가 1씩 작아지
도록 5번 뛰어 셉니다.

14 백의 자리 숫자를 각각 찾아봅니다.
5044 ➡ 0, 육천구: 6009 ➡ 0,
팔천백삼: 8103 ➡ 1, 2208 ➡ 2

24~27쪽 2 STEP 응용의 힘

1 300원	2 100원	12 7164	13 ㉠
3 400개	4 (◯)( )	14 ㉡	15 ㉠
5 (◯)( )	6 80	16 5760	17 4620
7 예 소시지 1개와 도시락 1개		18 7590원	19 5, 6, 7, 8, 9
8 예 김밥 2줄과 주스 1개		20 0, 1, 2, 3, 4	21 6, 7, 8, 9
9 예 김밥 1줄과 소시지 4개		22 >	23 수호
10 9752	11 3089		

응용 1 100이 10개 있도록 만들자.

2 10원짜리 동전 10개는 100원입니다. 주어진 동전의 금액의 합은 100원짜리 동전 8+1=9(개)와 같으므로 900원입니다. 1000은 900보다 100만큼 더 큰 수이므로 1000원이 되려면 100원이 더 있어야 합니다.

비법
10원짜리 동전을 100원짜리 동전으로 바꿔 100원짜리 동전이 몇 개 있는 것과 같은지 생각해 봅니다.

3 한 상자에 100개씩 6상자 ➔ 600개
1000은 600보다 400만큼 더 큰 수이므로 1000개가 되려면 400개 더 필요합니다.

응용 2 나타내는 수를 각각 구해 크기를 비교하자.

5 56<u>8</u>4 ➔ 80, 2<u>8</u>37 ➔ 800
80<800이므로 숫자 8이 나타내는 수가 더 작은 수는 5684입니다.

주의
같은 숫자라도 어느 자리 숫자인지에 따라 나타내는 수가 다릅니다.

6 ㉠이 나타내는 수: 20, ㉡이 나타내는 수: 100
➔ (㉡이 나타내는 수)−(㉠이 나타내는 수)=100−20=80

응용 3 각 음식 가격이 1000원짜리 지폐로 몇 장인지 구하자.

8 김밥은 1000원짜리 지폐 3장, 주스는 1000원짜리 지폐 2장이 필요하므로 8000원으로 김밥 2줄과 주스 1개를 살 수 있습니다.

다른 풀이
김밥 2줄과 소시지 2개, 소시지 3개와 도시락 1개 등 다양한 답이 나올 수 있습니다.

9 김밥은 1000원짜리 지폐 3장, 소시지는 1000원짜리 지폐 1장이 필요하므로 7000원으로 김밥 1줄과 소시지 4개를 살 수 있습니다.

응용 4 주어진 수의 크기를 비교하여 조건에 맞는 네 자리 수를 만들자.

10 9>7>5>2이므로 천의 자리부터 큰 숫자를 차례로 놓으면 9752입니다.

11 0<3<8<9이고 0은 천의 자리에 올 수 없으므로 가장 작은 네 자리 수는 3089입니다.

주의
0은 천의 자리에 올 수 없으므로 (두 번째로 작은 수) ➔ 0 ➔ (세 번째로 작은 수) ➔ (네 번째로 작은 수) 순서로 천, 백, 십, 일의 자리에 차례로 놓습니다.

12 백의 자리에 1을 먼저 놓은 다음, 나머지 수를 가장 큰 수부터 천, 십, 일의 자리에 놓으면 7164입니다.

응용 5 어느 자리의 숫자가 어떻게 달라지는지 찾자.

14 ㉠ 1000씩 뛰어 세고 있으므로 빈칸에 들어갈 수는 6793입니다.

㉡ 10씩 거꾸로 뛰어 세고 있으므로 빈칸에 들어갈 수는 6797입니다.

➡ 6793<6797이므로 ㉡에 더 큰 수가 들어갑니다.

15 ㉠ 1808−1908−2008−2108
    (1번)　(2번)　(3번)

㉡ 2012−2013−2014−2015−2016
    (1번)　(2번)　(3번)　(4번)

➡ 2108>2016이므로 ㉠이 더 큰 수입니다.

응용 6 100이 ■▲개인 수는 1000이 ■개, 100이 ▲개인 수임을 기억하자.

17 100이 45개이면 1000이 4개, 100이 5개인 수와 같고, 10이 12개이면 100이 1개, 10이 2개인 수와 같습니다. 따라서 설명하는 수는 1000이 4개, 100이 5+1=6(개), 10이 2개인 수와 같으므로 4620입니다.

18 100원짜리 동전 15개는 1000원짜리 지폐 1장, 100원짜리 동전 5개와 같습니다. 따라서 유희가 가지고 있는 돈은 모두 1000원짜리 지폐 6+1=7(장), 100원짜리 동전 5개, 10원짜리 동전 9개와 같으므로 7590원입니다.

응용 7 천의 자리 숫자부터 각 자리의 숫자를 비교하여 ■가 될 수 있는 숫자를 찾자.

19 천의 자리 숫자를 비교하면 5<■이고, ■가 5도 될 수 있는지 확인해 보면 5163<5947이므로 ■는 5도 될 수 있습니다.

➡ ■는 5부터 9까지의 숫자가 될 수 있습니다.

20 천의 자리 숫자가 같으므로 백의 자리 숫자를 비교하면 4>■이고, ■가 4도 될 수 있는지 확인해 보면 3426>3419이므로 ■는 4도 될 수 있습니다.

➡ ■는 0부터 4까지의 숫자가 될 수 있습니다.

21 ■783>6429에서 천의 자리 숫자를 비교하면 ■>6이고, ■가 6도 될 수 있는지 확인해 보면 6783>6429이므로 ■는 6도 될 수 있습니다.

➡ ■는 6부터 9까지의 숫자가 될 수 있습니다.

응용 8 가려진 자리의 윗자리의 숫자가 다르면 크기를 비교할 수 있다.

22 비법
두 수의 십의 자리 숫자가 가려져 있지만 백의 자리 숫자가 다르므로 백의 자리 숫자를 비교해 두 수의 크기를 비교할 수 있습니다.

천의 자리 숫자는 같고, 백의 자리 숫자가 다르므로 백의 자리 숫자를 비교합니다.
➡ 9>8이므로 49★1이 48★★보다 큽니다.

23 천의 자리 숫자를 비교하면 2>1이므로 루미가 카드를 가장 적게 가지고 있습니다. 수호와 현희의 카드 수를 비교하면 천의 자리 숫자가 같으므로 카드 수의 백의 자리 숫자가 더 큰 수호가 카드를 가장 많이 가지고 있습니다.

28쪽 3 STEP 서술형의 힘 연습 문제 풀기

1 3000개
2 3727

3 100씩
4 5992

3 5043부터 5343까지 3번 뛰어 세는 동안 백의 자리 숫자가 3 커졌습니다.
따라서 100씩 3번 뛰어 센 것입니다.

4 천의 자리 숫자가 5, 십의 자리 숫자가 9, 일의 자리 숫자가 2인 네 자리 수를
5□92라고 쓸 수 있습니다. 이때 □ 안에는 0부터 9까지의 숫자가 들어갈 수 있
으므로 가장 큰 수는 9가 들어갈 때로 5992입니다.

참고
조건을 만족하는 가장 작은 수는 □ 안에 0이 들어갈 때로 5092입니다.

29~31쪽 3 STEP 서술형의 힘

✎ 서술형 문제는 풀이를 확인하세요.

대표 유형 1
1 3
2 5018, 4018, 3018 / 3018
답 3018
✓1-1 답 7746
✓1-2 답 4903

대표 유형 2
1 5, 3, 5
2 8, 9
3 5385, 5395
답 5385, 5395
✓2-1 답 7484, 8484, 9484

대표 유형 3
1 6, 8
2 6, 2 / 8, 6
3 2600 답 2600원
✓3-1 답 3300원
✓3-2 답 1200원

본책
26 ~ 31 쪽

대표 유형 1 거꾸로 뛰어 세어 어떤 수를 구하자.

1-1  1 어떤 수를 구하려면 8246부터 100씩 거꾸로 5번 뛰어 세어야 합니다.
2 위 1의 방법으로 뛰어 세기:
8246－8146－8046－7946－7846－7746
➡ 어떤 수는 7746입니다.
답 7746

채점 기준
1 어떤 수를 구하려면 8246부터 100씩 거꾸로 5번 뛰어 세어야 함을 알고 있음.
2 8246부터 100씩 거꾸로 5번 뛰어 세어 어떤 수를 구함.

1-2 예 1 어떤 수를 구하려면 5243부터 100씩 거꾸로 3번, 10씩 거꾸로 4번 뛰어 세어야 합니다.
2 5243부터 100씩 거꾸로 3번 뛰어 세기:
5243－5143－5043－4943
3 4943부터 10씩 거꾸로 4번 뛰어 세기:
4943－4933－4923－4913－4903
➡ 어떤 수는 4903입니다.
답 4903

다른 풀이
1 어떤 수를 구하려면 5243부터 10씩 거꾸로 4번, 100씩 거꾸로 3번 뛰어 세어야 합니다.
2 5243부터 10씩 거꾸로 4번 뛰어 세기: 5243－5233－5223－5213－5203
3 5203부터 100씩 거꾸로 3번 뛰어 세기: 5203－5103－5003－4903
➡ 어떤 수는 4903입니다.

채점 기준
1 어떤 수를 구하려면 5243부터 100씩 거꾸로 3번, 10씩 거꾸로 4번 뛰어 세어야 함을 알고 있음.
2 5243부터 100씩 거꾸로 3번 뛰어 센 수를 구함.
3 위 2에서 구한 수에서 10씩 거꾸로 4번 뛰어 세어 어떤 수를 구함.

대표 유형 ② 분명하게 알 수 있는 자리의 숫자부터 써서 네 자리 수로 나타내자.

① 백의 자리 숫자가 나타내는 수가 300이므로 백의 자리 숫자는 3입니다.
천의 자리 숫자와 일의 자리 숫자는 각각 백의 자리 숫자 3보다 2만큼 더 크므로 5가 됩니다.

② 53■5>5376에서 천, 백, 십의 자리까지 비교하면 ■>7입니다. ■가 7도 될 수 있는지 확인해 보면 5375<5376이므로 두 수의 크기가 바뀌어 ■는 7이 될 수 없습니다.

2-1 예 ① 설명을 만족하는 백, 십, 일의 자리 숫자를 써서 네 자리 수로 나타내기:
■484

② 위 **①**에서 나타낸 네 자리 수가 6527보다 클 때 천의 자리 숫자 구하기: 7, 8, 9

③ 설명을 만족하는 네 자리 수 모두 구하기: 7484, 8484, 9484

답 7484, 8484, 9484

채점 기준

① 설명을 만족하는 백, 십, 일의 자리 숫자를 써서 네 자리 수로 나타냄.

② 위 **①**에서 나타낸 수가 6527보다 클 때 천의 자리 숫자를 구함.

③ 설명을 만족하는 네 자리 수를 모두 구함.

> **주의**
> ■가 7도 될 수 있는지 반드시 일의 자리 숫자끼리 비교해 봅니다.
> 5375<5376
> 5<6

> **참고**
> ■484>6527에서 ■>6이고, ■가 6도 될 수 있는지 확인해 보면 6484<6527이므로 두 수의 크기가 바뀌어 ■는 6이 될 수 없습니다.

대표 유형 ③ 1000원짜리 지폐의 수와 100원짜리 동전의 수로 구분하여 각각의 수를 계산하자.

② 1000원짜리 지폐가 6장 있어야 하는데 4장만 있으므로 6−4=2(장)을 더 모아야 합니다.
100원짜리 동전이 8개 있어야 하는데 2개만 있으므로 8−2=6(개)를 더 모아야 합니다.

3-1 예 ① 8400원은 1000원짜리 지폐 8장, 100원짜리 동전 4개입니다.

② 더 모아야 하는 1000원짜리 지폐의 수 구하기: 8−5=3(장)
더 모아야 하는 100원짜리 동전의 수 구하기: 4−1=3(개)

③ 다희가 더 모아야 하는 금액: 3300원

답 3300원

3-2 예 ① 7300원은 1000원짜리 지폐 7장, 100원짜리 동전 3개입니다.

② 지금까지 모은 돈은 1000원짜리 지폐 5+1=6(장), 100원짜리 동전 1개와 같습니다.

③ 더 모아야 하는 1000원짜리 지폐의 수 구하기: 7−6=1(장)
더 모아야 하는 100원짜리 동전의 수 구하기: 3−1=2(개)

④ 윤서가 더 모아야 하는 금액: 1200원

답 1200원

채점 기준

① 7300원을 1000원짜리 지폐 7장, 100원짜리 동전 3개로 구분하여 나타냄.

② 지금까지 모은 돈을 1000원짜리 지폐 6장, 100원짜리 동전 1개로 구분하여 나타냄.

③ 더 모아야 하는 1000원짜리 지폐의 수와 100원짜리 동전의 수를 구함.

④ 윤서가 더 모아야 하는 금액을 구함.

> **채점 기준**
> **①** 8400원을 1000원짜리 지폐 8장, 100원짜리 동전 4개로 구분하여 나타냄.
> **②** 더 모아야 하는 1000원짜리 지폐의 수와 100원짜리 동전의 수를 구함.
> **③** 다희가 더 모아야 하는 금액을 구함.

> **참고**
> 100원짜리 동전 11개는 1000원짜리 지폐 1장, 100원짜리 동전 1개와 같습니다.

 단원평가 32~34쪽

✎ 서술형 문제는 풀이를 확인하세요.

1 200

2 6, 6000

3 3230, 3250, 3260

4 ⑴ 6000 ⑵ 60

5 400원

6 100씩

7 <

8 ③

9 4787, 4788

10 3805

11 토끼 인형

12 5520

13 ㉡

14 ( )( )
　( )(○)

15
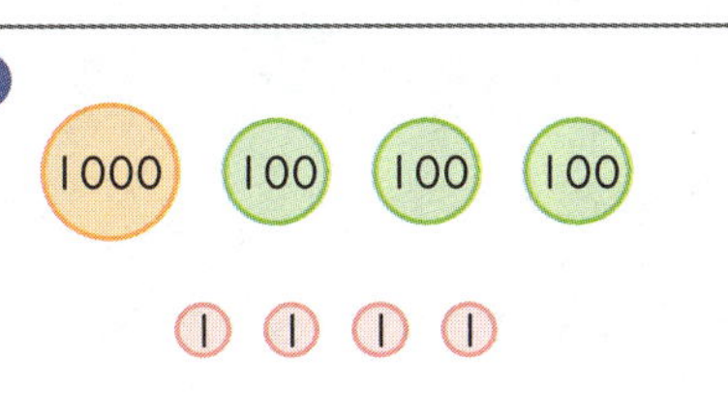

16 3274, 3267, 2985

17 6370원

18 9516

✎19 답 8256

✎20 답 7, 8, 9

---

7 5628 < 5631
　　└2<3┘

8 백의 자리 숫자를 각각 찾아봅니다.
　① 3672 ➡ 6　② 7108 ➡ 1　③ 9735 ➡ 7
　④ 4617 ➡ 6　⑤ 6379 ➡ 3

9 일의 자리 숫자가 1씩 커졌으므로 1씩 뛰어 센 것입니다.

10 천의 자리 숫자가 3, 백의 자리 숫자가 8, 십의 자리 숫자가 0, 일의 자리 숫자가 5인 네 자리 수는 3805입니다.

11 더 많은 것을 찾는 문제이므로 더 큰 수를 찾습니다.
　➡ 2196<2214이므로 토끼 인형이 더 많습니다.

12 5480 - 5490 - 5500 - 5510 - ⎡5520⎤
　- 5530 - 5540 - 5550

13 ㉠ 3000, ㉡ 300, ㉢ 3000

14 8687: 팔천육백팔십칠, 7858: 칠천팔백오십팔,
　9388: 구천삼백팔십팔, 8408: 팔천사백팔

16 천의 자리 숫자를 비교하면 3>2이므로 2985가 가장 작습니다.
남은 두 수의 크기를 비교하면 3274>3267이므로 3274가 가장 큽니다.

17 100원짜리 동전 23개는 1000원짜리 지폐 2장, 100원짜리 동전 3개와 같습니다. 따라서 예은이가 가지고 있는 돈은 모두 1000원짜리 지폐 4+2=6(장), 100원짜리 동전 3개, 10원짜리 동전 7개와 같으므로 6370원입니다.

18 백의 자리에 5, 십의 자리에 1을 먼저 놓은 다음, 나머지 수를 가장 큰 수부터 차례로 천의 자리, 일의 자리에 놓습니다. ➡ 9516

19 풀이 예 ❶ 어떤 수를 구하려면 8296에서 10씩 거꾸로 4번 뛰어 세어야 합니다.
❷ 위 ❶의 방법으로 뛰어 세기:
8296 - 8286 - 8276 - 8266 - 8256
➡ 어떤 수는 8256입니다.　답 8256

채점 기준	
❶ 어떤 수를 구하려면 8296부터 10씩 거꾸로 4번 뛰어 세어야 함을 알고 있음.	1점
❷ 8296부터 10씩 거꾸로 4번 뛰어 세어 어떤 수를 구함.	4점

20 풀이 예 ❶ 천의 자리 숫자가 같으므로 백의 자리 숫자를 비교하면 7<■입니다.
❷ ■가 7도 될 수 있는지 확인해 보면 8746<8759이므로 ■는 7도 될 수 있습니다.
❸ ■는 7부터 9까지의 숫자가 될 수 있습니다.
➡ ■=7, 8, 9　답 7, 8, 9

채점 기준	
❶ 천, 백의 자리 숫자를 비교하여 ■가 7보다 큰 수임을 구함.	1점
❷ ■가 7도 될 수 있는지 확인하여 구함.	2점
❸ ■가 될 수 있는 수를 모두 구함.	2점

창의·사고력의 힘! 35쪽

☆ 1000 / 900 / 3

☆ 태, 극, 기, 휘, 날, 리, 며

2 단원 곱셈구구

38~39쪽 Power 개념의 힘 ❶

1 20, 20
2 (위에서부터) 2, 2, 16
3 18
4 5 / 5
5

5	8	10	15
19	20	24	25
30	35	37	40
41	42	45	46

6 (선 잇기)
7 7, 35
8 12개
9 예 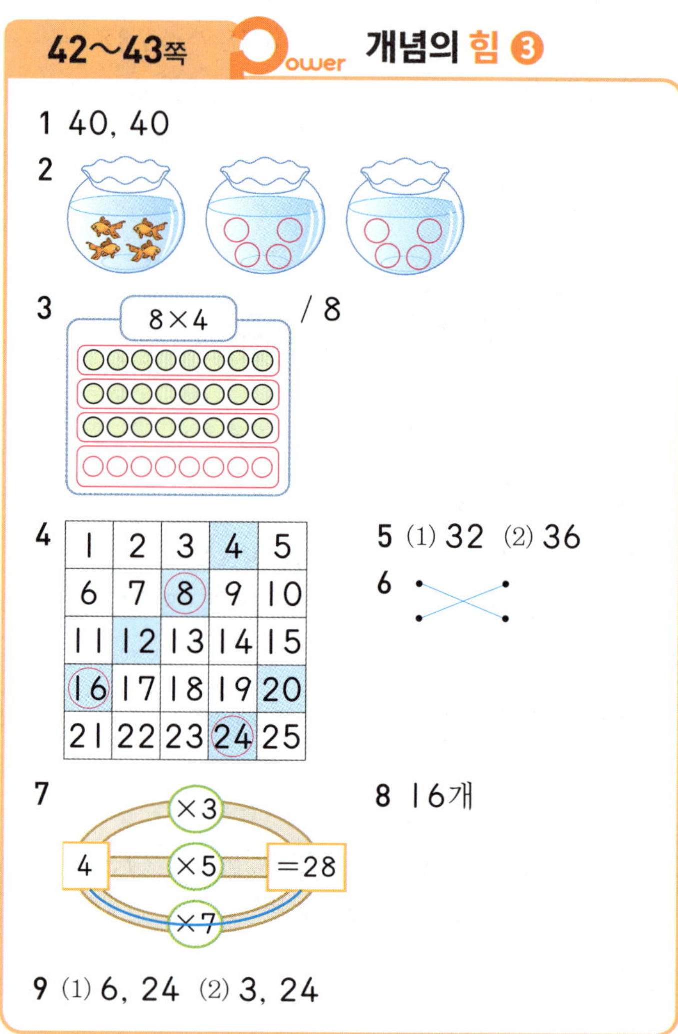 / 8, 2, 4

7 꼬치 한 개에 떡이 5개씩 꽂혀 있으므로 꼬치가 7개 이면 꽂혀 있는 떡은 모두 $5 \times 7 = 35$(개)입니다.

8 빵이 2개씩 6봉지이므로 모두 $2 \times 6 = 12$(개)입니다.

9 로 그릴 수도 있습니다.

40~41쪽 Power 개념의 힘 ❷

1 21, 21
2 4, 6, 24
3 9, 12, 15
4 예 / 5, 30
5 36, 42
6 / 24
7 18, 48에 색칠
8 (◯)(   )
9 $3 \times 5 = 15$

4 빵을 6개씩 묶으면 5묶음이므로 모두 $6 \times 5 = 30$(개)입니다.

8 $3 \times 9 = 27$ → $27 > 25$

9 세발자전거 한 대에는 바퀴가 3개 있으므로 세발자전거 5대에는 바퀴가 모두 $3 \times 5 = 15$(개) 있습니다.

42~43쪽 Power 개념의 힘 ❸

1 40, 40
2 (그림)
3 8×4 / 8
4

1	2	3	4	5
6	7	8	9	10
11	12	13	14	15
16	17	18	19	20
21	22	23	24	25

5 (1) 32 (2) 36
6 (선 잇기)
7 (×3, ×5, ×7 / 4 / =28)
8 16개
9 (1) 6, 24 (2) 3, 24

4 4단 곱셈구구의 값:
 $4 \times 1 = 4$, $4 \times 2 = 8$, $4 \times 3 = 12$,
 $4 \times 4 = 16$, $4 \times 5 = 20$, $4 \times 6 = 24$
 8단 곱셈구구의 값:
 $8 \times 1 = 8$, $8 \times 2 = 16$, $8 \times 3 = 24$

7 4단 곱셈구구에서 곱이 28인 경우는 $4 \times 7 = 28$입 니다.

8 단춧구멍이 4개인 단추가 4개이므로 단춧구멍은 모 두 $4 \times 4 = 16$(개)입니다.

9 (1) 4개씩 묶으면 6묶음이므로 $4 \times 6 = 24$입니다.
 (2) 8개씩 묶으면 3묶음이므로 $8 \times 3 = 24$입니다.

44~45쪽 Power 개념의 힘 ④

1 3, 21
2 4, 28
3 2, 14 / 4, 28
4 9×3=27
5 (1) 18 (2) 63
6 49
7 (1) 1 (2) 9
8

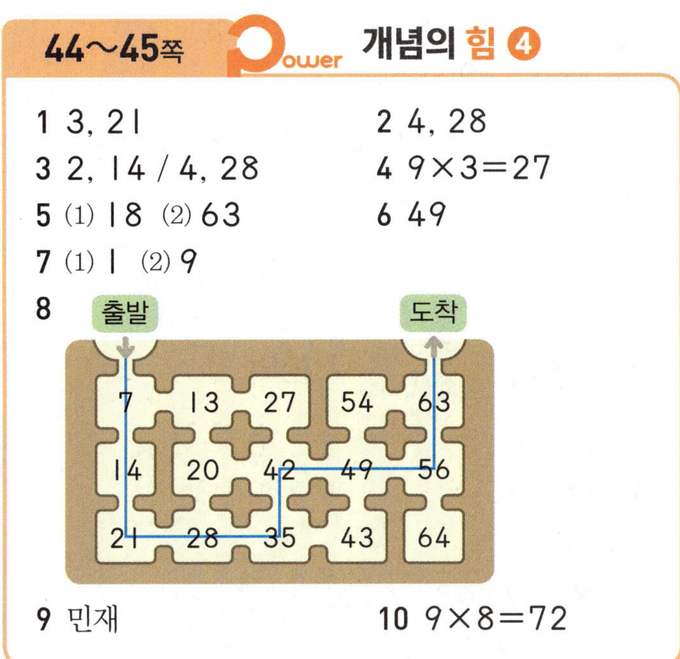

9 민재
10 9×8=72

9 선우: 9×6=54, 민재: 7×8=56
따라서 곱이 56인 곱셈구구를 말한 사람은 민재입니다.

10 (케이크 한 개에 장식할 장미꽃의 수)×(케이크 수)
=9×8=72(송이)

46~47쪽 Power+ 개념의 힘 ①~④

46쪽
1 4, 28
2 8, 24
3 3, 18
4 2, 16
5 20, 24, 28, 32, 36
6 35, 42, 49, 56, 63
7 45, 54, 63, 72, 81
47쪽
8 8
9 18
10 30
11 35
12 32
13 64
14

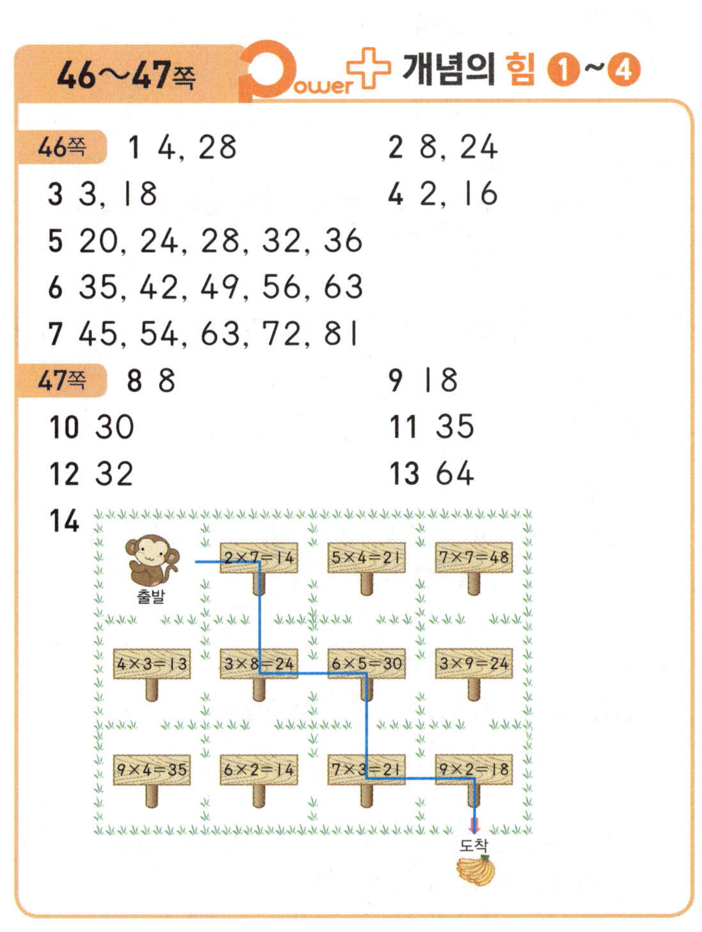

48~49쪽 1STEP 기본의 힘

48쪽
1 6, 6
2 12, 12
3 5, 10
4 (1) 42 (2) 81
5 25 cm
6 24에 ○표
7 식 7×5=35 답 35명
49쪽
8

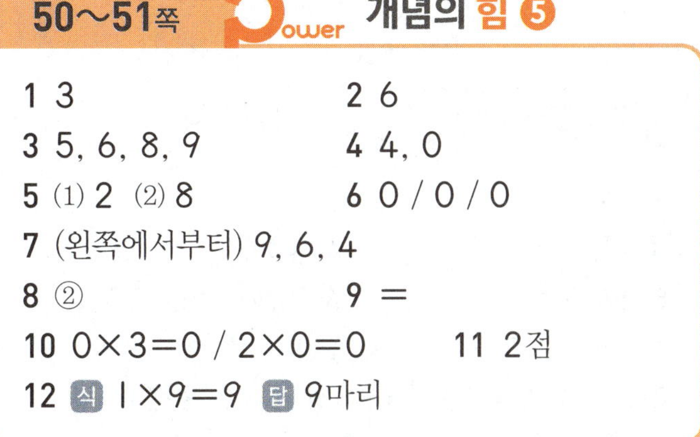

9 ㉠, ㉢
10 은서
11 8 / 16
12 6×6에 색칠
13 예 3×4=12 / 예 6×2=12
14 3상자

11 •4단 곱셈구구에서 4×2=8이므로 ㉠=8입니다.
•8단 곱셈구구에서 8×2=16이므로 ㉡=16입니다.

다른 풀이
4단 곱셈구구에서 4×2=80이므로 ㉠=80이고, 4×4=16이므로 ㉡=16입니다.

13 구슬을 3개씩 4묶음 만들 수 있으므로 3×4=12, 6개씩 2묶음을 만들 수 있으므로 6×2=12로 나타낼 수 있습니다.

14 9단 곱셈구구에서 곱이 27인 경우는 9×3=27입니다. 따라서 초콜릿이 모두 27개라면 3상자가 있습니다.

50~51쪽 Power 개념의 힘 ⑤

1 3
2 6
3 5, 6, 8, 9
4 4, 0
5 (1) 2 (2) 8
6 0 / 0 / 0
7 (왼쪽에서부터) 9, 6, 4
8 ②
9 =
10 0×3=0 / 2×0=0
11 2점
12 식 1×9=9 답 9마리

11 점수가 과녁에 적힌 수가 0일 때 0점, 과녁에 적힌 수가 1일 때 2점, 과녁에 적힌 수가 2일 때 0점이므로 민재가 얻은 점수는 모두 0+2+0=2(점)입니다.

52~53쪽 **P**ower 개념의 **힘 6**

1 2씩
2 5단
3 24, 30, 36
4 같습니다에 ○표

5

×	1	2	3	4	5
1					
2					
3					
4					★
5				●	

6 8×2=16 / 4×4=16
7 2단, 4단, 6단, 8단

8

×	3	4	5	6	7	8	9
4	12	16	20	24	28	32	36
5	15	20	25	30	35	40	45
6	18	24	30	36	42	48	54

9

×	2	3	4	5	6
2	4	6	8	10	12
3	6	9	12	15	18
4	8	12	16	20	24
5	10	15	20	25	30
6	12	18	24	30	36

/ 2×6, 4×3, 6×2

9 3×4=12이므로 완성한 곱셈표에서 곱이 12가 되는 경우를 모두 찾으면 2×6, 4×3, 6×2입니다.

54~55쪽 **P**ower 개념의 **힘 7**

1 12
2 6, 12
3 15
4 40개
5 14개
6 8, 40 / 5, 40
7 35자루
8 식 5×6=30 답 30명　　9 3, 24
10 예 6×3 / 3×2 / 24

7 (연필꽂이 한 개에 꽂혀 있는 연필 수)×(연필꽂이 수)
＝7×5=35(자루)

8 (한 팀에 있는 선수의 수)×(팀의 수)
＝5×6=30(명)

10 6×3=18, 3×2=6 ➡ 18+6=24(개)

56~57쪽 **1** STEP 기본의 **힘**

56쪽
1 0
2 5, 0
3 (1) 5　(2) 5, 4
4 2, 2 / 3, 3
5 5, 0

6

×	7	8
2	14	16
6	42	48

7 24개

57쪽
8

12	18	24
14	21	28
16	24	32

9 0

10 식 3×4=12 답 12점　　11 41세
12 5×0=0 / 1×3=3 / 15점
13 예 2×2 / 예 4×3 / 16
14 14점

3 (2) 다른 풀이
　4×5의 곱이 20이므로 두 수의 순서를 서로 바꾼 5×4도 곱이 20입니다.

12 [5] 는 뽑지 않았으므로 5×0=0(점)이고 [1] 은 3번 뽑았으므로 1×3=3(점)입니다.
➡ 0+12+3=15(점)

13 비법
　연결 모형의 수를 곱셈구구로 구할 수 있도록 두 부분으로 나누는 방법을 생각해 봅니다.

14 (1등의 점수의 합)=2×4=8(점)
　(2등의 점수의 합)=1×6=6(점)
➡ 8+6=14(점)

주의
1등인 사람들의 점수의 합, 2등인 사람들의 점수의 합을 각각 구해 더해야 함에 주의합니다.

58~61쪽 2 STEP 응용의 힘

1 9, 2, 18	2 6, 4, 24	13 6, 4, 8 / 8, 6, 4	14 6
3 7, 21	4 9, 63	15 4	16 9개
5 8, 16, 24, 32에 색칠		17 6, 7, 8, 9	18 0, 1, 2, 3, 4, 5
6 6, 12, 18, 24에 색칠		19 8, 9	20 15
7 >	8 <	21 30	22 5
9 ㉠, ㉢, ㉡	10 ㉢, ㉠, ㉡	23 24	24 15
11 7, 6, 3	12 8, 2, 4		

응용 1 곱하는 두 수의 순서를 서로 바꾸어도 곱이 같음을 이용하자.

2 • 오이는 4개씩 6줄이므로 $4 \times 6 = 24$입니다.
　• 오이는 6개씩 4줄이므로 $6 \times 4 = 24$입니다.
➡ $4 \times 6 = 6 \times 4 = 24$

응용 2 더 큰 수의 단 곱셈구구에서 같은 수를 찾자.

5 8단 곱셈구구 값 중 4단 곱셈구구 값의 가장 근 수까지 찾아보면 8, 16, 24, 32입니다.

6 6단 곱셈구구 값 중 3단 곱셈구구 값의 가장 큰 수까지 찾아보면 6, 12, 18, 24입니다.

참고
8단 곱셈구구 값에서 4단 곱셈구구의 값을 찾되 $4 \times 9 = 36$까지의 수에서 찾으면 됩니다.

응용 3 주어진 곱셈구구의 곱을 각각 구한 후 수의 크기를 비교하자.

9 ㉠ $5 \times 5 = 25$　㉡ $7 \times 3 = 21$　㉢ $6 \times 4 = 24$
➡ $25 > 24 > 21$이므로 ㉠ > ㉢ > ㉡입니다.

10 ㉠ $4 \times 8 = 32$　㉡ $9 \times 3 = 27$　㉢ $7 \times 5 = 35$
➡ $35 > 32 > 27$이므로 ㉢ > ㉠ > ㉡입니다.

응용 4 수 카드를 같은 자리에 한 번씩 놓아가며 곱셈식을 만들자.

11 $9 \times \boxed{3} = 27$ (×),　$9 \times \boxed{6} = 54$ (×),　$9 \times \boxed{7} = \boxed{6}\,\boxed{3}$ (○)

12 $3 \times \boxed{4} = 12$ (×),　$3 \times \boxed{8} = \boxed{2}\,\boxed{4}$ (○),　$3 \times \boxed{2} = 6$ (×),　$3 \times \boxed{9} = 27$ (×)

13 $8 \times \boxed{4} = 32$ (×),　$8 \times \boxed{6} = \boxed{4}\,\boxed{8}$ (○),　$8 \times \boxed{8} = \boxed{6}\,\boxed{4}$ (○)

비법
수 카드를 놓을 여러 자리 중 계산하기 쉬운 곳에 수 카드를 놓습니다.

응용 5 ■단 곱셈구구에서 곱이 ▲인 곱셈구구를 찾아 모르는 수를 구하자.

15 $6 \times 6 = 36$이고 두 곱셈구구의 곱이 같으므로 $9 \times \square = 36$입니다.
9단 곱셈구구에서 곱이 36인 곱셈구구를 찾으면 $9 \times 4 = 36$이므로 $\square = 4$입니다.

16 이어 붙인 지우개의 수를 $\square$개라 하면 $5 \times \square = 45$입니다.
5단 곱셈구구에서 곱이 45인 곱셈구구를 찾으면 $5 \times 9 = 45$이므로 $\square = 9$입니다.
따라서 이어 붙인 지우개는 9개입니다.

비법
이어 붙인 지우개의 수를 $\square$개라 하여 곱셈식을 쓰고 곱셈구구를 이용하여 $\square$를 구합니다.

응용 6 □ 안에 들어갈 수 있는 가장 작은(큰) 수를 먼저 구하자.

18 곱이 마지막으로 36보다 작은 곱셈구구를 찾으면 $7 \times 5 = 35 (\bigcirc)$, $7 \times 6 = 42 (\times)$이므로 □ 안에 들어갈 수 있는 수는 5이거나 5보다 작은 수입니다. 따라서 □ 안에 들어갈 수 있는 수는 0, 1, 2, 3, 4, 5입니다.

19 $\square \times 8 = 8 \times \square$이므로 8단 곱셈구구에서 찾습니다. 곱이 처음으로 60보다 큰 곱셈구구를 찾으면 $8 \times 7 = 56 (\times)$, $8 \times 8 = 64 (\bigcirc)$이므로 □ 안에 들어갈 수 있는 수는 8이거나 8보다 큰 수입니다. 따라서 □ 안에 들어갈 수 있는 수는 8, 9입니다.

응용 7 곱셈구구를 나타낸 수직선에서는 눈금 한 칸의 크기 ■가 ■단 곱셈구구를 의미한다.

21 ◥ **비법**
눈금 한 칸의 크기를 구하면 몇단 곱셈구구를 나타낸 수직선인지 알 수 있습니다.

7번 뛰어 센 수가 42이므로 수직선 한 칸의 크기를 □라 하면 $\square \times 7 = 42$입니다. $\square \times 7 = 7 \times \square = 42$이므로 7단 곱셈구구에서 찾으면 $7 \times 6 = 42$ ➡ $\square = 6$입니다. 따라서 ㉠은 6씩 5번 뛰어 센 것이므로 $6 \times 5 = 30$입니다.

22 ㉠씩 2번 뛰어 센 수와 2씩 5번 뛰어 센 수가 같으므로 $㉠ \times 2 = 2 \times 5$, $㉠ \times 2 = 10$입니다. $㉠ \times 2 = 2 \times ㉠ = 10$이므로 $2 \times 5 = 10$ ➡ $㉠ = 5$입니다.

응용 8 처음으로 찾은 조건의 수 중 나머지 조건을 만족하지 않는 수를 제외해 가며 조건을 모두 만족하는 수를 구하자.

23 8단 곱셈구구의 값은 8, 16, 24, 32, 40, 48, 56, 64, 72이고, 이 중 $7 \times 7 = 49$보다 작은 수는 8, 16, 24, 32, 40, 48입니다. 이때 일의 자리 숫자가 4인 수는 24이므로 조건을 모두 만족하는 수는 24입니다.

◥ **다른 풀이**
8단 곱셈구구의 값은 8, 16, 24, 32, 40, 48, 56, 64, 72이고, 이 중 일의 자리 숫자가 4인 수는 24, 64입니다. 이때 $7 \times 7 = 49$보다 작은 수는 24입니다.

24 3단 곱셈구구의 값은 3, 6, 9, 12, 15, 18, 21, 24, 27이고, 이 중 홀수는 3, 9, 15, 21, 27입니다. 이때 십의 자리 숫자가 10을 나타내는 수는 15이므로 조건을 모두 만족하는 수는 15입니다.

주의
$7 \times \square$가 36보다 작으므로 7단 곱셈구구에서 곱이 마지막으로 36보다 작은 곱셈구구는 7×5입니다. 따라서 □ 안에 들어갈 수 있는 수는 5부터 1씩 작아지는 수임에 주의합니다.

참고
8단 곱셈구구에서 곱이 처음으로 60보다 큰 곱셈구구는 8×8입니다. 따라서 □ 안에 들어갈 수 있는 수는 8부터 1씩 커지는 수입니다.

참고
서로 다른 곱셈구구여도 곱이 같은 경우가 있습니다.

다른 풀이
홀수 중 십의 자리 숫자가 10을 나타내는 수는 11, 13, 15, 17, 19입니다. 이때 3단 곱셈구구의 값은 $3 \times 5 = 15$이므로 조건을 모두 만족하는 수는 15입니다.

62쪽	**3** STEP	**서술형의 힘** 연습 문제 풀기

1 식 $4 \times 8 = 32$ 답 32개   3 달걀
2 2   4 47개

2 $7 \times (\text{어떤 수}) = 14$이므로 7단 곱셈구구에서 $7 \times 2 = 14$ ➡ (어떤 수) $= 2$입니다.

3 (달걀의 수) $= 2 \times 8 = 16$(개)
➡ $14 < 16$이므로 달걀이 더 많이 있습니다.

63~65쪽 3 STEP 서술형의 힘

✏ 서술형 문제는 풀이를 확인하세요.

대표 유형 1
1 4, 28
2 28, 12
답 12마리
✏1-1 답 7개
✏1-2 답 8장

대표 유형 2
1 2, 12
2 4, 32
3 12, 32, 44
답 44개
✏2-1 답 46개
✏2-2 답 43개

대표 유형 3
1 3
2 5, 5
3 5, 35
답 35
✏3-1 답 72
✏3-2 답 64

대표 유형 1 먼저 구해야 할 식을 찾자.

2 (남은 오징어 수)=(준비한 오징어 수)−(나누어 준 오징어 수)

1-1 예 1 (포장한 팥빵 수)$=3×6=18$(개)
2 (남은 팥빵 수)$=25−18=7$(개)   답 7개

1-2 예 1 (나누어 주려는 색종이 수)$=8×9=72$(장)
2 (더 필요한 색종이 수)$=72−64=8$(장)   답 8장

채점 기준
1 포장한 팥빵 수를 구함.
2 남은 팥빵 수를 구함.

채점 기준
1 나누어 주려는 색종이 수를 구함.
2 더 필요한 색종이 수를 구함.

대표 유형 2 종류별로 수를 구한 후 구한 것을 모두 더하자.

1 (전체 배의 수)=(한 상자에 들어 있는 배의 수)×(배가 들어 있는 상자 수)
2 (전체 참외 수)=(한 상자에 들어 있는 참외 수)×(참외가 들어 있는 상자 수)
3 (전체 과일 수)=(전체 배의 수)+(전체 참외 수)

2-1 예 1 (사 오신 전체 당근 수)$=7×3=21$(개)
2 (사 오신 전체 오이 수)$=5×5=25$(개)
3 (사 오신 전체 채소 수)$=21+25=46$(개)   답 46개

2-2 예 1 (삼각형 9개의 꼭짓점 수)$=3×9=27$(개)
2 (사각형 4개의 꼭짓점 수)$=4×4=16$(개)
3 (전체 꼭짓점 수)$=27+16=43$(개)   답 43개

채점 기준
1 사 오신 전체 당근 수를 구함.
2 사 오신 전체 오이 수를 구함.
3 사 오신 전체 채소 수를 구함.

채점 기준
1 삼각형 9개의 꼭짓점 수를 구함.
2 사각형 4개의 꼭짓점 수를 구함.
3 전체 꼭짓점 수를 구함.

대표 유형 3 잘못 계산한 식에서 어떤 수를 구해 바르게 계산한 값을 구하자.

1 잘못 계산한 식을 구할 수 있는 문장
→ 잘못하여 3에 곱했더니 15가 되었습니다.

3-1 예 1 잘못 계산한 식: $7×$(어떤 수)$=63$
2 7단 곱셈구구에서 $7×9=63$이므로 (어떤 수)$=9$입니다.
3 (바르게 계산한 값)$=8×9=72$ 답 72

3-2 예 1 어떤 수 구하는 식: $4×$(어떤 수)$=32$
2 4단 곱셈구구에서 $4×8=32$이므로 (어떤 수)$=8$입니다.
3 (어떤 수)$×8=8×8=64$ 답 64

채점 기준
1 잘못 계산한 식을 씀.
2 어떤 수를 구함.
3 바르게 계산한 값을 구함.

채점 기준
1 어떤 수 구하는 식을 씀.
2 어떤 수를 구함.
3 어떤 수에 8을 곱한 값을 구함.

본책 60~65쪽

66~68쪽 수학의 힘 단원평가

✔ 서술형 문제는 풀이를 확인하세요.

1 12

2 4, 16

3 5, 5

4 5, 15 / 3, 15

5 (1) 0 (2) 9

6~7

×	4	5	6	7	8
4	16	20	24	28	32
5	20	25	30	35	40
6	24	30	36	42	48
7	28	35	★	49	56
8	32	40	48	56	64

8 식 $9 \times 3 = 27$ 답 27개

9

10 8

11 시윤

12 ㉡, ㉠, ㉢

13 1, 7, 0, 0, 7

14 6, 4, 2

15 6개

16 3, 30 / 예 4, 3, 30

17 30

18 6 / 64

19 답 6, 7, 8, 9

20 답 5개

---

7 ★은 7×6의 곱이고, 7×6과 곱이 같은 곱셈구구는 6×7입니다. 따라서 세로줄 6과 가로줄 7이 만나는 칸에 색칠합니다.

8 (한 칸에 달려 있는 샤워기의 수)×(칸의 수)
$= 9 \times 3 = 27$(개)

9
$5 \times 7 = 35$　　$3 \times 6 = 18$
$9 \times 2 = 18$　　$6 \times 2 = 12$
$3 \times 4 = 12$　　$7 \times 5 = 35$

10 6단 곱셈구구에서 $6 \times 8 = 48$이므로 □=8입니다.

11 연결 모형이 6개씩 4줄 있으므로
$6 + 6 + 6 + 6 = 24$, 6×3에 6을 더하기,
$6 \times 4 = 24$ 등으로 구할 수 있습니다.
따라서 구하는 방법을 잘못 말한 사람은 시윤입니다.

12 ㉠ $7 \times 7 = 49$　　㉡ $8 \times 5 = 40$
㉢ $6 \times 9 = 54$
➡ $40 < 49 < 54$이므로 ㉡<㉠<㉢입니다.

14 $7 \times \boxed{2} = 14$ (×)
$7 \times \boxed{4} = 28$ (×)
$7 \times \boxed{6} = \boxed{4}\boxed{2}$ (○)

15 어떤 수와 0의 곱은 0이므로 □ 안에는 0부터 5까지의 수가 모두 들어갈 수 있습니다.
➡ □=0, 1, 2, 3, 4, 5이므로 6개입니다.

17 • $\blacksquare \times 4 = 4 \times \blacksquare = 4 \times 6$에서 $\blacksquare = 6$입니다.
• $9 \times 5 = 5 \times 9 = \blacktriangle \times 9$에서 $\blacktriangle = 5$입니다.
➡ $\blacksquare \times \blacktriangle = 6 \times 5 = 30$

18

×	2	4	㉠	8
2		8	12	
㉢	16	32		㉡

• $2 \times ㉠ = 12$이므로 2단 곱셈구구에서
$2 \times 6 = 12$ ➡ ㉠=6입니다.
• $㉢ \times 2 = 16$이므로 $㉢ \times 2 = 2 \times ㉢ = 16$입니다.
2단 곱셈구구에서 $2 \times 8 = 16$이므로 ㉢=8입니다.
따라서 ㉡$= ㉢ \times 8 = 8 \times 8 = 64$입니다.

19 풀이 예 ❶ 곱이 처음으로 20보다 큰 곱셈구구를 찾으면 $4 \times 5 = 20$(×), $4 \times 6 = 24$(○)입니다.
❷ □ 안에 들어갈 수 있는 수는 6이거나 6보다 큰 수이므로 6, 7, 8, 9입니다.　답 6, 7, 8, 9

채점 기준

❶ 곱이 처음으로 20보다 큰 곱셈구구를 찾음.	3점
❷ □ 안에 들어갈 수 있는 수를 모두 구함.	2점

20 풀이 예 ❶ (나누어 넣은 밤알의 수)
$= 9 \times 5 = 45$(개)
❷ (남은 밤알의 수)$= 50 - 45 = 5$(개)　답 5개

채점 기준

❶ 나누어 넣은 밤알의 수를 구함.	3점
❷ 남은 밤알의 수를 구함.	2점

69쪽 창의·사고력의 힘!

7, 35 / 5, 35 / 5, 30, 5, 35

3단원 길이 재기

72~73쪽 P ower 개념의 힘 ❶

1 I
2 (1)  1m 1m 1m
  (2) 2m 2m 2m
3 미터, 센티미터　　　　4 (1) 4 (2) 800
5 (1) I, 20 (2) I, 20
6 (1) I, 30, I, 30 (2) 300, 349
7 ㉠　　　　　　　　　8 (1) cm (2) m
9 I m　　　　　　　　10 500 cm
11 2I7 cm　　　　　　12 2 m 54 cm

11 2 m I7 cm=2 m+I7 cm
　　　　　　　　=200 cm+I7 cm=2I7 cm

12 254 센티미터 ➡ 254 cm
　　254 cm=200 cm+54 cm
　　　　　　=2 m+54 cm=2 m 54 cm

74~75쪽 P ower 개념의 힘 ❷

1 (○)(　)　　　2  ○ □
3 I02 / I, 6　　　4 I30 cm
5 II0 / I, I0　　　6 I m 85 cm
7 I m 60 cm　　　8 신발장
9 (위에서부터) I65 / 2, 50 / 4
10 예 침대의 한끝을 줄자의 눈금 0에 맞추지 않
　　았기 때문입니다.

2 주의
　길이를 잴 때는 물건의 한끝을 자의 눈금 0에 맞추고 재
　야 합니다.

10 평가 기준
　침대의 한끝을 줄자의 눈금 0에 맞추지 않았기 때문이라
　고 썼으면 정답으로 합니다.

76~77쪽 1 STEP  기본의 힘

76쪽　1 ②　　　　　2 6 미터 45 센티미터
3 (　)(○)　　　4 (1) 2 (2) 700
5 5 m　　　　　　　6 [연결선]
7 II0 / I, I0
77쪽　8 I m 29 cm　　9 하은 / 709 cm
10 ㉡　　　　　　　11 6개
12 ㉡　　　　　　　13 수민
14 I m 48 cm

10 ㉡ 303 cm=3 m 3 cm
　➡ 2 m I7 cm<3 m 3 cm이므로 ㉡의 길이가
　　더 깁니다.

참고
　나타낸 단위가 다를 때에는 단위를 같게 만든 후 길이를
　비교합니다.

13 지호: I25 cm>I20 cm
　수민: I m I9 cm=II9 cm
　　➡ II9 cm<I20 cm
　따라서 다람쥐 열차를 탈 수 없는 사람은 수민입니다.

주의
　다람쥐 열차를 탈 수 없는 사람을 찾아야 하므로 I20 cm
　보다 큰 사람을 찾지 않도록 주의합니다.

14 (이어 붙인 실 전체의 길이)=74 cm+74 cm
　　　　　　　　　　　　　=I48 cm
　➡ I48 cm=I m 48 cm

78~79쪽 P ower 개념의 힘 ❸

1 5, 40
2 (1) 9, I9 (2) 6, 82 (3) 9, 97
3 (위에서부터) I / 5, I0
4 (1) I3 m 95 cm (2) 20 m 5 cm
5 5, 59　　　　　　6 I0 m I0 cm
7 9 m 74 cm　　　　8 I5 m 82 cm
9 6 m 48 cm

66
~
79
쪽

3 참고
cm끼리의 합이 100이거나 100보다 크면 100 cm를 1 m로 받아올림하여 계산합니다.

8
$$\begin{array}{r} 9\ \text{m}\ 22\ \text{cm} \\ +\ \ 6\ \text{m}\ 60\ \text{cm} \\ \hline 15\ \text{m}\ 82\ \text{cm} \end{array}$$

9 3 m 24 cm+3 m 24 cm=6 m 48 cm

80~81쪽 Power 개념의 힘 ❹

1 2, 30
2 (1) 5, 34 (2) 3, 52 (3) 1, 42
3 (위에서부터) 4, 100 / 2, 40
4 (1) 9 m 35 cm (2) 5 m 75 cm
5 4, 17   **6** 6 m 35 cm
7 4 m 33 cm   **8** 40 cm
9 1 m 30 cm

3 참고
cm끼리 뺄 수 없으면 1 m를 100 cm로 받아내림하여 계산합니다.

8
$$\begin{array}{r} \overset{2}{\cancel{3}}\ \text{m}\ \overset{100}{30}\ \text{cm} \\ -\ 2\ \text{m}\ 90\ \text{cm} \\ \hline 40\ \text{cm} \end{array}$$

9 (남은 가죽끈의 길이)
= 3 m 55 cm−2 m 25 cm=1 m 30 cm

82~83쪽 Power 개념의 힘 ❺

1 뼘, 걸음   **2** 예 3 m
3 예 6 m   **4** 예 5 m
5 (1) 130 cm (2) 10 m
6 ㉢   **7** 예 30 m
8 ㉡   **9** ㉢

6 길이가 1 m보다 긴 것은 ㉢입니다.

7 약 5 m의 6배 정도이므로 두 깃발 사이의 거리는 약 30 m입니다.

---

8 가장 짧은 길이로 잴 때 재는 횟수가 가장 많습니다.

84~85쪽 1 STEP 기본의 힘

84쪽   **1** 8, 69   **2** 2, 22
3 예 2 m   **4** 16 m 44 cm
5 5 m
6 예 기차 한 칸의 길이는 약 10 m입니다.
7 ㉡
85쪽   **8** 2 m 21 cm
9 식 1 m 78 cm+2 m=3 m 78 cm
    답 3 m 78 cm
10 7 m   **11** 1 m 86 cm
12 >   **13** 9 m 77 cm

6 평가 기준
주어진 길이 중 하나를 넣어 문장을 바르게 썼으면 정답으로 합니다.

10 왼쪽 골대에서 의자까지의 거리: 약 3 m
의자의 길이: 약 2 m
의자에서 오른쪽 골대까지의 거리: 약 2 m
➜ 골대와 골대 사이의 거리:
    약 3+2+2=7 (m)

다른 풀이
철조망 한 개의 길이가 약 1 m이고 골대와 골대 사이에 철조망이 7개 있으므로 골대와 골대 사이의 거리는 약 1×7=7 (m)입니다.

12
㉮
$$\begin{array}{r} 2\ \text{m}\ 35\ \text{cm} \\ +\ 2\ \text{m}\ 11\ \text{cm} \\ \hline 4\ \text{m}\ 46\ \text{cm} \end{array}$$
㉯
$$\begin{array}{r} 5\ \text{m}\ 84\ \text{cm} \\ -\ 1\ \text{m}\ 54\ \text{cm} \\ \hline 4\ \text{m}\ 30\ \text{cm} \end{array}$$
➜ 4 m 46 cm>4 m 30 cm이므로 ㉮>㉯입니다.

13 654 cm=6 m 54 cm
(두 막대의 길이의 합)
=6 m 54 cm+3 m 23 cm=9 m 77 cm

다른 풀이
3 m 23 cm=323 cm
(두 막대의 길이의 합)=654 cm+323 cm=977 cm
              =9 m 77 cm

86~89쪽 2 STEP 응용의 힘

1 5 m	**2** 30 m	**16** 7 m 38 cm, 7 m 83 cm, 8 m 37 cm, 8 m 73 cm
3 4 m	**4** ㉡	
5 ㉠	**6** ㉢, ㉡, ㉠, ㉣	**17** 1 m 25 cm, 1 m 52 cm, 2 m 15 cm, 2 m 51 cm
7 8 m 42 cm	**8** 1 m 59 cm	
9 9 m 85 cm	**10** 5개	**18** 3개 **19** 12 m 31 cm
11 2개	**12** 6개	**20** 3 m 40 cm **21** 2 m 15 cm
13 9 m	**14** 6 m	**22** 2 m 34 cm
15 지우		

응용 1 같은 간격으로 몇 번 있는지 세어 보자.

2 약 5 m의 6배이기 때문에 두 신호등 사이의 거리는 약 30 m입니다.

3 안내판 높이의 약 4배 정도이므로 탑의 높이는 약 4 m입니다.

응용 2 같은 단위로 나타내어 길이를 비교하자.

6 ㉠ 6 m 50 cm=650 cm, ㉡ 7 m=700 cm이므로
730 cm>700 cm>650 cm>570 cm입니다.
　㉢　　㉡　　㉠　　㉣

> **다른 풀이**
> ㉢ 730 cm=7 m 30 cm,
> ㉣ 570 cm=5 m 70 cm
> 이므로
> 7 m 30 cm>7 m
> >6 m 50 cm>5 m 70 cm
> 입니다.

응용 3 m 단위에 있는 수가 클수록 더 긴 길이임을 이용하자.

9 가장 긴 길이: 7 m 30 cm
　➡ 7 m 30 cm+2 m 55 cm=9 m 85 cm

> **비법**
> 가장 긴 길이를 먼저 만든
> 후 만든 것을 2 m 55 cm와
> 더합니다.

응용 4 단위를 같게 바꾸고 □ 안에 들어갈 수 있는 수의 범위를 찾자.

11 8 m 76 cm=876 cm
8□0 cm>876 cm이므로 □ 안에는 7보다 큰 수 8, 9가 들어갈 수 있습니다.
　➡ 2개

> **주의**
> 8□0 > 876에서 □ 안에
> 7이 들어갈 때 870 < 876
> 이 되므로 □ 안에는 7이
> 들어갈 수 없음에 주의합
> 니다.

12 4 m 7□ cm=47□ cm
47□ cm>473 cm이므로 □ 안에는 3보다 큰 수 4, 5, 6, 7, 8, 9가 들어갈
수 있습니다. ➡ 6개

응용 5 1 m가 되는 횟수를 구하고 1 m가 몇 번 반복되는지 구하자.

13 한 걸음이 약 50 cm이므로 약 1 m는 두 걸음입니다.
2×9=18이므로 18걸음은 2걸음씩 9번 ➡ 약 1 m의 9배로 약 9 m입니다.
따라서 이 교실 긴 쪽의 길이는 약 9 m입니다.

> **참고**
> 2걸음이 약 1 m이므로
> 18걸음은 2걸음씩 9번
> ↓
> 약 1 m씩 9번

15 시윤: 2×2=4이므로 4걸음은 2걸음씩 2번 ➡ 약 1 m의 2배로 약 2 m입니다.
지우: 7×3=21이므로 21뼘은 7뼘씩 3번 ➡ 약 1 m의 3배로 약 3 m입니다.
따라서 더 긴 길이를 어림한 사람은 지우입니다.

응용 6 m 단위에 놓을 수 있는 수를 먼저 찾은 후 남은 수 카드로 cm 단위에 한 번씩 놓자.

18 m 단위에 놓을 수 있는 수 5, 9로 만들 수 있는 길이는 5 m 49 cm,
5 m 94 cm, 9 m 45 cm, 9 m 54 cm입니다. 이 중 5 m 50 cm보다 긴 길이는 5 m 94 cm, 9 m 45 cm, 9 m 54 cm로 모두 3개입니다.

> **주의**
> 주어진 수 카드의 수 중 5도 m 단위에 놓을 수 있음에 주의합니다. 이때 cm 단위의 수를 비교하여 5 m 50 cm보다 긴 길이를 찾아봅니다.

응용 7 거쳐서 가는 두 길이의 합에서 바로 가는 길이를 빼서 구하자.

19 (집에서 놀이터를 거쳐 학교까지 가는 거리)
= 42 m 34 cm + 30 m 29 cm = 72 m 63 cm
➜ 72 m 63 cm − 60 m 32 cm = 12 m 31 cm

20 (집에서 우체국을 거쳐 은행까지 가는 거리)
= 50 m 30 cm + 48 m 60 cm = 98 m 90 cm
➜ 98 m 90 cm − 95 m 50 cm = 3 m 40 cm

응용 8 겹치지 않은 부분의 길이를 이용해 겹친 부분의 길이를 구하자.

21 5 m 40 cm   4 m 50 cm
㉠ ㉡ ㉢

(㉠의 길이) = (이어 붙인 전체 길이) − 4 m 50 cm
= 7 m 75 cm − 4 m 50 cm = 3 m 25 cm
(㉡의 길이) = 5 m 40 cm − (㉠의 길이)
= 5 m 40 cm − 3 m 25 cm = 2 m 15 cm

> **다른 풀이**
> (색 테이프 2장의 길이의 합) = 5 m 40 cm + 4 m 50 cm = 9 m 90 cm
> (겹친 부분의 길이) = (색 테이프 2장의 길이의 합) − (이어 붙인 전체 길이)
> = 9 m 90 cm − 7 m 75 cm = 2 m 15 cm

22 (㉠~㉡) = (㉠~㉣) − (㉡~㉣) = 14 m 42 cm − 7 m 22 cm = 7 m 20 cm
(㉡~㉢) = (㉠~㉢) − (㉠~㉡) = 9 m 54 cm − 7 m 20 cm = 2 m 34 cm

> **다른 풀이**
> (㉢~㉣)
> = (㉠~㉣) − (㉠~㉢)
> = 14 m 42 cm
> − 9 m 54 cm
> = 4 m 88 cm
> (㉡~㉢)
> = (㉡~㉣) − (㉢~㉣)
> = 7 m 22 cm
> − 4 m 88 cm
> = 2 m 34 cm

90쪽 3 STEP 서술형의 힘 연습 문제 풀기

1 식 5 m 26 cm − 115 cm = 4 m 11 cm 답 4 m 11 cm   3 3 m 31 cm
2 식 1 m 90 cm + 35 cm = 2 m 25 cm 답 2 m 25 cm   4 5 m 17 cm

4 (색 테이프 2장의 길이의 합) = 2 m 47 cm + 3 m 50 cm = 5 m 97 cm
(이어 붙인 색 테이프의 전체 길이) = 5 m 97 cm − 80 cm = 5 m 17 cm

> **다른 풀이**
> 2 m 47 cm에서 겹친 부분의 길이를 뺀 후 그 길이에 3 m 50 cm를 더할 수도 있다.
> 2 m 47 cm − 80 cm = 1 m 67 cm
> ➜ (전체 길이) = 1 m 67 cm + 3 m 50 cm = 5 m 17 cm

91~93쪽 **3 STEP** 서술형의 **힘**

✏ 서술형 문제는 풀이를 확인하세요.

대표 유형 1	대표 유형 2	대표 유형 3
❶ 3, 56, 14	❶ 32	❶ 4, 35
❷ 3, 81, 11	❷ 7, 58 / 4, 32	❷ 1
❸ 지호	❸ 7, 58, 4, 32, 3, 26	❸ 4, 35, 1, 3, 35
답 지호	답 3 m 26 cm	답 3 m 35 cm
✏1-1 답 지후	✏2-1 답 1 m 26 cm	✏3-1 답 8 m 90 cm
✏1-2 답 혜지	✏2-2 답 6 m 93 cm	

대표 유형 1 어림한 길이와 실제 길이의 차를 구해 차가 더 작은 사람을 찾자.

1-1 예 ❶ (실제 높이와 서우가 어림한 높이의 차)=1 m 83 cm−1 m 65 cm
= 18 cm

❷ (실제 높이와 지후가 어림한 높이의 차)=1 m 90 cm−1 m 83 cm
= 7 cm

❸ 실제 높이에 더 가깝게 어림한 사람: 지후 답 지후

채점 기준
❶ 실제 높이와 서우가 어림한 높이의 차를 구함.
❷ 실제 높이와 지후가 어림한 높이의 차를 구함.
❸ 실제 높이에 더 가깝게 어림한 사람을 찾음.

1-2 예 ❶ (실제 높이와 혜지가 어림한 높이의 차)=4 m 75 cm−4 m 50 cm
= 25 cm

❷ 510 cm=5 m 10 cm
➡ (실제 높이와 민주가 어림한 높이의 차)=5 m 10 cm−4 m 75 cm
= 35 cm

❸ 실제 높이에 더 가깝게 어림한 사람: 혜지 답 혜지

채점 기준
❶ 실제 높이와 혜지가 어림한 높이의 차를 구함.
❷ 실제 높이와 민주가 어림한 높이의 차를 구함.
❸ 실제 높이에 더 가깝게 어림한 사람을 찾음.

대표 유형 2 가장 긴 길이에서 가장 짧은 길이를 빼자.

2-1 예 ❶ 302 cm=3 m 2 cm
❷ 가장 긴 길이: 3 m 2 cm, 가장 짧은 길이: 1 m 76 cm
❸ 두 길이의 차가 가장 길 때의 차 구하기:
3 m 2 cm−1 m 76 cm=1 m 26 cm 답 1 m 26 cm

채점 기준
❶ 세 길이가 모두 같은 단위가 되도록 나타냄.
❷ 가장 긴 길이와 가장 짧은 길이를 구함.
❸ 두 길이의 차가 가장 길 때의 차를 구함.

2-2 예 ❶ 만들 수 있는 가장 긴 길이: 8 m 61 cm, 가장 짧은 길이: 1 m 68 cm
❷ 두 길이의 차가 가장 길 때의 차 구하기:
8 m 61 cm−1 m 68 cm=6 m 93 cm 답 6 m 93 cm

채점 기준
❶ 만들 수 있는 가장 긴 길이와 가장 짧은 길이를 구함.
❷ 두 길이의 차가 가장 길 때의 차를 구함.

대표 유형 3 색 테이프의 길이의 합에서 겹친 부분의 길이의 합을 빼자.

3-1 예 ❶ (색 테이프 3장의 길이의 합)
=3 m 50 cm+3 m 50 cm+3 m 50 cm=10 m 50 cm
❷ (겹친 부분의 길이의 합)=80 cm+80 cm=1 m 60 cm
❸ (이어 붙인 색 테이프의 전체 길이)=10 m 50 cm−1 m 60 cm
= 8 m 90 cm 답 8 m 90 cm

채점 기준
❶ 색 테이프 3장의 길이의 합을 구함.
❷ 겹친 부분의 길이의 합을 구함.
❸ 이어 붙인 색 테이프의 전체 길이를 구함.

본책

88
~
93
쪽

94~96쪽 단원평가

서술형 문제는 풀이를 확인하세요.

1 3 미터 62 센티미터
2 101 / 1, 5
3 (위에서부터) 7, 100 / 6, 50
4 (○)(　)　　**5** 180 / 1, 80
6 1 m 32 cm　　**7** 4 m 95 cm
8 7 m 62 cm　　**9** 2, 61
10 8 m 68 cm　　**11** 예 4 m
12 식 3 m 90 cm−1 m 85 cm=2 m 5 cm
　　답 2 m 5 cm
13 예 책상의 한끝을 줄자의 눈금 0에 맞추지 않 았기 때문입니다.
14 주원　　　　**15** 6 m 80 cm
16 ㄹ, ㄱ, ㄴ, ㄷ　　**17** >
18 1 m 18 cm　　**19** 답 민지
20 답 6 m 43 cm

---

8 수 카드 수의 크기 비교: 7>6>2
→ 가장 긴 길이: 7 m 62 cm

13 평가 기준

> 책상의 한끝을 줄자의 눈금 0에 맞추지 않았기 때문이라고 썼으면 정답으로 합니다.

14 주원: 약 1 m의 3배로 약 3 m입니다.
은서: 7×2=14이므로 14뼘은 7뼘씩 2번
→ 약 1 m의 2배로 약 2 m입니다.
3 m>2 m이므로 더 긴 길이를 어림한 사람은 주원입니다.

15 230 cm=2 m 30 cm
→ 4 m 50 cm+2 m 30 cm=6 m 80 cm

16 ㄴ 7 m 70 cm=770 cm,
ㄹ 7 m 77 cm=777 cm이므로
777 cm>775 cm>770 cm>707 cm입니다.
　ㄹ　　ㄱ　　ㄴ　　ㄷ

17
```
  ㉮   3 m 23 cm          ㉯   9 m 87 cm
     + 4 m 56 cm             − 2 m 29 cm
     ──────────             ──────────
       7 m 79 cm               7 m 58 cm
```
→ 7 m 79 cm>7 m 58 cm이므로 ㉮>㉯입니다.

18
```
4 m 53 cm    3 m 37 cm
  ㉠    ㉡    ㉢
```
(㉠의 길이)=6 m 72 cm−3 m 37 cm
　　　　　=3 m 35 cm
(㉡의 길이)=4 m 53 cm−3 m 35 cm
　　　　　=1 m 18 cm

19 풀이 예 ❶ (실제 길이와 민지가 어림한 길이의 차)
　　=1 m 50 cm−1 m 40 cm=10 cm
❷ (실제 길이와 지수가 어림한 길이의 차)
　　=1 m 70 cm−1 m 50 cm=20 cm
❸ 실제 길이에 더 가깝게 어림한 사람: 민지
　　　　　　　　답 민지

채점 기준

❶ 실제 길이와 민지가 어림한 길이의 차를 구함.		2점
❷ 실제 길이와 지수가 어림한 길이의 차를 구함.		2점
❸ 실제 길이에 더 가깝게 어림한 사람을 구함.		1점

20 풀이 예 ❶ (집에서 경찰서를 거쳐 도서관까지 가는 거리)
=31 m 50 cm+23 m 26 cm=54 m 76 cm
❷ 바로 가는 것보다 경찰서를 거쳐 가는 것이
54 m 76 cm−48 m 33 cm=6 m 43 cm 더 멉니다.　　　　　　답 6 m 43 cm

채점 기준

❶ 집에서 경찰서를 거쳐 도서관까지 가는 거리를 구함.		2점
❷ 바로 가는 거리와 경찰서를 거쳐 가는 거리의 차를 구함.		3점

97쪽 창의·사고력의 힘!

1 예 9 m　　**2** 예 3 m

2 가장 왼쪽 해바라기부터 바로 옆 해바라기까지의 거리가 지아의 발 길이로 약 5번 정도이므로
약 20 cm+20 cm+20 cm+20 cm+20 cm =1 m입니다.
가장 왼쪽 해바라기부터 가장 오른쪽 해바라기까지의 거리는 약 1 m의 3배이기 때문에 약 3 m입니다.

4단원 시각과 시간

100~101쪽 ᴾower 개념의 힘 ❶

1 45
2 (시계 방향으로) 25, 40, 50
3 (1) 2 (2) 3 (3) 1, 15
4 8, 40   5 6, 55
6 (   )(◯)   7 (◯)(   )
8    9 
10 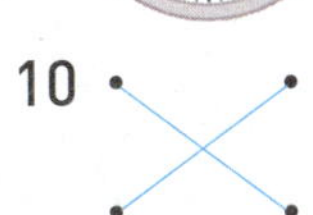   11 

10 • 1시 35분: 짧은바늘은 1과 2 사이를 가리키고,
       긴바늘은 7을 가리킵니다.
    • 4시 15분: 짧은바늘은 4와 5 사이를 가리키고,
       긴바늘은 3을 가리킵니다.

11 놀이공원에 도착한 시각은 2시 55분입니다.
   2시 55분을 나타내려면 짧은바늘이 2와 3 사이를
   가리키고, 긴바늘이 11을 가리키도록 그려야 합니다.

102~103쪽 ᴾower 개념의 힘 ❷

1 1
2 (시계 방향으로) 8, 26, 47
3 (1) 3 (2) 2 (3) 2, 32
4 9, 43   5 6, 14
6 (◯)(   )   7 (◯)(   )
8    9
10 ㉡   11 

8 왼쪽 시계가 나타내는 시각은 7시 24분입니다.
   ➜ 긴바늘이 4에서 작은 눈금 4칸 더 간 곳을 가리
     키도록 그립니다.

   긴바늘이 5에서 작은 눈금 1칸 덜 간 곳을 가리키도록 그
   립니다.

9 왼쪽 시계가 나타내는 시각은 3시 52분입니다.
   ➜ 긴바늘이 10에서 작은 눈금 2칸 더 간 곳을 가리
     키도록 그립니다.

10 짧은바늘은 12와 1 사이를 가리키고, 긴바늘은
   7(35분)에서 작은 눈금 2칸 더 간 곳을 가리키므로
   12시 37분입니다.

11 짧은바늘이 2와 3 사이를 가리키고, 긴바늘이 8에
   서 작은 눈금 2칸 더 간 곳을 가리키도록 그립니다.

104~105쪽 ᴾower 개념의 힘 ❸

1 (1) 7, 50 (2) 10 (3) 10 (4) 8, 10
2 2시 5분 전에 색칠   3 5시 15분 전에 색칠
4 (1) 9, 45 (2) 9, 10   5 55 / 5
6 45 / 9, 15   7 
8 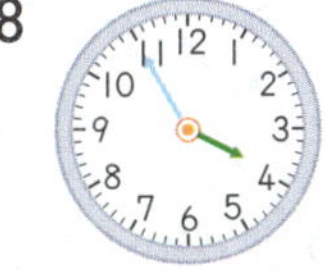   9
10 6시 50분   11 

6 시계가 나타내는 시각은 8시 45분입니다.
   8시 45분은 9시가 되기 15분 전이므로 9시 15분
   전입니다.

7 • 시계가 나타내는 시각은 11시 55분입니다.
      11시 55분은 12시 5분 전이라고도 합니다.
   • 시계가 나타내는 시각은 11시 50분입니다.
      11시 50분은 12시 10분 전이라고도 합니다.

10 시계가 나타내는 시각: 7시
7시에서 10분 전의 시각은 6시 50분입니다.

11 9시 5분 전은 8시 55분입니다.
➡ 8시 55분은 짧은바늘이 8과 9 사이를 가리키고, 긴바늘이 11을 가리키도록 그립니다.

106~107쪽 Power+ 개념의 힘 ❶~❸

1 11시 20분
2 12시 48분
3 6시 21분
4 12시 35분
5 3시 57분
6 7시 14분
7 4, 50 / 5, 10
8 11, 45 / 12, 15
9 2, 55 / 3, 5
10 1, 50 / 2, 10
11
12
13
14
15 시윤

---

13 긴바늘이 3에서 작은 눈금 3칸 더 간 곳을 가리키도록 그립니다.

14 긴바늘이 11에서 작은 눈금 2칸 더 간 곳을 가리키도록 그립니다.

15 시계가 나타내는 시각은 위에서부터 7시 25분, 10시 27분, 2시 10분, 1시 28분입니다. 수민이가 간 곳을 선으로 이으면 다음과 같습니다.

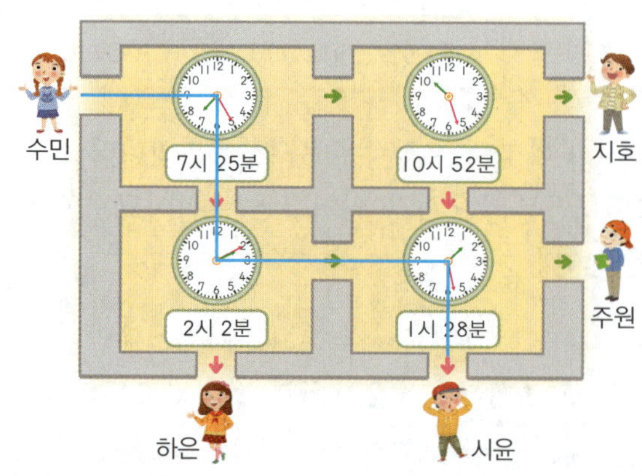

따라서 수민이가 만나는 친구는 시윤입니다.

108~109쪽 1 STEP 기본의 힘

108쪽
1 2, 5
2 7, 13
3 45 / 15
4
5 은서
6 2, 46
7 10시 20분
109쪽
8 9시 30분
9
10 예 시계의 긴바늘이 가리키는 3을 15분이 아니라 3분이라고 읽었기 때문입니다.
11 ㉢
12 ( )(○)
13
,

---

7 짧은바늘: 10과 11 사이 ➡ 10시 □분
긴바늘: 4 ➡ 20분
따라서 시계가 나타내는 시각은 10시 20분입니다.

8 디지털시계에서 ':'의 왼쪽은 시를, 오른쪽은 분을 나타내므로 바닷가에 도착한 시각은 9시 30분입니다.

참고
집에서 출발한 시각: 7시 5분

10 평가 기준
시계의 긴바늘이 가리키는 시각을 15분이 아닌 3분으로 읽었기 때문이라고 썼으면 정답으로 합니다.

11 ㉢ 시계가 나타내는 시각은 5시 50분이므로 6시가 되려면 10분이 더 지나야 합니다.

12 7시 10분 전은 6시 50분입니다.
➡ 6시 50분이 6시 55분보다 더 빠른 시각이므로 숙제를 더 일찍 끝낸 사람은 주원입니다.

13 ・40분을 나타내려면 긴바늘이 8을 가리키도록 그립니다.
・34분을 나타내려면 긴바늘이 7에서 작은 눈금으로 1칸 덜 간 곳을 가리키도록 그립니다.

110~111쪽 **P**ower 개념의 힘 ❹

1 60

2 (1) 120 (2) 110 (3) 20

3 8시 10분 20분 30분 40분 50분 9시 10분 20분 30분 / 60, 1

4 3, 15

5 8, 40

6 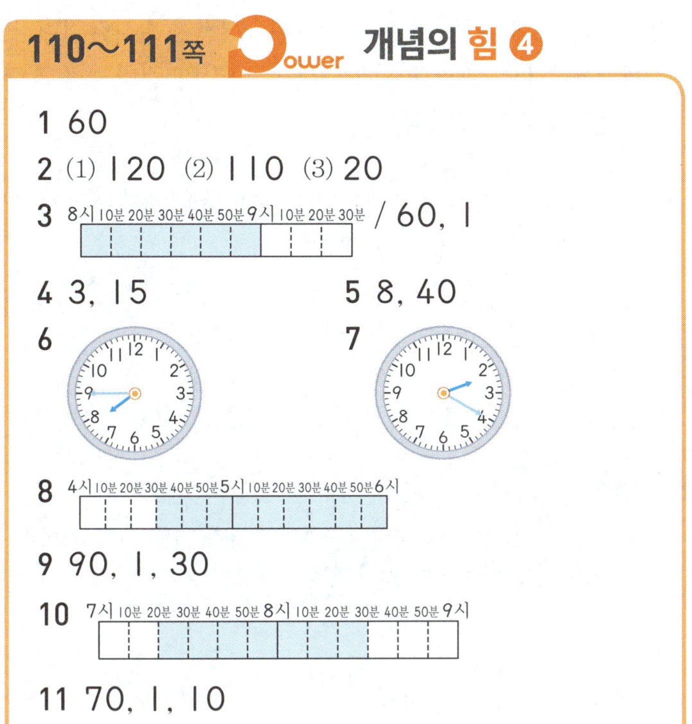

7

8 4시 10분 20분 30분 40분 50분 5시 10분 20분 30분 40분 50분 6시

9 90, 1, 30

10 7시 10분 20분 30분 40분 50분 8시 10분 20분 30분 40분 50분 9시

11 70, 1, 10

6 60분 동안 긴바늘은 한 바퀴를 돕니다.
  ➡ 짧은바늘은 7과 8 사이를 가리키고, 긴바늘은 9 를 가리키도록 그립니다.

7 60분 동안 긴바늘은 한 바퀴를 돕니다.
  ➡ 짧은바늘은 2와 3 사이를 가리키고, 긴바늘은 4 를 가리키도록 그립니다.

9 시간 띠 한 칸의 크기는 10분이므로 시간 띠 9칸은 90분=1시간 30분입니다.

11 시간 띠 한 칸의 크기는 10분이므로 시간 띠 7칸은 70분=1시간 10분입니다.

112~113쪽 **P**ower 개념의 힘 ❺

1 (1) 오전에 ◯표 (2) 오후에 ◯표
  (3) 24시간에 ◯표

2 운동에 ◯표

3 (1) 오후 (2) 오전 (3) 오전 (4) 오후

4 오전, 오후

5 (1) 2 (2) 29 (3) 1, 2

6 운동

7 게임, 공부

8  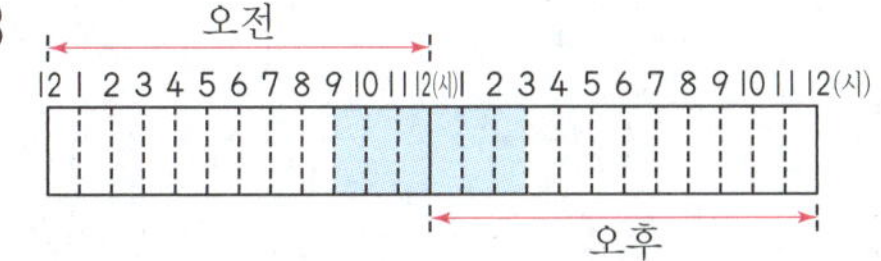

9 6시간

10 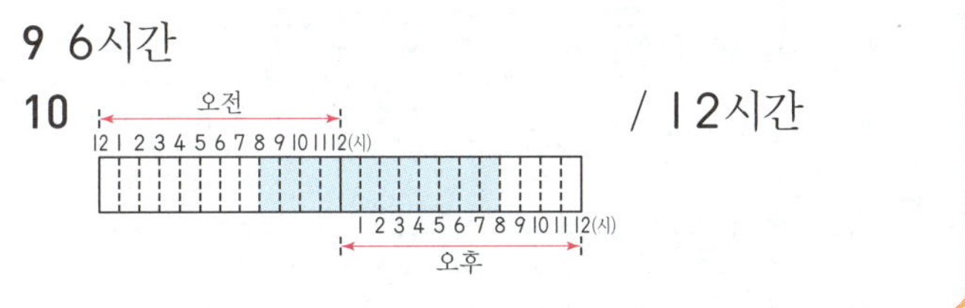 / 12시간

5 (1) 48시간=24시간+24시간=1일+1일=2일
  (2) 1일 5시간=1일+5시간
      =24시간+5시간=29시간
  (3) 26시간=24시간+2시간
      =1일+2시간=1일 2시간

9 시간 띠 한 칸의 크기는 1시간이므로 시간 띠 6칸은 6시간입니다.

10 시간 띠 한 칸의 크기는 1시간입니다.
오전 8시부터 오후 8시까지 색칠한 칸 수가 12칸이 므로 여행을 다녀오는 데 걸린 시간은 12시간입니다.

114~115쪽 **P**ower 개념의 힘 ❻

1 (1) 7에 ◯표 (2) 12에 ◯표

2 (1) 2, 1 (2) 1, 2

3 (위에서부터) 31, 30, 31

4 4월, 6월, 9월, 11월

5 월요일

6 5번

7 7일

8 4월 9일

9 7일

10 7월 26일

11 14일

12

일	월	화	수	목	금	토
			1	2	3	4
5	6	7	8	9	10	11
12	13	14	15	16	17	18
19	20	21	22	23	24	25
26	27	28	29	30	31	

9 12일에서 5일 전은 12-5=7(일)입니다.

10 유라 생일인 7월 12일로부터 2주일 후는
7월 12+14=26(일)입니다.

11 7월 8일부터 7월 21일까지는 14일입니다.

116~119쪽 1 STEP 기본의 힘

116쪽 1 시각에 ○표

2 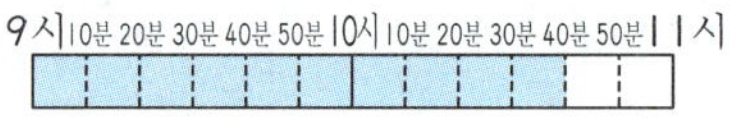 / 1, 40

3 (1) 3, 3 (2) 2, 30 4 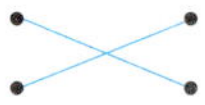

5 ( )(○)( )

6

일	월	화	수	목	금	토
				1	2	3
4	5	6 현충일	7	8	9	10
11	12	13	14	15	16	17
18	19	20	21	22	23	24
25	26	27	28	29	30	

7 화요일 8 6월 19일

117쪽 9 주원

10 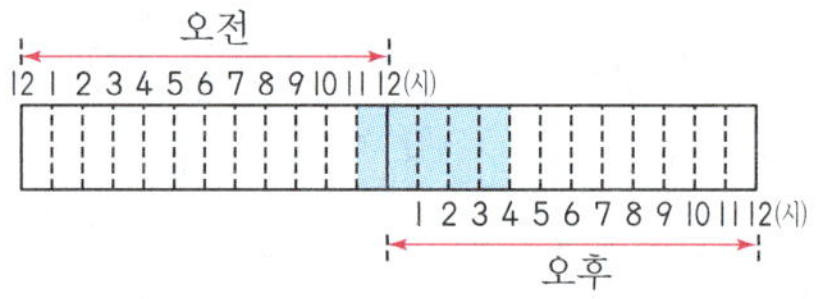 / 5

11 11시간 12 4

13 2, 40 / 2시간 40분

118쪽 14 8일

15 11월 3일, 11월 17일

16 12월 1일 17 18일

18  19 

119쪽 20 혜리 21 26시간

22 20분 23 1 / 

24 9시 50분

9 은서: 버스가 도착할 때이므로 '시간'이 아니라 '시각'으로 말해야 합니다.

참고
어떤 일이 일어난 때를 시각이라고 합니다.

11 (낮의 길이)=24−(밤의 길이)
=24−13=11(시간)

참고
하루는 24시간이고, 낮과 밤으로 이루어져 있습니다.

12 긴바늘이 한 바퀴 도는 데 걸리는 시간은 1시간입니다.
12시 20분에서 4시 20분이 되려면 긴바늘을 4바퀴만 돌리면 됩니다.

16 11월 셋째 일요일에 등산을 계획했으므로 12월 첫째 일요일에 등산을 하게 됩니다.
➔ 11월 30일이 토요일이므로 12월 1일은 12월 첫째 일요일입니다.

17 성탄절(25일)로부터 1주일 전: 25−7=18(일)

참고
1주일 전은 같은 요일의 바로 앞 날짜입니다.
따라서 25일로부터 1주일 전은 25일과 같은 수요일이고 바로 앞 날짜인 18일입니다.

18 • 지갑 만들기 1:20 —1시간 후→ 2:20 —20분 후→ 2:40 ➔ 1시간 20분
• 케이크 만들기 3:00 —50분 후→ 3:50 ➔ 50분
• 떡 만들기 11:00 —1시간 후→ 12:00 —20분 후→ 12:20 ➔ 1시간 20분
• 연 만들기 7:20 —40분 후→ 8:00 —10분 후→ 8:10 ➔ 50분

19 70분=60분+10분=1시간 10분
4시 10분 —1시간 후→ 5시 10분 —10분 후→ 5시 20분
5시 20분을 나타내려면 짧은바늘이 5와 6 사이를 가리키고, 긴바늘이 4를 가리키도록 그려야 합니다.

21 오전 9시부터 다음 날 오전 9시까지는 24시간이고, 오전 9시부터 오전 11시까지는 2시간입니다.
따라서 첫날 오전 9시부터 다음 날 오전 11시까지는 24+2=26(시간)입니다.

22 5시 40분 —1시간 후→ 6시 40분
지금 시각이 6시 20분이므로 20분을 더 해야 합니다.

23 20분씩 3가지 전통 놀이 체험을 한 시간은
20분+20분+20분=60분=1시간입니다.
➔ 12시 10분 —1시간 후→ 1시 10분

24 9시 —40분 후→ 9시 40분 —10분 후→ 9시 50분
➔ 2교시 수업을 시작하는 시각은 9시 50분입니다.

120~123쪽 2 STEP 응용의 힘

1 3시 25분	**2** 6시 20분	**13** 5월 24일	**14** 10월 20일
3 시윤	**4** ㉡	**15** 2월 9일	**16** 11시 30분
5 ㉠, ㉢, ㉡	**6** 3관, 2관, 1관	**17** 4시간 20분	**18** 29시간
7 2바퀴	**8** 5바퀴	**19** 인혜	**20** 지호
9 1바퀴	**10** 9시 40분	**21** 금요일	**22** 월요일
11 8시 5분 전	**12** 2시 35분		

응용 1 시계가 나타내는 시각을 먼저 읽고 전후 시각을 구하자.

3 하은: 9시 5분 전 → 8시 55분, 시윤: 8시 50분
➡ 학교에 더 먼저 도착한 사람은 시윤입니다.

응용 2 몇 시간 몇 분을 몇 분으로 나타내어 비교하자.

비법
같은 단위로 바꾸어 비교합니다.

4 ㉠ 3시간 10분＝60분＋60분＋60분＋10분＝190분
➡ 200분＞190분＞150분이므로 가장 짧은 시간은 ㉡입니다.

5 ㉡ 3시간 40분＝60분＋60분＋60분＋40분＝220분
㉢ 4시간 10분＝60분＋60분＋60분＋60분＋10분＝250분
➡ 260분＞250분＞220분이므로 긴 시간부터 차례로 쓰면 ㉠, ㉢, ㉡입니다.

다른 풀이
㉠ 260분＝4시간 20분
➡ 4시간 20분＞4시간 10분＞3시간 40분이므로 긴 시간부터 차례로 쓰면 ㉠, ㉢, ㉡입니다.

6 1관: 1시간 40분＝60분＋40분＝100분
3관: 2시간 20분＝60분＋60분＋20분＝140분
➡ 140분＞120분＞100분이므로 상영 시간이 긴 곳부터 차례로 쓰면 3관, 2관, 1관입니다.

응용 3 왼쪽 시각에서 오른쪽 시각이 될 때까지 몇 시간이 지났는지 먼저 구하자.

비법
긴바늘은 1시간 동안 1바퀴, 짧은바늘은 12시간 동안 1바퀴 돕니다.

8 2시 40분 ——5시간 후——→ 7시 40분
➡ 5시간 동안 긴바늘은 5바퀴 돕니다.

9 오전 1시 30분 ——12시간 후——→ 오후 1시 30분
➡ 12시간 동안 짧은바늘은 1바퀴 돕니다.

주의
시계가 나타내는 시각뿐만 아니라 오전, 오후도 주의해서 봅니다.

응용 4 거울에 비친 짧은바늘과 긴바늘이 가리키는 부분을 읽자.

11 짧은바늘은 7과 8 사이를 가리키고, 긴바늘은 11을 가리키므로 7시 55분입니다.
➡ 7시 55분은 8시 5분 전이라고 말할 수 있습니다.

비법
짧은바늘과 긴바늘이 가리키는 부분을 찾으면 거울에 비친 시계에서도 시각을 알 수 있습니다.

12 짧은바늘은 2와 3 사이를 가리키고, 긴바늘은 7을 가리키므로 2시 35분입니다.

응용 5 '5일 전'은 '－5'로, '5일 후'는 '＋5'로 구하자.

13 5월 마지막 날은 31일입니다.
➡ 유나의 생일은 5월 31일의 7일 전이므로 5월 31－7＝24(일)입니다.

14 10월 마지막 날은 31일입니다.
 ➡ 규태의 생일은 10월 31일의 11일 전이므로 10월 31−11=20(일)입니다.

15 1월 마지막 날은 31일이고 다음 날은 2월 1일입니다.
 ➡ 소희의 생일은 2월 1일의 8일 후이므로 2월 1+8=9(일)입니다.

응용 6 오전에 한 시간과 오후에 한 시간을 더하자.

16 오전 9시 30분부터 낮 12시까지의 시간: 2시간 30분
 낮 12시부터 오후 9시까지의 시간: 9시간
 ➡ 놀이공원에서 놀 수 있는 시간: 11시간 30분

17 오전 11시 20분부터 낮 12시까지의 시간: 40분
 낮 12시부터 오후 3시 40분까지의 시간: 3시간 40분
 ➡ 공연장에 있었던 시간: 4시간 20분

18 9월 3일 오전 9시부터 9월 4일 오전 9시까지의 시간: 24시간
 9월 4일 오전 9시부터 9월 4일 낮 12시까지의 시간: 3시간
 9월 4일 낮 12시부터 오후 2시까지의 시간: 2시간
 ➡ 여행을 다녀오는 데 걸린 시간: 29시간

응용 7 두 사람이 걸린 시간을 각각 구한 후 비교하자.

19 ・인혜: 2시 10분 $\xrightarrow{\text{1시간 후}}$ 3시 10분 $\xrightarrow{\text{30분 후}}$ 3시 40분 ➡ 1시간 30분
 ・준호: 2시 50분 $\xrightarrow{\text{10분 후}}$ 3시 $\xrightarrow{\text{1시간 후}}$ 4시 $\xrightarrow{\text{10분 후}}$ 4시 10분
  ➡ 1시간 20분
 따라서 1시간 30분>1시간 20분이므로 문제집을 더 오래 푼 사람은 인혜입니다.

20 ・민재: 5시 20분 $\xrightarrow{\text{40분 후}}$ 6시 $\xrightarrow{\text{1시간 후}}$ 7시 ➡ 1시간 40분
 ・지호: 4시 40분 $\xrightarrow{\text{20분 후}}$ 5시 $\xrightarrow{\text{1시간 후}}$ 6시 $\xrightarrow{\text{30분 후}}$ 6시 30분
  ➡ 1시간 50분
 따라서 1시간 50분>1시간 40분이므로 컴퓨터를 더 오래 한 사람은 지호입니다.

응용 8 주어진 달의 마지막 날의 요일을 구하자.

21 8월은 31일까지 있습니다.
 31일 $\xrightarrow{\text{7일 전}}$ 24일 $\xrightarrow{\text{7일 전}}$ 17일 $\xrightarrow{\text{7일 전}}$ 10일이므로
 31일은 10일과 같은 수요일입니다.
 8월 31일 다음 날인 9월 1일은 목요일, 9월 2일은 금요일입니다.

22 6월은 30일까지 있습니다.
 30일 $\xrightarrow{\text{7일 전}}$ 23일 $\xrightarrow{\text{7일 전}}$ 16일 $\xrightarrow{\text{7일 전}}$ 9일 $\xrightarrow{\text{7일 전}}$ 2일이므로
 30일은 2일과 같은 금요일입니다. 6월 30일 다음 날인 7월 1일은 토요일, 7월
 2일은 일요일, 7월 3일은 월요일입니다.

124~127쪽 3 STEP 서술형의 **힘**

✏ 서술형 문제는 풀이를 확인하세요.

대표 유형 1
1 2 / 2 / 1, 50
2 1, 50
답 1시 50분
✏1-1 답 3시 50분
✏1-2 답 8시 40분

대표 유형 2
1 9, 16, 23, 30 /
　11, 18, 25
2 9
답 9번
✏2-1 답 8번

대표 유형 3
1 27　2 20
3 27, 20, 47
답 47일
✏3-1 답 46일
✏3-2 답 3월 28일

대표 유형 4
1 5
2 5, 10
3 2, 10
답 오후 2시 10분
✏4-1 답 오후 6시 36분

대표 유형 1 끝난 시각에서부터 '1시간 전' 또는 '몇 시'를 기준으로 거꾸로 시간을 나누어 시작한 시각을 구하자.

1-1 예 1 5시 10분 —1시간 전→ 4시 10분 —10분 전→ 4시 —10분 전→ 3시 50분
　　2 피아노 연습을 시작한 시각: 3시 50분　　　　　답 3시 50분

1-2 예 1 할머니 집에 도착한 시각: 11시 10분
　　2 11시 10분 —2시간 전→ 9시 10분 —10분 전→ 9시 —20분 전→ 8시 40분
　　3 집에서 출발한 시각: 8시 40분　　　　　답 8시 40분

채점 기준
1 1시간 20분 전 시각을 구함.
2 피아노 연습을 시작한 시각을 구함.

채점 기준
1 시계를 보고 할머니 집에 도착한 시각을 나타냄.
2 2시간 30분 전 시각을 구함.
3 집에서 출발한 시각을 구함.

대표 유형 2 같은 요일에 있는 날짜가 몇 번 있는지 각각 구해 더하자.

2-1 예 1 3월의 수요일과 목요일인 날짜 모두 쓰기
　　• 수요일: 6일, 13일, 20일, 27일
　　• 목요일: 7일, 14일, 21일, 28일
　　2 3월에는 발레 학원을 모두 8번 갑니다.　　　　　답 8번

채점 기준
1 3월의 수요일과 목요일의 날짜를 모두 구함.
2 3월에 발레 학원을 모두 몇 번 가는지 구함.

대표 유형 3 월마다 박람회가 열리는 기간을 각각 구하여 더하자.

3-1 예 1 9월에 여행 박람회가 열리는 기간: 10일부터 30일까지 ➡ 21일
　　2 10월에 여행 박람회가 열리는 기간: 1일부터 25일까지 ➡ 25일
　　3 (여행 박람회가 열리는 기간)＝21＋25＝46(일)　　　　　답 46일

주의
9월에 박람회가 열리는 기간을 30−10=20(일)로 생각하지 않도록 주의합니다.

채점 기준
1 9월에 박람회가 열리는 기간을 구함.
2 10월에 박람회가 열리는 기간을 구함.
3 박람회가 열리는 기간을 구함.

3-2 예 1 4월에 전시회가 열린 기간: 4월 1일부터 26일까지 ➡ 26일
　　2 전시회는 30일 동안 열렸으므로 3월에는 전시회가 4일 동안 열렸습니다.
　　3 3월은 31일까지 있으므로 전시회가 시작한 날은 3월 28일입니다.　　　　　답 3월 28일

채점 기준
1 4월에 전시회가 열린 기간을 구함.
2 3월에 전시회가 열린 기간을 구함.
3 전시회의 시작 날짜를 구함.

대표 유형 4 1시간에 2분씩 빨라(느려)지면 ■시간은 (■×2)분씩 빨라(느려)진다.

4-1 예 1 오전 11시 50분부터 오후 6시 50분까지는 7시간입니다.
　　2 한 시간에 2분씩 느려지므로 7시간 동안 $2×7=14$(분)이 느려집니다.
　　3 오후 6시 50분에 이 시계가 가리키는 시각은 오후 6시 36분입니다.　　　　　답 오후 6시 36분

채점 기준
1 오전 11시 50분부터 오후 6시 50분까지의 시간을 구함.
2 위 1에서 구한 시간 동안 느려진 시간을 구함.
3 오후 6시 50분에 시계가 가리키는 시각을 구함.

본책 122~127쪽

128~130쪽 수학의힘 단원평가

✏️ 서술형 문제는 풀이를 확인하세요.

1 오전에 ◯표

2 (위에서부터) 31, 30, 31, 30 /
31, 31, 30, 31, 30, 31

3 (1) 51 (2) 2, 12   **4** 6시 21분

5 2시 10분 전   **6**

7 6시간   **8** ㉠

9 19일   **10** 5번

11

12 ㉠

13 3시 10분 전   **14** 6시 30분

15 9시간   **16** 39일

17 토요일   **18** 오전 10시 54분

✏️**19** 답 7시 5분 전   ✏️**20** 답 6월 25일

---

7 시간 띠 한 칸의 크기는 1시간이므로 시간 띠 6칸은 6시간입니다.

10 월요일은 1일, 8일, 15일, 22일, 29일로 5번 있습니다.

11 왼쪽 시계가 나타내는 시각은 위에서부터 12시 25분, 3시 48분입니다.

12 ㉠ 2시간 45분=60분+60분+45분=165분
→ ㉠ 165분 > ㉡ 160분

13 2시 50분은 3시가 되려면 10분이 더 지나야 하므로 3시 10분 전입니다.

14 4시 30분 $\xrightarrow{\text{2시간 후}}$ 6시 30분
→ 친구들과 헤어진 시각은 6시 30분입니다.

15 오후 10시 $\xrightarrow{\text{2시간 후}}$ 밤 12시 $\xrightarrow{\text{7시간 후}}$ 오전 7시
→ (지윤이가 잠을 잔 시간)=2+7=9(시간)

16 4월 접수 기간: 7일부터 30일까지 → 24일
5월 접수 기간: 1일부터 15일까지 → 15일
→ (글짓기 대회의 접수 기간)=24+15=39(일)

---

17 5월은 31일까지 있습니다.
31일 $\xrightarrow{\text{7일 전}}$ 24일 $\xrightarrow{\text{7일 전}}$ 17일이므로
31일은 17일과 같은 금요일입니다.
따라서 5월 31일 다음 날인 6월 1일은 토요일입니다.

18 오늘 오전 10시 30분부터 내일 오전 10시 30분까지는 24시간입니다. 한 시간에 1분씩 빨라지므로 24시간 동안 24분이 빨라집니다. 내일 오전 10시 30분에 이 시계가 가리키는 시각은 오전 10시 54분입니다.

19 풀이 예 ❶ 짧은바늘은 6과 7 사이를 가리키고, 긴바늘은 11을 가리키므로 6시 55분입니다.
❷ 6시 55분은 7시 5분 전입니다.   답 7시 5분 전

채점 기준

❶ 거울에 비친 시계의 시각을 구함.		3점
❷ 위 ❶에서 구한 시각이 몇 시 몇 분 전인지 나타냄.		2점

20 풀이 예 ❶ 6월 마지막 날은 30일입니다.
→ 유준이의 생일: 6월 30일
❷ 은서의 생일은 유준이의 생일 6월 30일의 5일 전이므로 6월 30−5=25(일)입니다.   답 6월 25일

채점 기준

❶ 유준이의 생일이 6월 며칠인지 구함.		2점
❷ 은서의 생일이 몇 월 며칠인지 구함.		3점

131쪽 창의·사고력의 힘!

1 12시 45분   **2**

1 12시 10분 $\xrightarrow{\text{35분 후}}$ 12시 45분
앵무새가 있는 곳에 도착한 시각은 12시 45분입니다.

2 1시 30분 $\xrightarrow{\text{1시간 후}}$ 2시 30분 $\xrightarrow{\text{20분 후}}$ 2시 50분
호랑이가 있는 곳에 도착한 시각은 2시 50분입니다.
2시 50분은 짧은바늘이 2와 3 사이를 가리키고, 긴바늘은 10을 가리키도록 그려야 합니다.

5단원 표와 그래프

134~135쪽 Power 개념의 힘 ❶

1 (　　　)
　（ ○ ）

2

포도	사과	바나나
형진, 준우	선미, 성진, 아름	민식, 영근, 민혁

3 좋아하는 과일별 학생 수

과일	포도	사과	바나나	합계
학생 수(명)	2	3	3	8

4 장구

5

피아노	탬버린	장구
민지, 현진, 경진, 현아, 민정	정호, 유리, 선미	선우, 성민, 동욱, 아인

6 좋아하는 악기별 학생 수

악기	피아노	탬버린	장구	합계
학생 수(명)	5	3	4	12

7 ○

8 태어난 계절 별 학생 수

계절	봄	여름	가을	겨울	합계
학생 수(명)	4	3	3	2	12

9 표

1 좋아하는 과일은 학생마다 다르므로 조사하는 종류가 여러 가지입니다. 따라서 종이에 적어 모으는 방법이 더 알맞습니다.

4 자료에서 선우가 좋아하는 악기를 찾으면 장구입니다.

5 자료에 표시를 하며 빠뜨리지 않고 분류해 봅니다.

6 **5**에서 분류한 것을 보면 피아노 5명, 탬버린 3명, 장구 4명입니다.

7 계절은 4가지이므로 조사하는 종류가 정해져 있습니다. 따라서 붙임딱지를 붙이는 방법은 적절한 조사 방법입니다.

8 태어난 계절별로 학생 수를 세어 표로 나타냅니다.
（합계）＝4＋3＋3＋2＝12（명）

9 표로 나타내면 자료의 수를 한눈에 알아보기 편리합니다.

136~137쪽 Power 개념의 힘 ❷

1 좋아하는 생선별 학생 수

생선	갈치	고등어	삼치	합계
학생 수(명)	3	1	5	9

2 좋아하는 생선별 학생 수

5			○
4			○
3	○		○
2	○		○
1	○	○	○
학생 수(명) / 생선	갈치	고등어	삼치

3 좋아하는 악기별 학생 수

악기	피아노	기타	드럼	합계
학생 수(명)	4	5	3	12

4 악기

5 좋아하는 악기별 학생 수

5		○	
4	○	○	
3	○	○	○
2	○	○	○
1	○	○	○
학생 수(명) / 악기	피아노	기타	드럼

6 5칸

7 가지고 온 재활용품별 학생 수

페트병	/	/	/	/	/
유리	/				
캔	/	/	/		
종이	/	/			
재활용품 / 학생 수(명)	1	2	3	4	5

8 그래프

2 좋아하는 생선별 학생 수만큼 ○를 아래에서부터 한 칸에 하나씩 표시합니다.

3 좋아하는 악기별로 학생 수를 세어 표로 나타냅니다.
(합계)=4+5+3=12(명)

5 좋아하는 악기별 학생 수만큼 ○를 아래에서부터 한 칸에 하나씩 표시합니다.

6 페트병을 가지고 온 학생이 5명으로 가장 많으므로 가로는 적어도 5칸으로 정해야 합니다.

7 재활용품별 학생 수만큼 /을 왼쪽에서부터 하나씩 표시합니다.

138~141쪽 1 STEP 기본의 힘

138쪽 1 나비

2

잠자리	나비	벌
가영, 윤진, 은정	태석, 지나, 철우, 현주, 광영	제동, 영민

3 좋아하는 곤충별 학생 수

곤충	잠자리	나비	벌	합계
학생 수(명)	3	5	2	10

4 ㉢, ㉣, ㉡, ㉠   **5** 선우

6 혈액형별 학생 수

혈액형	A형	B형	AB형	O형	합계
학생 수(명)	3	4	1	1	9

139쪽 7 좋아하는 빵별 학생 수

빵	크림빵	소보로빵	팥빵	합계
학생 수(명)	3	5	2	10

8 좋아하는 빵별 학생 수

팥빵	○	○			
소보로빵	○	○	○	○	○
크림빵	○	○	○		
빵＼학생 수(명)	1	2	3	4	5

9 빵

10 기르는 반려동물별 학생 수

5				×
4	×			×
3	×	×		×
2	×	×		×
1	×	×	×	×
학생 수(명)＼반려동물	강아지	고양이	거북	햄스터

11 기르는 반려동물별 학생 수

햄스터	/	/	/	/	/
거북	/				
고양이	/	/			
강아지	/	/	/		
반려동물＼학생 수(명)	1	2	3	4	5

140쪽 12 모양을 만드는 데 사용한 조각 수

조각	▲	■	▱	합계
조각 수(개)	4	2	2	8

13 8개   **14** ▲에 ○표

15 좋아하는 아이스크림 맛별 학생 수

바닐라	/	/	/				
초코	/	/	/				
딸기	/	/	/	/	/	/	/
맛＼학생 수(명)	1	2	3	4	5	6	7

16 딸기, 예 한눈에 알아보기

141쪽 17 (위에서부터) 8, 7, 9 /

낱자의 개수별 학생 수

낱자의 개수(개)	7	8	9	합계
학생 수(명)	2	1	1	4

18 예 초밥을 먹고 싶은 학생 수 6명을 나타낼 수 없기 때문입니다.

19 3가지

20 예 색깔별 연결 모형의 수

색깔	파란색	빨간색	노란색	합계
연결 모형 수(개)	6	4	8	18

21 18 / 색깔

5 혈액형은 A형, B형, AB형, O형의 4가지 경우만 있으므로 손을 들어 그 수를 세는 것이 더 적절합니다.

7 좋아하는 빵별 학생 수를 세어 표로 나타냅니다.
(합계)＝3＋5＋2＝10(명)

9 8의 그래프의 가로에는 학생 수를, 세로에는 빵을 나타냈습니다.

10 기르는 반려동물별 학생 수만큼 ✕를 아래에서부터 한 칸에 하나씩 표시합니다.

11 기르는 반려동물별 학생 수만큼 ／을 왼쪽에서부터 한 칸에 하나씩 표시합니다.

12 모양을 만드는 데 사용한 조각 수를 세어 표로 나타냅니다.
(합계)＝4＋2＋2＝8(개)

14 ▲ 조각을 4개로 가장 많이 사용했습니다.

17 박서우: ㅂ, ㅏ, ㄱ, ㅅ, ㅓ, ㅇ, ㅜ ➡ 7개
김도성: ㄱ, ㅣ, ㅁ, ㄷ, ㅗ, ㅅ, ㅓ, ㅇ ➡ 8개
김영석: ㄱ, ㅣ, ㅁ, ㅇ, ㅕ, ㅇ, ㅅ, ㅓ, ㄱ ➡ 9개

18 평가 기준

초밥을 먹고 싶은 학생 수 6명을 나타낼 수 없다고 썼으면 정답으로 합니다.

19 지우네 모둠이 가지고 있는 연결 모형의 색깔은 파란색, 빨간색, 노란색으로 3가지입니다.

20 색깔별 연결 모형의 수를 세어 봅니다.
(합계)＝(파란색)＋(빨간색)＋(노란색)＝18(개)

---

1 귤을 좋아하는 학생은 4명입니다.

2 표에서 합계를 보면 주미네 반 학생은 모두 17명입니다.

3 그래프에서 ○의 수가 가장 많은 학생을 찾으면 주영입니다.

4 빨강, 노랑, 파랑, 보라 ➡ 4가지

5 표에서 합계를 보면 민서네 반 학생은 모두 20명입니다.

6 가장 많은 학생들이 원하는 티셔츠 색깔은 7명이 좋아하는 노랑입니다.

8 그래프에서 ○의 수가 가장 적은 취미 활동을 찾으면 종이접기입니다.

9 그래프에서 ○의 수가 가장 많은 취미 활동을 찾으면 운동입니다.

10 3명보다 많은 학생들이 하는 취미 활동은 5명인 운동, 4명인 음악 감상입니다.

주의
'3명보다 많은'일 때는 3명이 포함되지 않습니다.

본책 136 ~ 145쪽

142~143쪽 Power 개념의 힘 ❸

1 4명	2 17명	
3 주영	4 4가지	
5 20명	6 노랑	
7 노랑	8 종이접기	
9 운동	10 운동, 음악 감상	

11 표에 ○표, 그래프에 ○표

144~145쪽 Power 개념의 힘 ❹

1

좋아하는 운동별 학생 수

운동	야구	배구	농구	합계
학생 수(명)	4	3	3	10

2

좋아하는 운동별 학생 수

농구	○	○	○	
배구	○	○	○	
야구	○	○	○	○
운동 \ 학생 수(명)	1	2	3	4

3 야구

4

주말에 가고 싶은 장소별 학생 수

장소	수영장	놀이공원	박물관	합계
학생 수(명)	3	8	5	16

---

5 주말에 가고 싶은 장소별 학생 수

학생 수(명) / 장소	수영장	놀이공원	박물관
8		×	
7		×	
6		×	
5		×	×
4		×	×
3	×	×	×
2	×	×	×
1	×	×	×

6 좋아하는 교통수단별 학생 수

교통수단	배	자동차	기차	합계
학생 수(명)	3	5	4	12

7 좋아하는 교통수단별 학생 수

교통수단 / 학생 수(명)	1	2	3	4	5
기차	○	○	○	○	
자동차	○	○	○	○	○
배	○	○	○		

8 자동차

1 좋아하는 운동별로 학생 수를 세어 표로 나타냅니다.
(합계)＝4＋3＋3＝10(명)

3 2의 그래프에서 ○의 수가 가장 많은 운동을 찾으면 야구입니다.

🔽 **다른 풀이**
1의 표에서 학생 수가 가장 많은 운동을 찾으면 야구입니다.

4 주말에 가고 싶은 장소별로 학생 수를 세어 표로 나타냅니다.
(합계)＝3＋8＋5＝16(명)

6 (합계)＝3＋5＋4＝12(명)

7 좋아하는 교통수단별 학생 수만큼 ○를 왼쪽에서부터 한 칸에 하나씩 표시합니다.

8 7의 그래프에서 ○의 수가 가장 많은 교통수단을 찾으면 자동차입니다. 따라서 가장 많은 학생들이 좋아하는 교통수단은 자동차입니다.

146~147쪽 **1 STEP** **기본의 힘**

146쪽 **1** 기르고 싶은 반려동물별 학생 수

반려동물	사슴벌레	거북	앵무새	햄스터	합계
학생 수(명)	3	2	6	1	12

2 예 기르고 싶은 반려동물별 학생 수

학생 수(명) / 반려동물	사슴벌레	거북	앵무새	햄스터
6			/	
5			/	
4			/	
3	/		/	
2	/	/	/	
1	/	/	/	/

3 파랑　　　　**4** 8명

5 예 파랑 / 예 빨강 / 예 반에서 가장 많은 학생들이 좋아하는 머리띠 색깔이기 때문입니다.

147쪽 **6** 그래프에 ○표　　**7** ㉠, ㉢
8 7권　　　　　**9** 6 / 오이, 당근

3 9>6>5>3이므로 진우네 반 학생들이 가장 좋아하는 색깔은 파랑입니다.

4 지수네 반 학생들 중 8명이 빨간색을 좋아합니다.

5 평가 기준
정한 학급 머리띠 색깔에 맞는 타당한 까닭을 썼으면 정답으로 합니다.

6 그래프는 표보다 과일 수의 많고 적음을 한눈에 알아보기 편리합니다.

7 ㉢ 그래프로는 2반 학생인 지호가 어떤 채소를 기르는지 알 수 없습니다.

8 책을 가장 많이 읽은 학생은 아린으로 5권, 가장 적게 읽은 학생은 정연으로 2권을 읽었습니다.
➡ 5＋2＝7(권)

9 (당근을 좋아하는 학생 수)
＝34－12－7－9＝6(명)
12>9>7>6이므로 가장 많은 학생들이 좋아하는 채소는 오이이고, 가장 적은 학생들이 좋아하는 채소는 당근입니다.

148~151쪽 2 STEP 응용의 힘

1 11명	2 17명
3 4명	
4 6 /	

내놓은 물건별 수

물건 \ 물건 수(개)	1	2	3	4	5	6
치마	○	○	○			
가방	○	○	○	○	○	○
윗옷	○	○	○	○		

5 4, 14 /

냉장고에 있는 과일별 수

과일 \ 과일 수(개)	1	2	3	4	5	6	7
자두	○	○	○	○	○	○	○
복숭아	○	○	○	○			
포도	○	○	○				

6 독서, 운동	7 악기 연주, 컴퓨터
8 진달래	9 참치
10 12명	11 4명
12 3명	

13

가 보고 싶은 섬별 학생 수

학생 수(명) \ 섬	울릉도	제주도	홍도	완도
4			○	
3			○	
2	○	○	○	○
1	○	○	○	○

14 6개	15 7마리
16 윤아	17 현수

응용 1 '모두 몇 ~'인 경우에는 합을, '~ 더 많은가요?'인 경우에는 차를 구하지.

1 (완두콩을 좋아하는 학생 수)+(강낭콩을 좋아하는 학생 수)
=4+7=11(명)

2 (장래 희망이 선생님인 학생 수)+(장래 희망이 경찰관인 학생 수)
=9+8=17(명)

3 (농구를 좋아하는 학생 수)−(배구를 좋아하는 학생 수)
=10−6=4(명)

참고
'~ 더 적은가요?'인 경우에도 차를 구합니다.

응용 2 표를 보고 그래프의 빈칸을, 그래프를 보고 표의 빈칸을 완성하자.

4 표를 보고 윗옷과 치마의 수를 찾아 그래프를 완성합니다.
→ 윗옷: 4개, 치마: 3개
그래프를 보고 가방의 수를 찾아 표를 완성합니다. → 가방: 6개

5 표를 보고 포도와 자두의 수를 찾아 그래프를 완성합니다.
→ 포도: 3개, 자두: 7개
그래프를 보고 복숭아의 수를 찾아 표를 완성합니다. → 복숭아: 4개
(합계)=3+4+7=14(개)

비법
그래프에 ○를 왼쪽에서부터 빈칸 없이 한 칸에 하나씩 그립니다.

참고
완성한 표에서 냉장고에 있는 과일별로 수를 세어 합계를 구합니다.

응용 3 기준이 되는 칸에 기준선을 그어 그 위(아래) 칸에 ✕를 표시한 취미 활동을 찾자.

6 2명을 기준으로 기준선을 그어 그 위 칸에 ✕를 표시한 취미 활동을 찾으면 독서, 운동입니다.

7 3명을 기준으로 기준선을 그어 그 아래 칸에만 ✕를 표시한 취미 활동을 찾으면 악기 연주, 컴퓨터입니다.

주의
3명을 기준으로 기준선을 그어 그 아래 칸에만 ✕를 표시한 취미 활동만을 찾아야 함에 주의합니다.

본책

145
≀
151
쪽

응용 4 자료에 빠진 것을 제외하고 분류하여 세어 주어진 표의 수와 비교하자.

8 자료에서 빠진 것을 제외하고 분류하여 세어 보면 진달래를 좋아하는 학생이 2명으로 표의 수보다 1명 모자랍니다.
따라서 선주가 좋아하는 꽃은 진달래입니다.

9 자료에서 빠진 것을 제외하고 분류하여 세어 보면 참치를 좋아하는 학생이 1명으로 표의 수보다 2명 모자랍니다.
따라서 지원이와 미희가 좋아하는 김밥은 모두 참치입니다.

> **주의**
> 자료에서 빠진 것이 두 개여도 빠진 것을 제외하고 분류하여 수를 세어 주어진 표의 수와 비교해 봅니다.

응용 5 주어진 조건을 이용하여 알 수 있는 것부터 차례로 구하자.

10 (범퍼카를 좋아하는 학생 수)$=4+4=8$(명)
(회전 목마를 좋아하는 학생 수)$=24-8-4=16-4=12$(명)

11 (여름에 태어난 학생 수)$=12-4=8$(명)
(봄에 태어난 학생 수)$=30-8-6-12=22-6-12=16-12=4$(명)

> **비법**
> ■보다 ▲만큼 더 **많을** 때는 ■$+$▲를, ■보다 ▲만큼 더 **적을** 때는 ■$-$▲를 이용합니다.

응용 6 합계와 그래프에 나타낸 자료의 수를 이용해 모르는 두 수의 합을 먼저 구하자.

12 (턱걸이를 1번, 4번 한 학생 수)$=13-3-4=6$(명)
$3+3=6$이므로 턱걸이를 1번 한 학생은 3명입니다.

> **다른 풀이**
> 턱걸이를 1번 한 학생 수를 □명이라고 하면 턱걸이를 4번 한 학생 수도 □명입니다.
> □$+3+4+$□$=13$, □$+$□$=6$, □$=3$
> 따라서 턱걸이를 1번 한 학생은 3명입니다.

13 (울릉도, 완도에 가 보고 싶은 학생 수)$=10-2-4=4$(명)
$2+2=4$이므로 울릉도에 가 보고 싶은 학생과 완도에 가 보고 싶은 학생은 각각 2명입니다.

> **참고**
> 같은 두 수의 합은 항상 짝수입니다.

응용 7 합계에서 알고 있는 수들을 빼서 구하고자 하는 자료의 수를 구하자.

14 그래프를 통해 과자가 7개, 표를 통해 빵이 4개임을 알 수 있습니다.
➡ 과자: 7개, 빵: 4개
(떡의 수)$=17-7-4=6$(개)

15 그래프를 통해 곰이 5마리, 표를 통해 사자가 7마리임을 알 수 있습니다.
➡ 사자: 7마리, 곰: 5마리
(기린 수)$=19-7-5=7$(마리)

> **참고**
> 알고 있는 수는 표에 있는 빵의 수, 그래프에는 있는 과자의 수입니다.

응용 8 맞힌 문제 수는 전체 문제 수에서 틀린 문제 수를 빼서 구하자.

16 (세형이가 맞힌 문제 수)$=10-4=6$(개)
(윤아가 맞힌 문제 수)$=19-5-6=8$(개)
따라서 $8>6>5$이므로 문제를 가장 많이 맞힌 사람은 윤아입니다.

> **참고**
> 문제에 제시된 표의 빈칸을 채워 문제를 해결해도 됩니다.

17 (현수가 맞힌 문제 수)$=10-3=7$(개)
(소희가 맞힌 문제 수)$=10-8=2$(개)
(재민이가 맞힌 문제 수)$=16-4-7-2=3$(개)
따라서 $7>4>3>2$이므로 문제를 가장 많이 맞힌 사람은 현수입니다.

> **비법**
> 재민이가 맞힌 문제 수를 구하려면 현수, 소희가 각자 맞힌 문제 수를 먼저 구해야 합니다.

152~155쪽 **3**STEP **서술형의 힘**

✎ 서술형 문제는 풀이를 확인하세요.

대표 유형 1
1 1
2 과학책, 만화책
／ $7-1=6$
답 6권
✎**1**-1 **답** 8명

대표 유형 2
1 8, 7
2 8, 7, 부대찌개
답 부대찌개
✎**2**-1 **답** 망고 주스

대표 유형 3
1 12, 11, 6
2 판다
답 판다
✎**3**-1 **답** 드럼

대표 유형 4
1 5
2 23, 8, 4
3 4, 9
답 9명
✎**4**-1 **답** 8개

대표 유형 1 합계를 이용해 표의 빈 곳을 채워 비교하자.

1-1 **예 1** (김씨인 학생 수)$=25-6-4-2-3=10$(명)
2 가장 많은 성씨는 김씨, 가장 적은 성씨는 정씨입니다.
→ $10-2=8$(명)
답 8명

> **채점 기준**
> **1** 김씨인 학생 수를 구함.
> **2** 가장 많은 성씨의 학생 수와 가장 적은 성씨의 학생 수의 차를 구함.

대표 유형 2 전체 수를 이용해 그래프의 빈 곳을 채워 비교하자.

2-1 **예 1** (망고 주스를 좋아하는 학생 수)$=12-5-4=3$(명)
2 $5>4>3$이므로 가장 적은 학생들이 좋아하는 주스는 망고 주스입니다.
답 망고 주스

> **채점 기준**
> **1** 망고 주스를 좋아하는 학생 수를 구함.
> **2** 가장 적은 학생들이 좋아하는 주스를 찾음.

대표 유형 3 두 그래프에서 같은 자료끼리 합을 구해 비교하자.

3-1 **예 1** 두 반의 학생들이 배우고 싶은 악기별 학생 수 구하기
・드럼: 11명　　・플루트: 9명　　・첼로: 10명
2 가장 많은 학생들이 배우고 싶어 하는 악기: 드럼
답 드럼

> **채점 기준**
> **1** 두 반 학생들이 배우고 싶은 악기별 학생 수를 구함.
> **2** 두 반의 가장 많은 학생들이 배우고 싶어 하는 악기를 찾음.

대표 유형 4 구하려고 하는 수를 ■로 하여 식을 세워 보자.

4-1 **예 1** 100원짜리 동전 수를 □개라 하면 500원짜리 동전 수는 (□$+2$)개입니다.
2 $8+$□$+$□$+2=22$, □$+$□$=12$, □$=6$
3 (500원짜리 동전 수)$=6+2=8$(개)
답 8개

> **채점 기준**
> **1** 100원짜리 동전 수를 □개라고 하여 500원짜리 동전 수도 □를 이용하여 나타냄.
> **2** 동전 수의 합계를 구하는 식으로 나타내 □를 구함.
> **3** 500원짜리 동전 수를 구함.

156~158쪽 단원**평가**

✎ 서술형 문제는 풀이를 확인하세요.

1 ( ) 　　　**2** 2, 2, 4, 8
　(○)

3 자료 　　　**4** 8명

5 표 　　　**6** 2, 1, 4, 2, 9

7

좋아하는 색깔별 학생 수

학생 수(명) \ 색깔	주황	노랑	분홍	보라
4			○	
3			○	
2	○		○	○
1	○	○	○	○

8 노랑 　　　**9** 4, 2, 3, 9

10 2

11

가 보고 싶은 산별 학생 수

산 \ 학생 수(명)	1	2	3	4	5
지리산	/	/			
한라산	/	/	/	/	/
백두산	/				
금강산	/	/	/	/	

12 한라산 　　　**13** 학생 수

14 그네, 철봉 　　　**15** 그네, 철봉

16

반별 안경을 쓴 학생 수

학생 수(명) \ 반	1반	2반	3반	4반
4				×
3	×			×
2	×		×	×
1	×	×	×	×

17 10명 　　　**18** 5명

✎**19** 답 앵무새 　　　✎**20** 답 8명

---

6 좋아하는 색깔별로 학생 수를 세어 표로 나타냅니다.
(합계)=2+1+4+2=9(명)

9 (합계)=4+2+3=9(개)

10 (지리산에 가 보고 싶은 학생 수)
　=12-4-1-5=2(명)

---

14 3명을 기준으로 기준선을 그어 그 위 칸에 ×를 표시한 놀이기구를 찾으면 그네, 철봉입니다.

16 1반: 3명, 2반: 1명, 3반: 2명
(4반의 안경을 쓴 학생 수)=10-3-1-2=4(명)

17 사랑 마을에 사는 학생 수를 □명이라 하면 우정 마을에 사는 학생 수는 (□+4)명입니다.
□+□+4+5=21, □+□=12, □=6
(우정 마을에 사는 학생 수)=6+4=10(명)

18 사는 학생 수가 가장 많은 마을: 우정 마을 → 10명
사는 학생 수가 가장 적은 마을: 기쁨 마을 → 5명
➡ 10-5=5(명)

19 풀이 예 ❶ (비둘기를 좋아하는 학생 수)
　=15-5-4=6(명)
❷ 가장 적은 학생들이 좋아하는 새는 앵무새입니다.
답 앵무새

채점 기준

❶ 비둘기를 좋아하는 학생 수를 구함.	3점
❷ 가장 적은 학생들이 좋아하는 새를 찾음.	2점

20 풀이 예 ❶ (독서, 컴퓨터가 취미인 학생 수)
　=20-4=16(명)
❷ 8+8=16이므로 독서가 취미인 학생은 8명입니다.
답 8명

채점 기준

❶ 독서, 컴퓨터가 취미인 학생 수를 구함.	3점
❷ 독서가 취미인 학생 수를 구함.	2점

159쪽 　창의·사고력의 **힘**!

나

자료에서 빠진 것을 제외하고 분류하여 세어 보면 스마트폰을 받고 싶은 학생이 3명으로 표의 수보다 1명이 모자랍니다. 따라서 원준이가 받고 싶은 선물은 스마트폰입니다.

➡ 사다리 타기 놀이를 하면 가는 게임기, 나는 스마트폰, 다는 자전거이므로 원준이는 나를 골라야 합니다.

6단원 규칙 찾기

162~163쪽 Power 개념의 힘 ❶

1 노란, 파란
2 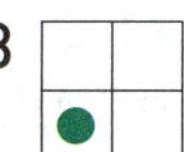
3 시계 방향에 ◯표
4 ㉢
5 1
6

1	2	1	1	2	1	1
2	1	1	2	1	1	2

7 은서
8
9 ㉡
10 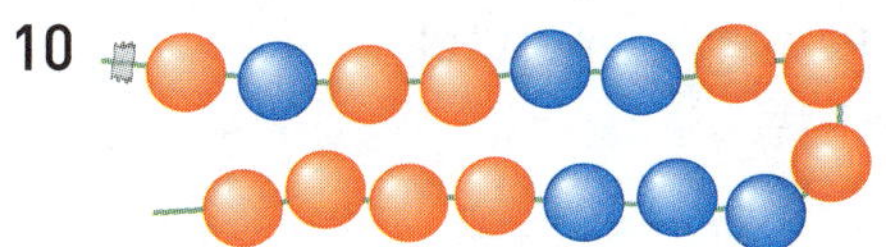
11 ㉠

6 1, 2, 1이 반복됩니다.

8 ●이 시계 반대 방향으로 1칸씩 움직이는 규칙입니다.

9 모양은 ◯, □, □이 반복되고 색깔은 빨간색과 초록색이 반복됩니다.

10 주황색 구슬과 파란색 구슬이 각각 1개씩 늘어나며 반복되는 규칙입니다.

11 ◇과 ♡가 반복되고 노란색, 분홍색, 파란색이 반복되는 규칙입니다.

> **비법**
> 반복되는 모양과 색깔의 규칙을 각각 찾습니다.

164~165쪽 Power 개념의 힘 ❷

1 1
2 3, 2
3 1, 오른에 ◯표
4 (◯)( )
5 ㉠
6 ✕
7 (◯)( )
8 3개
9 6개
10 10개
11 9개

5 쌓기나무가 왼쪽으로 1개씩 늘어나는 규칙입니다.

> **비법**
> 쌓은 모양에서 규칙을 찾을 때에는 어느 방향으로 몇 개씩 늘어나는지, 줄어드는지 살펴봅니다.

6 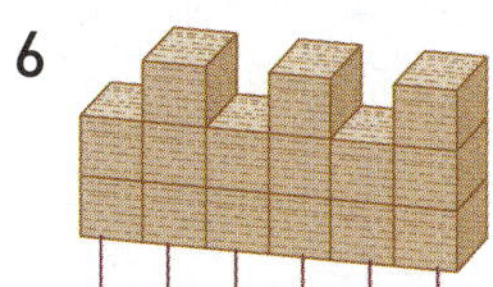

쌓기나무의 수가 왼쪽에서 오른쪽으로 2개, 3개씩 반복됩니다.

7 을 반복되게 쌓았습니다.

8 1층: 2개, 2층: 1개 ➡ $2+1=3$(개)

9 1층: 3개, 2층: 2개, 3층: 1개
➡ $3+2+1=6$(개)

10 4층으로 쌓으려면 쌓기나무는 모두
$4+3+2+1=10$(개) 필요합니다.

11 3개　　5개　　7개
　　　+2　　+2

쌓기나무가 2개씩 늘어나는 규칙이므로 다음에 이어질 모양에 쌓을 쌓기나무는 $7+2=9$(개)입니다.

> **참고**
> • 다음에 이어질 모양:

166~167쪽 1 STEP 기본의 힘

166쪽
1 ( )(◯)
2 ♥
3

1	2	3	1	2	3	1
2	3	1	2	3	1	2
3	1	2	3	1	2	3

4 2, 3
5 ㉡
6 하민
7 예 2개씩 줄어듭니다.

167쪽 8 ♥   9 ㉠

10 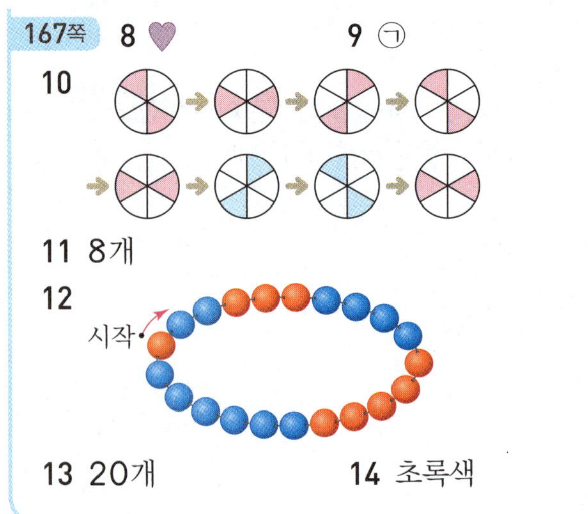

11 8개

12

시작

13 20개   14 초록색

1 노란색 달, 연두색 별, 빨간색 별이 반복되는 규칙입니다.

2 ★, ◆, ♥가 반복되는 규칙입니다.

3 1, 2, 3이 반복됩니다.

5 모양이 시계 방향으로 돌아가는 규칙입니다.

7 **평가 기준**

2개씩 줄어드는 규칙이라고 썼으면 정답으로 합니다.

8 ○, ♡, △이 반복되고 주황색과 보라색이 반복되는 규칙입니다.

9 ⬚ 모양과 ⬚ 모양이 반복되는 규칙입니다.

10 분홍색으로 색칠된 부분이 시계 반대 방향으로 돌아가는 규칙입니다.

11 쌓기나무가 1개씩 늘어나는 규칙이므로 다음에 이어질 모양에 쌓을 쌓기나무는 모두 7+1=8(개)입니다.

12 빨간색 구슬과 파란색 구슬이 반복되고 구슬의 수가 1개씩 늘어나는 규칙입니다.

13 아래층으로 내려갈수록 쌓기나무가 2개씩 늘어나는 규칙입니다.
4층으로 쌓으려면 쌓기나무는 모두
2+4+6+8=20(개) 필요합니다.

14 빨간색 리본과 초록색 리본이 반복되고 초록색 리본이 1개씩 늘어나는 규칙입니다.
따라서 □ 안에 들어갈 리본은 초록색입니다.

168~169쪽 **P**ower **개념의 힘 ❸**

1	1	2	1

3 지호   4 2씩

5 12 / 14   6 같습니다에 ○표

7

+	3	5	7	9
5	8	10	12	14
6	9	11	13	15
7	10	12	14	16
8	11	13	15	17

8 ㉢
9 3

10 (위에서부터) 7 / 7, 8

3 2 → 4 → 6 → 8 ➡ 2씩 커집니다.
　+2　+2　+2

4 6 → 8 → 10 → 12 ➡ 2씩 커집니다.
　+2　+2　+2

5 같은 줄에서 아래쪽으로 내려갈수록 2씩 커지는 규칙이므로 ㉠=10+2=12, ㉡=12+2=14입니다.

6 빨간색 점선에 놓인 수는 10으로 모두 같습니다.

7

+	3	5	7	9
5	8	㉠	12	14
6	9	11	13	㉡
7	10	12	14	16
8	11	13	㉢	㉣

㉠ 5+5=10   ㉡ 6+9=15
㉢ 8+7=15   ㉣ 8+9=17

8 ㉢ ↘ 방향으로 갈수록 4씩 커집니다.

9 ●+5=8 ➡ ●=3

10

3	4	5	6
4	5	6	㉠
5	6	㉡	㉢

같은 줄에서 오른쪽으로 갈수록 1씩 커집니다.
➡ ㉠ 6+1=7   ㉡ 6+1=7   ㉢ 7+1=8

170~171쪽 **P**ower **개념의 힘 ❹**

1 5

2 은서

3 같습니다에 ◯표

4 48

5

×	2	4	6	8
2	4	8	12	16
4	8	16	24	32
6	12	24	36	
8	16	32		64

6 세호

7

8 2씩

9 3씩

10 3 / 8

11

×	1	3	5	7
2	2	6	10	14
4	4	12	20	28
6	6	18	30	42
8	8	24	40	56

4 색칠된 세로줄과 가로줄이 만나는 칸에 두 수의 곱을 구합니다.
→ $6 \times 8 = 48$, $8 \times 6 = 48$이므로 공통으로 들어갈 수는 48입니다.

5 4부터 시작하여 4씩 커지는 가로줄을 찾아 색칠합니다.

6 세호: 곱셈표에 있는 수들은 모두 짝수입니다.

7 원 안에 있는 수들은 5단 곱셈구구의 값입니다.
$5 \times 4 = 20$, $5 \times 6 = 30$, $5 \times 7 = 35$

> **다른 풀이**
> 5부터 시계 방향으로 5씩 커지는 규칙입니다.
> $15 + 5 = 20$, $25 + 5 = 30$, $30 + 5 = 35$

8 2 4 6 → 2씩 커집니다.
   +2 +2

9 12 9 6 → 3씩 작아집니다.
   −3 −3

10 6 ㉠이므로 ㉠은 3이고, 6 ㉡이므로 ㉡은 8입니다.
   −3   +2

11

×	1	3	㉠	7
2	2	6	10	14
4	4	12		28
㉡	6	18	30	
8	8	24	40	56

$2 \times ㉠ = 10$ → ㉠$= 5$
㉡$\times 1 = 6$ → ㉡$= 6$
따라서 $4 \times 5 = 20$, $6 \times 7 = 42$입니다.

172~173쪽 **P**ower **개념의 힘 ❺**

1 흰

2 (◯)(   )

3 1

4 7

5 2씩

6 ㉠

7

8 30

9 40분

10 (위에서부터) 7, 10 / **예** 4씩 커집니다.

3 1 2 3 4 5 6 → 1씩 커집니다.
   +1 +1 +1 +1 +1

4 1 8 15 22 29 → 7씩 커집니다.
   +7 +7 +7 +7

> **참고**
> 모든 요일은 7일마다 반복되는 규칙이 있습니다.

5 3 5 7 → 2씩 커집니다.
   +2 +2

6 ㉡ 3 9 15 21 27 → 6씩 커집니다.
   +6 +6 +6 +6

7 같은 줄에서 오른쪽으로 갈수록 1씩 커지고, 위쪽으로 올라갈수록 3씩 커집니다.

8 7시 —30분 후→ 7시 30분 —30분 후→ 8시 —30분 후→ 8시 30분

9 7시 —40분 후→ 7시 40분 —40분 후→ 8시 20분 —40분 후→ 9시

10 평가 기준

4씩 커진다고 썼으면 정답으로 합니다.

참고

같은 줄에서 오른쪽으로 갈수록 1씩 커지는 규칙도 있습니다.

174~175쪽 1 STEP 기본의 힘

174쪽

1

+	2	4	6	8
2	4	6	8	10
4	6	8	10	12
6	8	10	12	14
8	10	12	14	16

2 짝수에 ○표　　**3** 2씩

4 ㉠　　**5** 6

6 4 / 커집니다에 ○표

7

×	3	4	5	6
3	9	12	15	18
4	12	16	㉠	24
5	㉡	20	25	30
6	18	24	30	36

8 ㉠

175쪽　**9** 12일　　**10** 하은

11

×	5	7	9
5	25	35	45
7	35	49	63
9	45	63	81

/ 홀수에 ○표

12 6　　**13** 15

14 17층

---

1 ㉠ 2+4=6　㉡ 6+4=10　㉢ 8+6=14

3 10 12 14 16 → 2씩 커집니다. (+2 +2 +2)

4 ▨ , ▨ 모양이 반복됩니다.

5 1 7 13 19 → 6씩 커집니다. (+6 +6 +6)

6 12 16 20 24 → 4씩 커집니다. (+4 +4 +4)

8 ㉠ 4×5=20　㉡ 5×3=15

→ 20>15이므로 더 큰 수는 ㉠입니다.

9 달력에 있는 수는 같은 줄에서 오른쪽으로 갈수록 1씩 커집니다.

10 11 12 → 수지의 생일은 12일입니다. (+1 +1)

10 민재: 같은 줄에서 아래쪽으로 내려갈수록 3씩 커집니다.

11

×	5	7	9
5	25	35	45
7	35	49	㉠
9	㉡	63	㉢

㉠ 7×9=63　㉡ 9×5=45　㉢ 9×9=81

12 4×▲=24 → ▲=6

13

+	4	6	㉠	10
5	9	11	13	15
㉡			◆	17
9			17	
11			19	

5+㉠=13 → ㉠=8

㉡+10=17 → ㉡=7

따라서 ◆=7+8=15입니다.

14 엘리베이터 버튼의 수는 같은 줄에서 오른쪽으로 갈수록 3씩 커집니다.

8 11 14 17 → 17층을 눌렀습니다. (+3 +3 +3)

176~179쪽 **2 STEP** **응용의 힘**

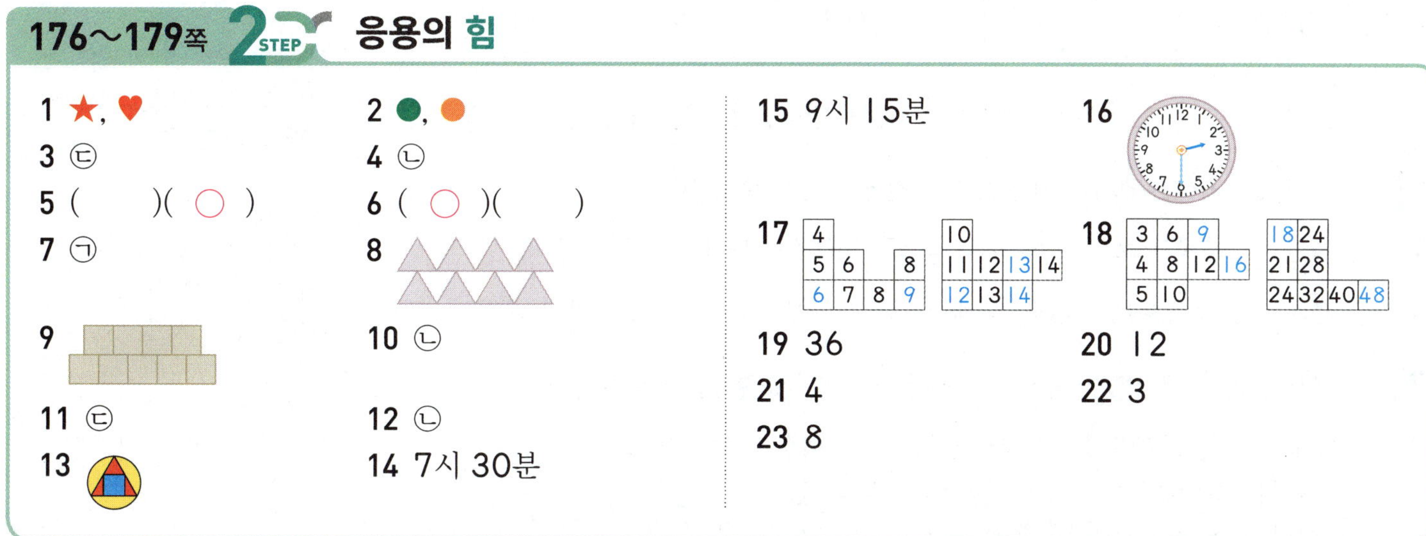

1 ★, ♥
2 ●, ●
3 ㉢
4 ㉡
5 ( )(○)
6 (○)( )
7 ㉠
8
9
10 ㉡
11 ㉢
12 ㉡
13
14 7시 30분
15 9시 15분
16
17

4				
5	6		8	
6	7	8	9	

10			
11	12	13	14
12	13	14	

18

3	6	9	
4	8	12	16
5	10		

18	24	
21	28	
24	32	40	48

19 36
20 12
21 4
22 3
23 8

응용 1 반복되거나 돌아가는 무늬의 규칙을 찾자.

1 ♥ 모양과 ★ 모양이 각각 1개씩 늘어나며 반복되는 규칙입니다.

3 노란색으로 색칠된 부분이 시계 반대 방향으로 돌아가는 규칙입니다.

비법
노란색으로 색칠된 부분이 시계 방향으로 돌아가는지 시계 반대 방향으로 돌아가는지 살펴봅니다.

응용 2 먼저 쌓기나무를 쌓은 모양의 규칙을 알아보자.

6 오른쪽 모양은 한 층씩 내려갈수록 쌓기나무가 1개씩 늘어납니다.

7 ㉡ 1층의 쌓기나무가 왼쪽으로 1개씩 늘어납니다.

응용 3 도형이 위쪽, 왼쪽, 아래쪽, 오른쪽 중 어느 방향으로 늘어나는지 알아보자.

8 삼각형이 오른쪽으로 2개씩 늘어나는 규칙입니다.

참고
삼각형이 왼쪽으로 2개씩 늘어나는 규칙이라고 표현해도 됩니다.

9 엇갈리게 쌓여 있는 사각형의 1층과 2층에 각각 사각형이 1개씩 늘어나는 규칙입니다.

10 원이 위쪽으로 3개씩 늘어나는 규칙입니다.

응용 4 반복되는 모양을 먼저 찾고 색칠된 규칙을 알아보자.

11 ▲, ▲, ▲이 반복되고, 색은 가장 바깥쪽부터 빨간색, 초록색, 파란색으로 색칠되어 있습니다.

12 ◇, ▽, ▽이 반복되고, 색은 가장 바깥쪽부터 초록색, 노란색, 파란색으로 색칠되어 있습니다.

13 ▲, ◇, ▲이 반복되고, 색은 가장 바깥쪽부터 노란색, 빨간색, 파란색으로 색칠되어 있습니다.

응용 5 1회에서 2회 시작까지 시간이 얼마나 지나는지 알아보자.

15 1시 15분 ―2시간 후→ 3시 15분 ―2시간 후→ 5시 15분 ―2시간 후→ 7시 15분이므로 (1회 / 2회 / 3회 / 4회)
연극은 2시간마다 시작합니다.
따라서 5회 연극 시작 시각은 7시 15분에서 2시간 후인 9시 15분입니다.

16 12시 30분 $\xrightarrow{30분 후}$ 1시 $\xrightarrow{30분 후}$ 1시 30분 $\xrightarrow{30분 후}$ 2시이므로 30분씩 지난
시각을 나타냅니다.
따라서 마지막 시계의 시각은 2시에서 30분이 지난 2시 30분입니다.

> **참고**
> 2시 30분은 시계의 짧은바늘이 2와 3 사이를, 긴바늘이 6을 가리키도록 그립니다.

응용 6 덧셈표와 곱셈표에서 규칙을 찾아 빈칸에 알맞은 수를 써넣자.

17 같은 줄에서 오른쪽으로 갈수록, 아래쪽으로 내려갈수록 1씩 커집니다.

18 같은 줄에서 오른쪽으로 갈수록, 아래쪽으로 내려갈수록 각 단의 수만큼 커집니다.

> **비법**
> 덧셈표와 곱셈표에 있는 수들이 어느 방향으로 얼마만큼씩 커지는지 알아봅니다.

응용 7 먼저 ㉠과 ㉡에 알맞은 수를 각각 구한 후 두 수의 합과 차를 구하자.

19 곱셈표에서 점선을 따라 접었을 때 만나는 수는 서로 같습니다.
(㉠과 만나는 수)=(㉠에 알맞은 수)=$2 \times 6 = 12$
(㉡과 만나는 수)=(㉡에 알맞은 수)=$6 \times 4 = 24$ ➡ $12 + 24 = 36$

20 (㉠과 만나는 수)=(㉠에 알맞은 수)=$6 \times 9 = 54$
(㉡과 만나는 수)=(㉡에 알맞은 수)=$7 \times 6 = 42$ ➡ $54 - 42 = 12$

응용 8 늘어놓은 수 중 반복되는 수를 구한 후 반복되는 마지막 수의 순서를 알아보자.

> **참고**
> 반복되는 수가 ■개이면 ■번째, (■+■)번째, (■+■+■)번째에도 모두 같은 수가 옵니다.

21 2, 7, 4가 반복되는 규칙입니다.
반복되는 마지막 수의 순서는 2, 7, ④, 2, 7, ④, 2, 7, ④이므로
　　　　　　　　　　　　　　　3번째　　　　6번째　　　　9번째
12번째 수도 4입니다.

22 3, 5, 1이 반복되는 규칙입니다.
반복되는 마지막 수의 순서는 3, 5, ①, 3, 5, ①, 3, 5, ①이므로
　　　　　　　　　　　　　　　3번째　　　　6번째　　　　9번째
12번째 수도 1입니다. ➡ 13번째 수는 1 다음의 수인 3입니다.

23 6, 1, 4, 2가 반복되는 규칙입니다.
반복되는 마지막 수의 순서는 6, 1, 4, ②, 6, 1, 4, ②, 6, 1, 4, ②
　　　　　　　　　　　　　　　　　4번째　　　　　　8번째　　　　　　12번째
이므로 16번째 수도 2이고, 17번째 수는 2 다음의 수인 6입니다. ➡ $2 + 6 = 8$

| **180쪽** **3**STEP | **서술형의 힘** 연습 문제 풀기 |

1 파란색	**3** 8씩
2 ㉡, ㉢	**4** 25개

1 파란색 타일과 노란색 타일이 각각 1개씩 늘어나며 반복되는 규칙입니다.

2 초록색으로 색칠된 부분이 시계 방향으로 돌아가는 규칙입니다.

3 25　17　9　1 ➡ 8씩 작아집니다.
　　　-8　-8　-8

4 아래층으로 내려갈수록 상자가 2개씩 늘어나는 규칙입니다.
➜ 상자를 5층으로 쌓으려면 상자는 모두 $1+3+5+7+9=25$(개) 필요합니다.

181~183쪽 3 STEP 서술형의 힘

✎ 서술형 문제는 풀이를 확인하세요.

대표 유형 1	대표 유형 2	대표 유형 3
1 1	1 10, 1	1 5, 2
2 ●, ○ / 흰	2 10, 21	2 2, 7 / 2, 9 / 다섯
답 흰색	3 28	답 다섯 번째
✎1-1 답 흰색	답 28번	✎3-1 답 여섯 번째
✎1-2 답 13개	✎2-1 답 27번	

대표 유형 1 바둑돌이 놓인 규칙을 찾아 다음에 올 바둑돌의 색을 구하자.

1-1 예 1 바둑돌이 놓인 규칙 찾기:
흰색 바둑돌과 검은색 바둑돌이 각각 1개씩 늘어나면서 반복됩니다.
2 위 1에서 찾은 규칙에 따라 13번째와 14번째 바둑돌 그리기:

13번째 14번째
○ ● ○ ○ ● ● ○ ○ ○ ● ● ● ○ ○

➜ 14번째에 놓일 바둑돌은 흰색입니다.　　　답 흰색

채점 기준
1 바둑돌이 놓인 규칙을 찾음.
2 14번째에 놓일 바둑돌이 무슨 색인지 구함.

1-2 예 1 바둑돌이 놓인 규칙 찾기:
검은색 바둑돌과 흰색 바둑돌이 반복되고, 검은색 바둑돌이 2개씩 늘어납니다.
2 위 1에서 찾은 규칙에 따라 바둑돌 16개 그리기:

● ○ ● ● ○ ● ● ● ○ ● ● ● ● ○ ● ●

➜ 검은색 바둑돌의 개수: 13개　　　답 13개

채점 기준
1 바둑돌이 놓인 규칙을 찾음.
2 16개까지 늘어놓았을 때 검은색 바둑돌이 모두 몇 개인지 구함.

대표 유형 2 번호가 아래쪽으로 내려갈수록, 오른쪽으로 갈수록 몇씩 커지는지 알아보자.

2-1 예 1 사물함 번호의 규칙 찾기:
아래쪽으로 내려갈수록 7씩 커지고, 오른쪽으로 갈수록 1씩 커집니다.
2 라열 첫째 칸의 번호: $8+7+7=22$(번)
3 연주의 사물함 번호: 27번　　　답 27번

채점 기준
1 사물함 번호의 규칙을 찾음.
2 라열 첫째 칸의 번호를 구함.
3 연주의 사물함 번호를 구함.

대표 유형 3 쌓기나무가 몇 개씩 늘어나는지 규칙을 찾아보자.

3-1 예 1 쌓기나무를 쌓은 규칙 찾기:
쌓기나무의 개수를 세어 보면 첫 번째 1개, 두 번째 4개, 세 번째 7개로 쌓기나무가 3개씩 늘어납니다.
2 네 번째에 쌓은 쌓기나무 수: $7+3=10$(개)
다섯 번째에 쌓은 쌓기나무 수: $10+3=13$(개)
여섯 번째에 쌓은 쌓기나무 수: $13+3=16$(개)
➜ 쌓기나무 16개로 쌓아 만든 모양은 여섯 번째에 놓입니다.　　　답 여섯 번째

채점 기준
1 쌓기나무를 쌓은 규칙을 찾음.
2 쌓기나무 16개로 쌓아 만든 모양은 몇 번째에 놓이는지 구함.

184~186쪽   수학의 힘   단원평가

✎ 서술형 문제는 풀이를 확인하세요.

1 ●에 ○표   **2** 1, 3
3 (○)(   )(   )
4

1	2	1	3	1	2
1	3	1	2	1	3

5

+	5	6	7	8
5	10	11	12	13
6	11	12	13	14
7	12	13	14	15
8	13	14	15	16

6 2씩
7

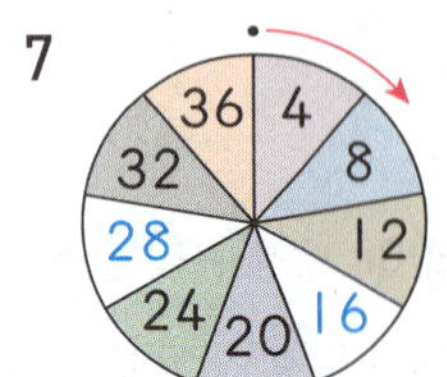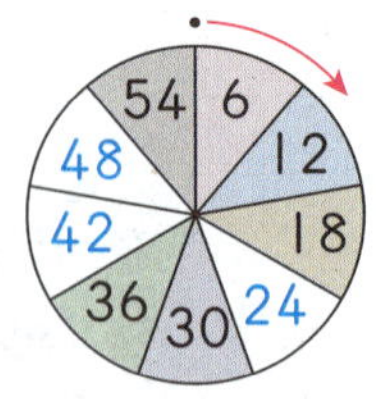

8

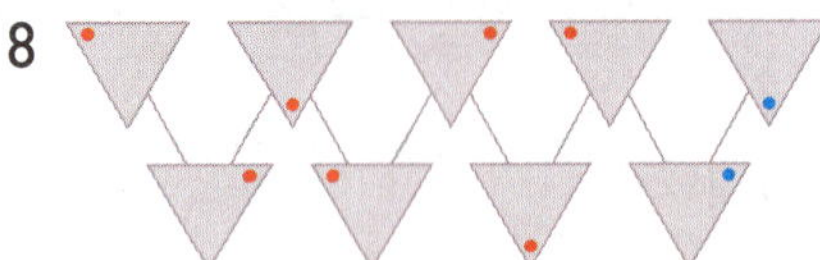

9 선호   **10** 3개씩
11 12개   **12** 빨간색
13 3 / 1   **14**

+	2	4	6
2	4	6	8
4	6	8	10
6	8	10	12

15 17번   **16** 30분 / 15분
17 (위에서부터) 30 / 24, 42
18

✎**19** 답 16개   ✎**20** 답 검은색

---

3 빨간색, 파란색, 빨간색, 초록색이 반복되는 규칙이므로 빈칸에 알맞은 색은 빨간색입니다.

7 • 4부터 시계 방향으로 4씩 커지는 규칙입니다.
 • 6부터 시계 방향으로 6씩 커지는 규칙입니다.

12 파란색과 빨간색이 반복되고, 색의 수가 1개씩 늘어나는 규칙입니다.

---

15 사물함 번호는 오른쪽으로 갈수록 1씩 커집니다.
13 14 15 16 17이므로
  +1 +1 +1 +1
효빈이의 사물함 번호는 17번입니다.

16 대전행: 7시 30분 —30분 후→ 8시 —30분 후→ 8시 30분
—30분 후→ 9시 ➡ 30분마다 출발합니다.

부산행: 6시 —15분 후→ 6시 15분 —15분 후→ 6시 30분
—15분 후→ 6시 45분 ➡ 15분마다 출발합니다.

17 같은 줄에서 아래쪽으로 내려갈수록, 오른쪽으로 갈수록 각 단의 수만큼 커지는 규칙이 있습니다.

18 ◇, ◆, ◎이 반복되고, 색은 가장 바깥쪽부터 파란색, 빨간색, 초록색으로 색칠되어 있습니다.

19 풀이 예 ❶ 아래층으로 내려갈수록 쌓기나무가 2개씩 늘어나는 규칙입니다.
❷ 4층으로 쌓으려면 5+2=7(개) 더 필요합니다.
❸ (4층으로 쌓는 데 필요한 쌓기나무 수)
  =1+3+5+7=16(개)   답 16개

채점 기준

❶ 쌓기나무를 쌓은 규칙을 찾음.	2점
❷ 4층으로 쌓으려면 쌓기나무가 몇 개 더 필요한지 구함.	2점
❸ 4층으로 쌓는 데 필요한 쌓기나무 수를 구함.	1점

20 풀이 예 ❶ 흰색 바둑돌과 검은색 바둑돌이 반복되고, 검은색 바둑돌이 1개씩 늘어나는 규칙입니다.
❷ 규칙에 따라 바둑돌 12개를 그리면
○ ● ○ ● ● ○ ● ● ● ○ ● ●이므로
12번째에 놓일 바둑돌은 검은색입니다.   답 검은색

채점 기준

❶ 바둑돌을 늘어놓은 규칙을 찾음.	3점
❷ 12번째에 놓일 바둑돌은 무슨 색인지 구함.	2점

187쪽   창의·사고력의 힘!

시계, 2에 ○표 / ⑥ / ①

정답은
이안에
있어！

시험 대비교재

- **올백 전과목 단원평가** — 1~6학년/학기별 (1학기는 2~6학년)
- **HME 수학 학력평가** — 1~6학년/상·하반기용
- **HME 국어 학력평가** — 1~6학년

논술·한자교재

- **YES 논술** — 1~6학년/총 24권
- **천재 NEW 한자능력검정시험 자격증 한번에 따기** — 8~5급(총 7권)/4급~3급(총 2권)

영어교재

- **READ ME**
  - Yellow 1~3 — 2~4학년(총 3권)
  - Red 1~3 — 4~6학년(총 3권)
- **Listening Pop** — Level 1~3
- **Grammar, ZAP!**
  - 입문 — 1, 2단계
  - 기본 — 1~4단계
  - 심화 — 1~4단계
- **Grammar Tab** — 총 2권
- **Let's Go to the English World!**
  - Conversation — 1~5단계, 단계별 3권
  - Phonics — 총 4권

예비중 대비교재

- **천재 신입생 시리즈** — 수학/영어
- **천재 반편성 배치고사 기출 & 모의고사**